EMBEDDED LINUX SYSTEM DEVELOPMENT AND APPLICATION

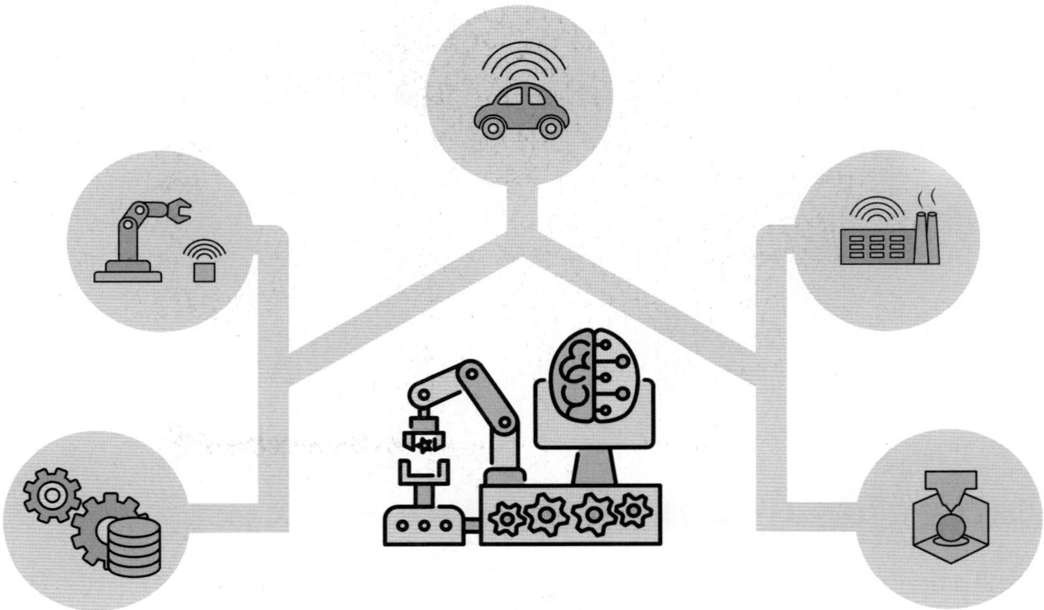

최무영 · 김영백 지음

임베디드 리눅스 시스템 개발 및 응용

H-Embed TKU 시스템

생능출판

저자 소개

최무영
현) 한국폴리텍대학 로봇캠퍼스 교수
전) LG정밀연구소 선임연구원

김영백
현) 한국폴리텍대학 로봇캠퍼스 조교수
전) 한국전자통신연구원 선임연구원

임베디드 리눅스 시스템 개발 및 응용 H-Embed TKU 시스템

초판인쇄 2020년 12월 1일
초판발행 2020년 12월 10일

지은이 최무영, 김영백
펴낸이 김승기
펴낸곳 (주)생능출판사 / **주소** 경기도 파주시 광인사길 143
출판사 등록일 2005년 1월 21일 / **신고번호** 제406-2005-000002호
대표전화 (031)955-0761 / **팩스** (031)955-0768
홈페이지 www.booksr.co.kr

책임편집 권소정 / **편집** 신성민, 양둥글, 유제훈 / **디자인** 유준범
마케팅 최복락, 김민수, 심수경, 차종필, 백수정, 최태웅, 명하나, 김범용, 김민정
인쇄 · 제본 천일문화사

ISBN 978-89-7050-468-1 93000
정가 21,000원

- 이 도서의 국립중앙도서관 출판예정도서목록(CIP)은 서지정보유통지원시스템 홈페이지(http://seoji.nl.go.kr)와 국가자료공동목록시스템(http://www.nl.go.kr/kolisnet)에서 이용하실 수 있습니다.
(CIP제어번호: 2020041921)

머리말

임베디드 시스템 기술 전공 교과 실습 지침서

최근 사물인터넷(IoT)와 인공지능(AI) 기술을 중심으로 산업자동화장비, 가전제품, 웨어러블 기기, 모바일 기기, 로봇, 센서 노드 등 정보통신기술은 다양한 분야에 적용되고 있다. 특히, 임베디드 시스템의 경우 프로세서의 고성능화, 소형화가 이미 진행되었고, 소프트웨어의 핵심기술이 경쟁력으로 결정되는 기술 집약적 산업으로 발전하고 있다.

과거 군사, 산업기기, 통신장비, 가전기기 등 특정분야에 한정되어 적용됐던 임베디드 시스템은 시대적 패러다임의 변화에 따라 모바일 기기, 인공지능 로봇, 자율주행 자동차, 물류/금융, 항공전자, 의료기기 등 다양한 범위에 활용되고 있다.

국내 임베디드 시스템 관련 시장은 지속적으로 성장하고 있는 반면 개발 인력 부족현상은 직종(기획, 설계, 구현, 품질 등)에 따라 10~20%에 달한다(임베디드 시스템 산업협회).

이러한 인력난 해소를 위해서는 학교와 교육기관에서의 전문 인력양성을 위한 프로그램을 확대하고 전문교과 개설 및 개편이 지속적으로 필요할 것으로 보인다.

본 개발 지침서는 학교와 교육기관에서의 기존 교과과정에 실무기반의 임베디드 시스템 기술을 적용하여 요소기술에 대한 이해, 모듈식 응용프로젝트 실습 등 좀 더 체계적이고 단계별 학습이 가능토록 설계되었다.

주요 내용을 살펴보면 최신 임베디드 프로세서를 중심으로 기술내용과 산업용 프로세서 기반의 개발보드를 활용한 빌드시스템에 대해 설명하였다. 주요 실습내용은 Target을 기반으로 빌드시스템 구축 및 설치과정이 이루어지며 최종 빌드시스템이 적용된 하드웨어를 가지고 입출력장치제어, GUI 프로그래밍, 네트워크 프로그래밍, 안드로이드 빌드 구축 등 다양한 응용실습이 이루어진다.

2020년 11월

최무영, 김영백

차례

CHAPTER 06 리눅스 응용 프로그래밍

CHAPTER 01
임베디드 시스템 이해

contents

01 임베디드 시스템 이해하기

1. 임베디드 시스템 의미

임베디드 시스템(Embedded System)은 마이크로프로세서 혹은 마이크로컨트롤러를 내장하여 원래 개발자가 의도했던 특정한 기능만을 수행하도록 프로그램이 제작된 컴퓨팅 장치를 의미한다. Desktop PC와 같은 범용 컴퓨터를 제외한, 특정 기능만을 수행하는 제품 안의 모든 컴퓨팅 시스템은 임베디드 시스템이므로 다양한 산업 분야의 기기가 포함된다. 최근 사물인터넷, 인공지능과 관련한 차세대 기술이 증가함에 따라 임베디드 시스템의 중요성은 커지고 있으며 특정한 기능에 부합하는 최적의 설계를 통해 소형, 고성능, 저전력 등의 특징을 가지고 있다.

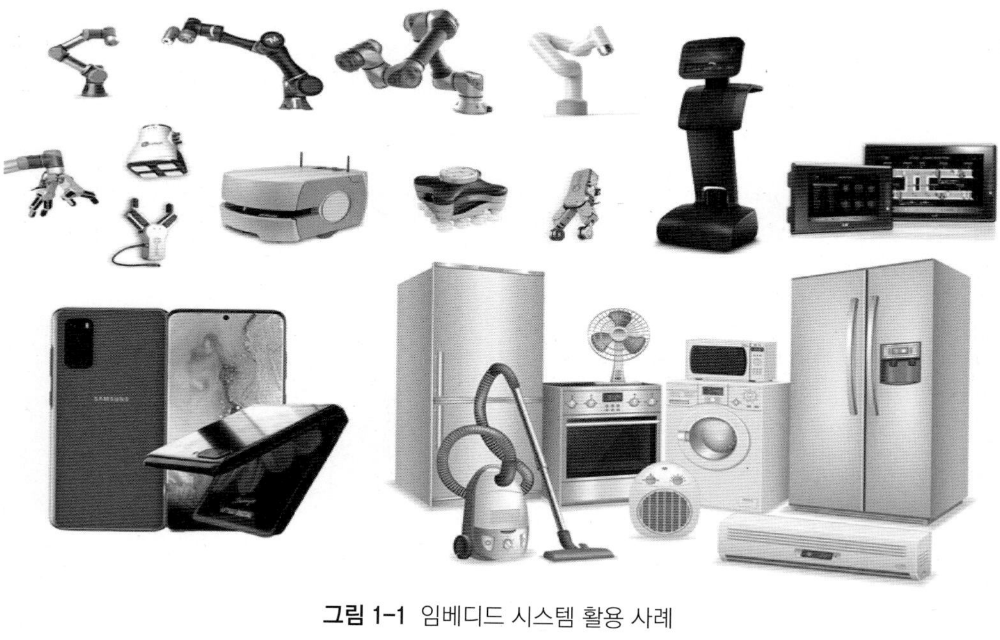

그림 1-1 임베디드 시스템 활용 사례

임베디드 시스템이 사용되는 산업 분야는 정보 가전, 단말 등은 물론이고 사무자동화, 빌딩자동화, 산업자동화, 군사용 로봇, 통신, 물류, 금융, 자동차, 의료, 게임, 항공기, 우주선 등 다양하고 폭넓게 사용된다.

온라인 전문 기술 정보 사이트에서 정의하는 내용은 다음과 같다.

위키백과(wikipedia.org) : 기계나 기타 제어가 필요한 시스템에 대해, 제어를 위한 특정 기능을 수행하는 컴퓨터 시스템으로 장치 내에 존재하는 전자 시스템이다. 즉, 임베디드 시스템은 전체 장치의 일부분으로 구성되며 제어가 필요한 시스템을 위한 두뇌 역할을 하는 특정 목적의 컴퓨터 시스템

두산백과(doopedia.co.kr) : 특정한 제품이나 솔루션에서 주어진 작업을 수행할 수 있도록 추가로 탑재되는 솔루션이나 시스템

한국정보통신기술협회(tta.or.kr) : 어떤 장치가 다른 시스템에 의존하지 않고 독립적으로 기능을 수행하는 것을 의미하며, 하드웨어나 소프트웨어가 다른 하드웨어나 소프트웨어의 일부로 내포되어 있는 내장형을 의미

2. 임베디드 시스템 구성

임베디드 시스템은 설계목적과 기능 및 성능에 따라 분류되며 시스템 구성은 하드웨어와 소프트웨어로 구분된다. 임베디드 하드웨어는 프로세서, 메모리, 입출력장치, 통신장치로 구성되며 그 외 모든 물리적인 부품을 의미한다.

임베디드 소프트웨어는 펌웨어, 운영체제(OS), 미들웨어, 응용프로그램, 개발도구 등으로 나뉜다.

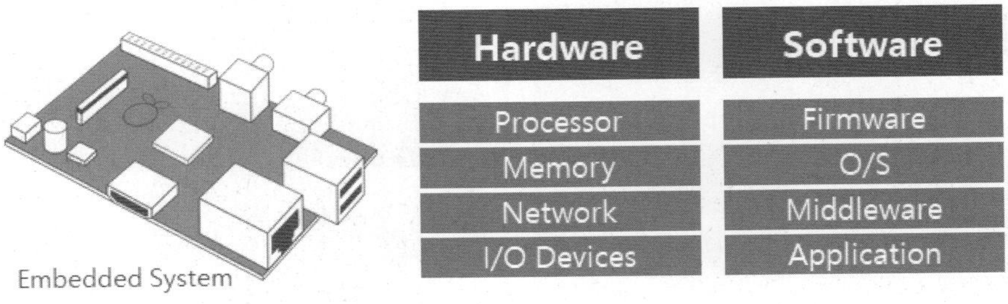

그림 1-2 Embedded System 구성

임베디드 시스템의 하드웨어와 소프트웨어 세부 특징을 살펴보도록 한다.

2.1 임베디드 하드웨어

임베디드 시스템의 하드웨어는 프로세서, 메모리, 통신장치, 입출력장치 등으로 구성되며 대부분 특정 기능만을 수행하도록 프로그램이 제작된 컴퓨팅 장치로 최적화 설계되어있다. 산업용 임베디드 시스템의 경우 성능보다는 안정성을 위주로 제품을 설계하며, 가전기기 또는 스마트장치의 경우 고객의 요구에 따라 다양한 기능과 고성능의 사양이 적용되고 있다.

▌임베디드 시스템의 변화

우리 주변에서 쉽게 볼 수 있는 임베디드 가전제품을 살펴보면 사물인터넷(IoT)과 인공지능(AI) 기술이 적용되어 다양한 레시피와 시기별 제철음식 요리법을 제공하는 냉장고, 스마트폰과 연동해 최적의 실내온도와 상태를 알려주는 에어컨, 내부 환경 오염정보와 사용자패턴을 인식하는 로봇청소기, 사용자의 스케줄관리 및 개인비서역할 로봇 등이 대표적인 사례이다.

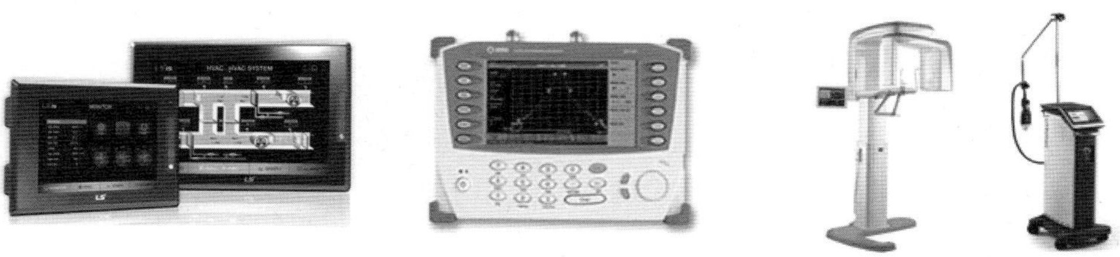

그림 1-3 산업용 임베디드(HMI, 의료장비)

그림 1-4 가전제품(냉장고, 서비스로봇)

▮ 임베디드 시스템의 대중화

사물인터넷(IoT)이 다양한 분야에 활용되면서 응용서비스에 대한 사용자의 요구가 증가함에 따라 임베디드 시스템에 적용되는 디바이스의 종류 및 역할은 다양해지고 있다. 단순한 액세서리 형태의 웨어러블 장치부터 가전제품, 자동차, 의료기기, 산업설비 등 목적에 맞도록 개발자는 디바이스를 설계하고 구성해야 한다. 이러한 제품을 개발하기 위해서 저렴한 하드웨어 비용과 빠른 개발속도로 제품을 설계하고 응용서비스를 제작하기 위한 오픈 하드웨어가 증가하고 있다.

최근 IT 관련 업계에서는 오픈소스 소프트웨어(Open Source Software, OSS)에 이어 오픈소스 하드웨어(Open Source Hardware, OSHW)를 새로운 기술 혁신 트렌드로 주목하고 있다. 오픈소스 하드웨어는 소프트웨어의 소스코드에 해당되는 설계와 디자인을 공개하고 관련 정보를 공유하는 일련의 과정을 통해 더욱 혁신적이고 참신한 제품 개발을 촉진하는데 그 목적이 있다. 이러한 오픈소스 하드웨어의 확산은 전문엔지니어나 전자기기 공학 관련 마니아를 비롯한 일반인들의 HW 제작 대중화를 견인하는 동시에 대기업 및 중소기업의 제품과 서비스 관련 R&D 활동을 촉진함으로써 이른바 제3의 산업혁명을 일으키는 주된 동인으로까지 주목받고 있다.

▮ 오픈 하드웨어 종류

오픈 하드웨어의 종류를 살펴보면 메인프로세서와 외부입출력 인터페이스에 따라 다양하게 나뉘며 특히 사용자들의 커뮤니티와 자발적인 참여에 따라 제품의 수익성과 완성도가 결정 되며 제품을 제작하는 메이커(maker)의 역할이 필수적이다.

1) 아두이노(Arduino)

오픈 하드웨어의 대표적인 제품으로 아두이노(Arduino) 보드는 2005년 이탈리아에서 탄생하였으며 현재 국내에서도 가장 유명하고 널리 활용되는 오픈 하드웨어 플랫폼이다. ATmel사의 AVR을 사용하는 오픈소스 마이크로컨트롤러 보드로서 임베디드 개발 경험이 전혀 없는 이용자들도 쉽게 활용할 수 있도록 개발환경이나 회로도 등을 오픈소스 형태로 제공하고 있다. 특히 아두이노 보드에 쉽게 펌웨어 프로그램을 만들어 탑재할 수 있는 아두이노 개발툴(Sketch)과 개발 PC에서 아두이노 그래픽 요소로 데이터 송수신이 가능한 프로세싱 툴은 아두이노 열풍의 핵심 요소이다.

그림 1-5 아두이노 보드(UNO)

2) **라즈베리파이**(Raspberry Pi)

라즈베리파이(Raspberry Pi)는 영국의 라즈베리파이재단(Raspberry Pi Foundation)이 교육 목적으로 개발한 초소형 싱글 보드 컴퓨터로서, 기존의 데스크탑 PC와 유사하게 키보드, 모니터 등의 주변기기와 연결해 사용이 가능하다.

라즈베리파이 4모델(2019년 6월 출시)의 경우 1.5GHz 속도의 64비트 쿼드코어 프로세서와 최대 4GB LPDDR4 메모리가 탑재되었으며 무선랜(802.11ac), Bluetooth 5.0/BLE, 카메라, 디스플레이 인터페이스가 지원된다.

그림 1-6 라즈베리파이 보드(Raspberry Pi 4)

3) **라떼판다**(LattePanda)

라떼판다는 산업용, 교육용, IoT 개발용으로 설계된 고성능 임베디드 보드로써 윈도우10을 비롯해 안드로이드, 리눅스 등의 운영체제를 지원하고 JAVA, Python, PHP 등 다양한 개발언어를 제공한다. 주로 인공지능 로봇, IoT 프로젝트, 디스플레이장치 등을 개발하는 목적으로 사용된다.

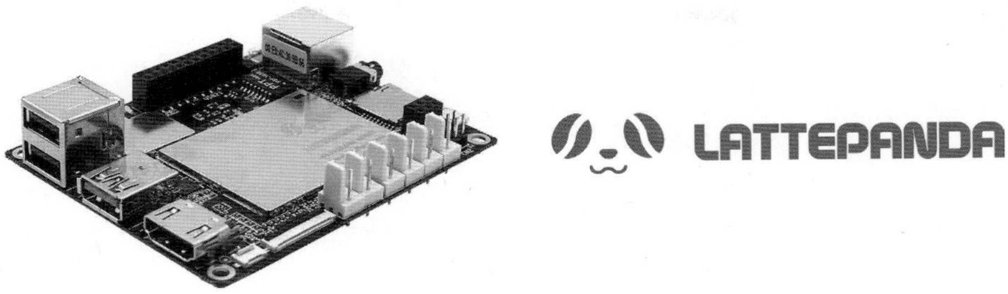

그림 1-7 라떼판다(LattePanda)

4) 그 외

임베디드 시스템의 대중화와 오픈소스 기반의 하드웨어 발전에 따라 많은 국내외 기업들이 관련제품을 개발하고 출시하였다. 대표적으로 인텔, 삼성전자, 엔비디아, 텍사스인스트루먼트, ST Microelectronics 등이 있다.

(a) 인텔 Edison, Joule

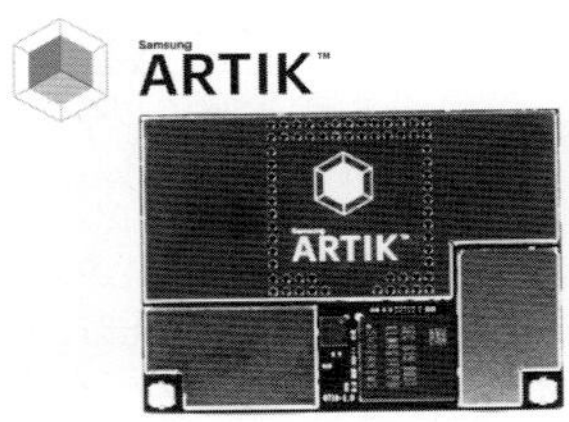

(b) 삼성 ARTIK

(c) ST Nucleo

(d) NVIDIA JetsonNano

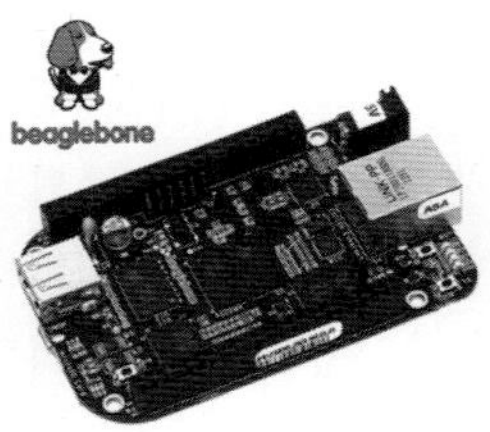

(e) TI Beaglebone

(f) ESPRESSIF ESP32

그림 1-8 임베디드 시스템 관련제품

2.2 임베디드 소프트웨어

임베디드 소프트웨어는 과거 간단한 제어 프로그램만으로 산업용 기기를 제어하는 펌웨어 기반의 소프트웨어가 탑재되었으나 다양한 멀티미디어 처리와 고성능 입출력장치 등 복잡한 기능의 요구가 늘어남에 따라 운영체제가 올라가고 멀티태스킹, 네트워크, 디스플레이,

네트워크 기능을 제공하는 고성능 임베디드 소프트웨어를 사용하고 있다. 이러한 흐름은 제품의 성능과 생산능력, 소형화, 가격 등 제품 경쟁력의 핵심이 하드웨어 생산기술에서 소프트웨어 최적화 기술로 변화되는 기술집약적 고부가가치 산업으로 변화하고 있음을 의미한다.

- (정의) 미리 정해진 특정한 기능을 수행하고, 특정 하드웨어만을 지원하기 위해 만들어지고 탑재되는 소프트웨어
- 제한된 자원, 실시간성, 특정 작업을 수행하는 비정형화된 소형 내장 소프트웨어
- 소형화, 저전력, 고신뢰성, 소프트웨어의 기능 및 성능의 최적화, 하드웨어에 대한 효율적 자원관리

▮ 임베디드 소프트웨어 분류

표 1-1 임베디드 소프트웨어 분류

구분	항목	설명
하드웨어 SW	펌웨어	프로그래밍 가능영역에 직접 저장되어 하드웨어 장치의 저수준 동작을 담당
	신호처리	오디오, 음성, 이미지, 비디오 처리 및 필터링 등에 특화된 응용 소프트웨어
임베디드 시스템 SW	운영체제	임베디드 시스템상의 소프트웨어들을 제어하는 고수준 이상의 역할 수행
	미들웨어	소프트웨어 컴포넌트 및 응용서비스 조합을 제공하여 플랫폼 독립적인 소프트웨어 수행 가능
	응용제어 SW	임베디드 시스템의 행동을 제어하기 위한 소프트웨어
입출력서비스 SW	멀티미디어	멀티미디어 서비스를 제공하는 소프트웨어
	네트워크	연결성을 제공하거나 네트워크를 이용한 서비스를 제공하는 소프트웨어
	비실시간 임베디드 응용	실시간성의 요구를 가지지 않는 사용자와의 양방향 서비스를 제공하기 위한 소프트웨어
SW 개발도구	SW 설계도구	소프트웨어 설계 단계에서 제약조건을 만족시키기 위한 다양한 방법론을 자동화한 소프트웨어
	SW 구현도구	임베디드 장치로의 소프트웨어 배포 및 디버깅 등을 도와주는 소프트웨어
	SW 검증 및 시험	소프트웨어 설계시의 조건을 만족하는 지 확인하기 위한 검증/시험 자동화 소프트웨어

※자료 : 소프트웨어정책연구소

임베디드 운영체제

임베디드 시스템(embedded system)이라는 것은 통상적으로 일반적인 시스템과는 달리 특정한 작업만을 수행하도록 설계 되며 초기의 임베디드 시스템은 비교적 아주 단순해서 특별한 운영체제가 필요 없이 사람이 순차적인 프로그램을 작성해서 실행하도록 되어있고, 중간에 인터럽트가 발생되는 경우에만 그 순차적인 프로그램에서 잠시 벗어나는 정도였다. 이전의 임베디드 시스템들은 주로 간단하고 단순한 순차적인 작업에 관련되었기 때문에 굳이 운영체제(OS : Operation System)를 사용한다는 것은 낭비가 되었고 그럴 필요조차 없었다. 하지만 최근의 임베디드 시스템 분야에서는 그 시스템 자체가 상당히 커지게 되고, 네트워크나 멀티미디어가 시스템에 기본으로 자리 잡으면서 임베디드 시스템이 해야 할 일들도 많아지고 복잡해졌기 때문에 순차적인 프로그램을 작성하기가 매우 어렵게 되었다. 따라서 임베디드 시스템에서는 운영체제의 개념이 필요하게 되었고 임베디드 시스템의 특성상 실시간(real time)이라는 요소를 만족해야 하였으므로 실시간 운영체제가 임베디드 시스템에 도입되게 되었다.

지금도 실시간 RTOS를 채택하여 개발 되는 제품들이 점점 늘어나고 있는 추세이며, 이제는 수많은 임베디드(embedded) 시스템에서 그 목적에 맞게 실시간 운영체제와 함께 적절하게 사용되고 있는 실정이다.

임베디드 운영체제(embedded operation software)는 크게 아래와 같이 RTOS(Real Time OS)와 GPOS(General Purpose OS)로 분류할 수 있다.

1) RTOS(Real Time OS)

RTOS는 정해진 시간 내에 타겟 시스템이 결과를 출력하는 실시간 시스템을 말한다. 이는 주어진 작업을 빨리 처리하는 개념이 아니고 정해진 시간을 넘겨서는 안 된다는 개념이다. 또한, RTOS에 사용되며 실시간 임베디드 시스템 응용에 적합할 수 있도록 시스템 응답속도(response speed), 인터럽터(interrupt), Efficiency, Scalability, Portability 등에서 우수한 성능을 가지도록 설계된 운영체제를 말한다. RTOS는 실시간적 요소를 충족시키기 위해서 모듈화, 선점형 멀티태스킹, 스케줄링, 통합 개발환경 지원 등을 고려해야 한다. 그리고 실시간 시스템도 Hard Real-Time System과 Soft Real-Time System으로 나눌 수 있다.

먼저 Hard Real-Time System은 정해진 시간 내에 작업한 결과가 절대적으로 출력되어야 하는 시스템을 말하며, 이런 시스템의 예로는 전투기의 비행 제어 시스템이라든지 핵발

전소의 제어 시스템, 인공위성의 제어 시스템 등 작업의 결과가 미리 정해진 시간 내에 도출되지 않으면 막대한 손실을 발생할 수 있는 치명적인 결과가 나오게 되는 경우이다. 후자로서 Soft Real-Time System은 정해진 시간 내에 작업의 결과가 나오지 않더라도 Hard Real-Time System처럼 치명적인 결과를 양산하는 그런 시스템이 아닌 경우이다. Soft Real-Time System은 정해진 범위를 넘는 시간 지연이 발생하더라도 그것이 시스템 에러(system error)가 되지는 않는다.

2) GPOS(General Purpose OS)

GPOS는 현재 흔히 사용하고 있는 Windows NT, Windows 10, DOS, UNIX, Macintosh OS 등으로 일반적인 응용 소프트웨어를 운영하기 위하여 설계된 운영체제를 말한다. 따라서 대용량의 메모리와 ROM영역을 필요로 하며, Local File System, Paged Virtual Memory를 관리할 수 있는 MMU(Memory Management Unit) 등이 필요하다. 실시간을 구현하는 데 있어서 응답속도, 인터럽트 핸들링 등에서 RTOS보다 우수하지 못하며 대부분의 임베디드 시스템들은 그 자체에 맞게끔 포팅된 운영체제를 가지고 있으며 이런 운영체제로서는 하나의 운영체제가 거의 독점하고 있다시피 한 PC용 운영체제 시장과는 달리 여러 종류의 독특한 특성을 가진 운영체제가 공존하고 있는 상황이다.

임베디드 리눅스란 일반적으로 PC의 운영체제로서 사용되는 GNU/Linux 시스템의 일반적인 명칭인 리눅스와는 차이가 있다. PC에서의 리눅스는 운영체제의 기본 하부구조로서 리눅스 커널과 더불어 그 상위 유닉스 운영체제와 유사한 구조를 이루는 Glibc C 라이브러리 시스템과 이를 기반으로 한 수 많은 유틸리티로 이루어져 있으며 이를 총괄적으로 통합해 리눅스 운영체제라 부른다. 하지만 임베디드 리눅스는 기본적으로 특정 임베디드 애플리케이션에 맞도록 리눅스 커널의 크기와 성능을 최소, 최적화 시켜 만들어낸 커널을 의미하며 여기에 C 라이브러리나 유틸리티 등은 필요에 따라 추가되거나 교체되어 하나의 시스템을 만드는 형태가 된다. 이런 커널의 최소, 최적화에는 커널의 내부구조 변화도 가능하며 이를 극단화시키면 일반적인 사용 운영체제의 성능을 뛰어넘는 것도 가능하다. 결국 임베디드 리눅스는 개발자에게 시스템 개발에 있어서 금전적인 제약과 개발환경에 적응 시간, 그리고 제품의 신뢰성에 대한 장벽을 넘을 수 있게 해주는 운영체제라 할 수 있다.

3. 임베디드 시스템 설계

임베디드 시스템은 제품 구성 및 기술적인 측면에서도 많은 요소기술이 포함되어 있지만 고객의 요구사항에 맞게 제품을 설계하고 다른 제품과의 차별화와 마케팅까지 고려해야 하므로 많은 복잡한 과정을 담고 있다.

일반적인 임베디드 시스템 개발 프로세스는 제품의 분석, 설계, 개발, 테스트, 양산, 유지보수 단계로 이루어진다.

그림 1-9 임베디드 시스템 개발 프로세스

실제 산업용 임베디드 시스템을 개발하는 ODM 업체(주문자 위탁생산)의 시스템 설계 프로세스를 살펴보면 제품의 개발 의뢰 접수부터 개발, 인증 및 생산과정을 살펴볼 수 있다.

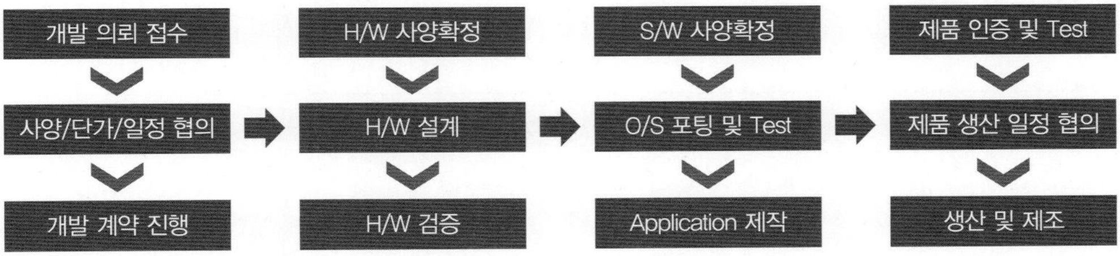

그림 1-10 임베디드 시스템 개발 과정 예시(임베디드 ODM 개발업체)

임베디드 시스템 개발 프로세서의 세부내용을 살펴보도록 한다.

■ 분석

제품 분석단계는 고객의 요구사항에 따른 제품 개발 또는 자체 신규 제품 개발 및 개량제품 등에 따라 구분되며 제품의 시장 수요조사, 기술조사, 고객조사, 요구사항 평가, 시스템 사양, 기구디자인, 하드웨어/소프트웨어 기본사양, 제품 컨셉, 예상비용 산출, 디자인형상, 제품명 등의 항목이 포함된다. 분석단계에서는 제품개발의 목적이 분명해야 하며 유사 제품의 수요 분석과 함께 대략적인 구조가 설계되어야 한다. 만일 개발 의뢰의 경우 제품 기획단계는 생략될 수 있으며 개발 의뢰서를 통해 제품의 사양 및 개발 일정을 협의하게 된다.

분석단계의 산출물로는 제품 기획서, 요구명세서, 디자인 설계문서가 만들어진다.

○○ 신규제품 개발 계획서						
					문서구분	제품 기획서
					프로젝트명	○○제품 개발
					담당부서	00부서
					담당자	홍길동 팀장
					날짜	2020. 00. 00
결재	작성자	검토	검토	승인		

제품기획서 목차
1. 개발 배경(목적, 필요성) 2. 개발 구분(신제품, 개량제품, 변형제품) 3. 경쟁사 제품 분석 4. 제품 Concept

그림 1-11 제품 개발 기획서

▮ 설계

제품 설계단계는 분석단계에서 결정된 사항을 토대로 제품을 설계하는 단계이며 주로 하드웨어 회로설계, 기구설계, 소프트웨어 설계가 이루어지며 제품의 범위에 따라 기본설계와 상세설계단계로 나뉜다. 주요 산출물로는 회로도, 기구설계도면, 소프트웨어 Flow Chart, 소프트웨어 UI 설계서 등이 있다.

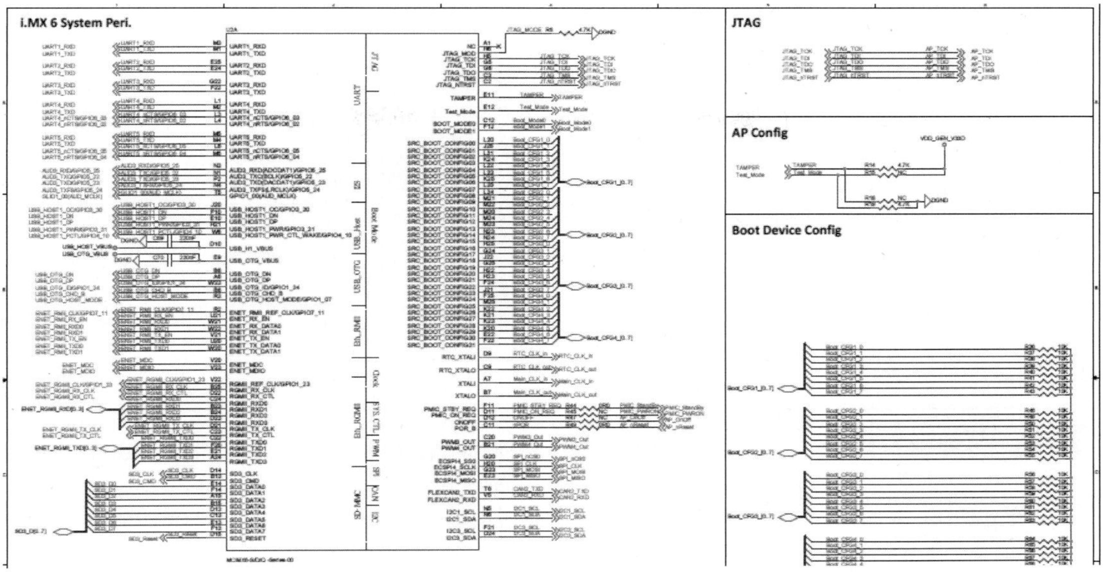

그림 1-12 하드웨어 schematic

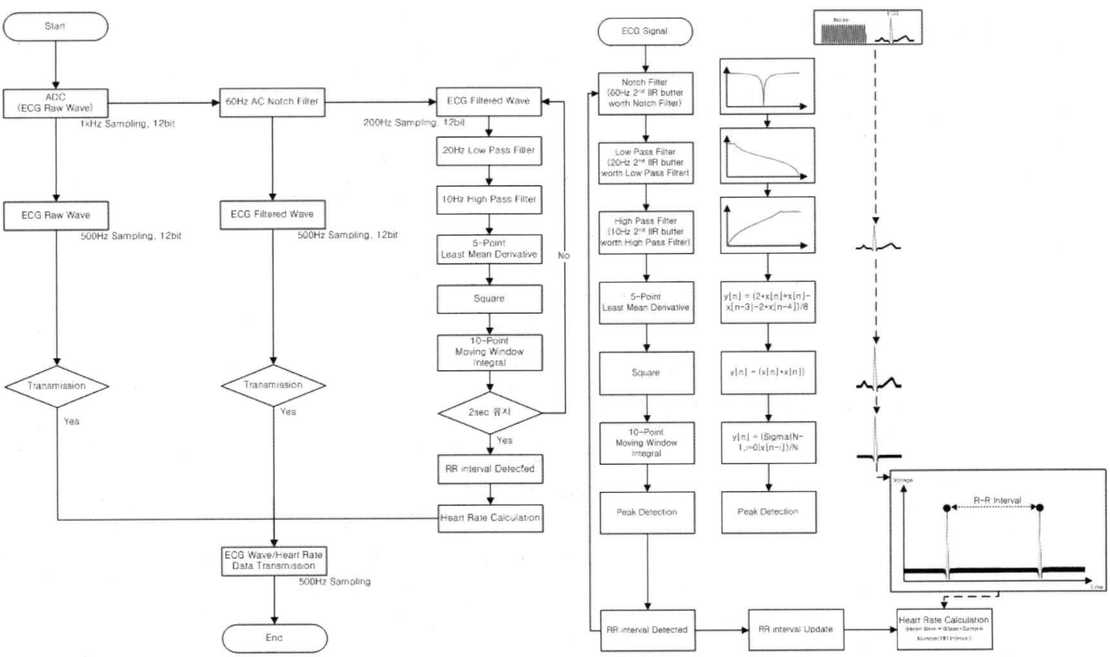

그림 1-13 소프트웨어 Flow

▌개발

제품 개발단계는 하드웨어의 경우 설계단계의 산출물을 통해 시제품과 같은 PCB(Printed Circuit board), PBA(Printed Board Assembly)를 제작 하고 검증작업이 진행되며 완료된 하드웨어 시제품을 통해 소프트웨어 개발 및 디버깅 작업이 진행된다. 주요 산출물로는 PCB, PBA, BOM(Bill of Material), Artwork Data, 소프트웨어 소스코드, 시제품이 만들어진다.

H-Embed Q6 BASE BOARD REV.V10 BOM 180702

#01. Base BOARD

NO	Description	Part Name	Reference	Q'ty	수량	Maker	Vendor
1	SMT	H-Embed Q6 Base Board Rev.ES2		1		삼엠텍	삼엠텍
2	PCB	H-Embed Q6 Base Board Rev.ES2	MLB 6Layer, 220mm*135mm*1.6T	1		대륜전자	연구소
3	IC-RTC	PCF8523TS/1	U5	1		NXP	삼엠텍
4	IC-Motion Sensor	MPU-9250	U6	1		Invensense	케이엠디
5	IC-Audio Codec	WM8960GEFL/V	U8	1		Wolfson	에이앤지
6	IC-10/100/1G Ethernet PHY	KSZ9031RNXCA	U11	1		Micrel	케이엠디
7	IC-LDO	EUP7913A-12VIR1	U10	1		EUTCH	이오스텍
8	IC-LDO	EUP7913A-15VIR1	U15	1		EUTCH	이오스텍
9	IC-LDO	EUP7913A-18VIR1	U12,U31	2		EUTCH	이오스텍
10	IC-LDO	EUP7913A-28VIR1	U13	1		EUTCH	이오스텍
11	IC-USB HUB	GL850A	U18	1		Gensys	에이앤지
12	IC-RS232C Transceiver	SP3220EEY	U29	1		Sipex	케이엠디
13	IC-CAN Transceiver	MCP2562T-H/MF	U23	1		Microchip	케이엠디
14	IC-RS422/485 Transceiver	SP3070EEN-L	U21	1		Sipex	케이엠디
15	IC-Decoder/Demux	74LVC1G19GV	U4	1		NXP	케이엠디
16	IC-Load Switch	TPS2553DBVR	U17,U19	2		AnalogiTech	케이엠디
17	IC-USB Switch	TS3USB221A_UQFN	U30	1		TI	케이엠디
18	IC-DC/DC Step Down	TPS542941RSAR	U32,U35	2		TI	케이엠디
19	Oscillator[32.768kHz]	SG-3030CM	U28	1		SEIKO EPSON	에이앤지
20	Crystal[32.768kHz]	CM519-32.768	X1	1		CITIZEN	에이앤지
21	Crystal[26MHz]	26MHz/SMD3225	X4	1		대명전자	에이앤지
22	Crystal[25MHz]	25MHz/SMD3225	X2	1		대명전자	에이앤지
23	Crystal[12MHz]	12MHz/SMD3225	X3	1		대명전자	에이앤지
24	Transistor	MMBT3904LT1G	Q2,Q3,Q4,Q5	4		On Semi.	삼엠텍
25	Diode-Schottky Diode	BAT54HT1G	D7	1		On Semi.	삼엠텍
26	Diode-Schottky Diode	NSR0320MW2T1	D5	1		On Semi.	이오스텍

그림 1-14 BOM

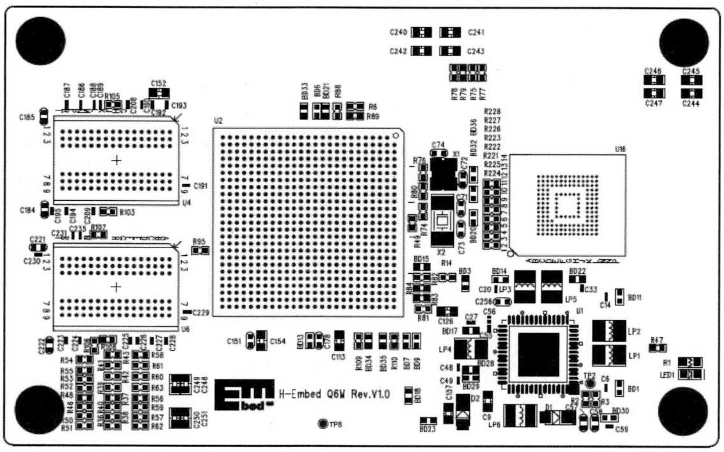

그림 1-15 Artwork Data

▌테스트

테스트 단계는 시제품으로 제작된 제품을 평가, 검증을 하는 단계로 제품의 품질 및 신뢰성을 높이기 위한 필수 단계이다. 주로 기능테스트, 신뢰성테스트, 성능테스트로 나뉘며 일반 범용 시스템과 달리 임베디드 시스템은 개발환경(Host)과 운용환경(Target)이 다르며 하드웨어가 완료되지 않은 상태에서 소프트웨어 테스트가 필요한 경우가 많다. 즉, 일반 범용시스템 테스트에서 발생하는 모든 문제를 포함하고 있을 뿐만 아니라 임베디드 환경 고유의 새로운 이슈를 가지고 있기 때문에 개발 호스트 환경에서의 테스트와 타겟 환경에서의 테스트가 모두 필요한 특징을 가지고 있다.

주요 테스트 종류로는 단위 테스트, 하드웨어 테스트, 통합 테스트, 필드 테스트, 환경 테스트가 있다.

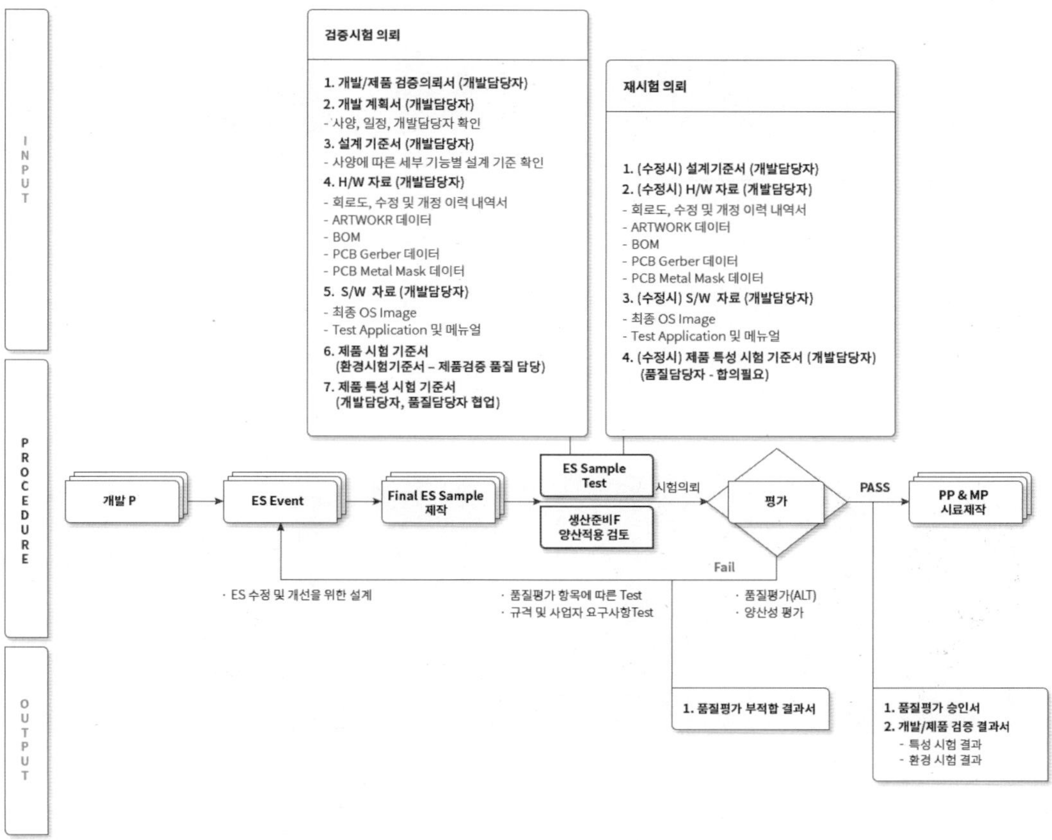

그림 1-16 테스트 검증 절차 예시

■ 양산

양산은 최종 테스트를 통해 완료된 제품을 대량 생산하는 단계이다. 일반적으로 업체의 구매, 생산, 제조 등 관련 부서로 이관되며 작업지도서를 근거로 부품 구매, PCB 제작, SMT(Surface Mount technology), 기구제작, 포장 등의 작업이 진행된다.

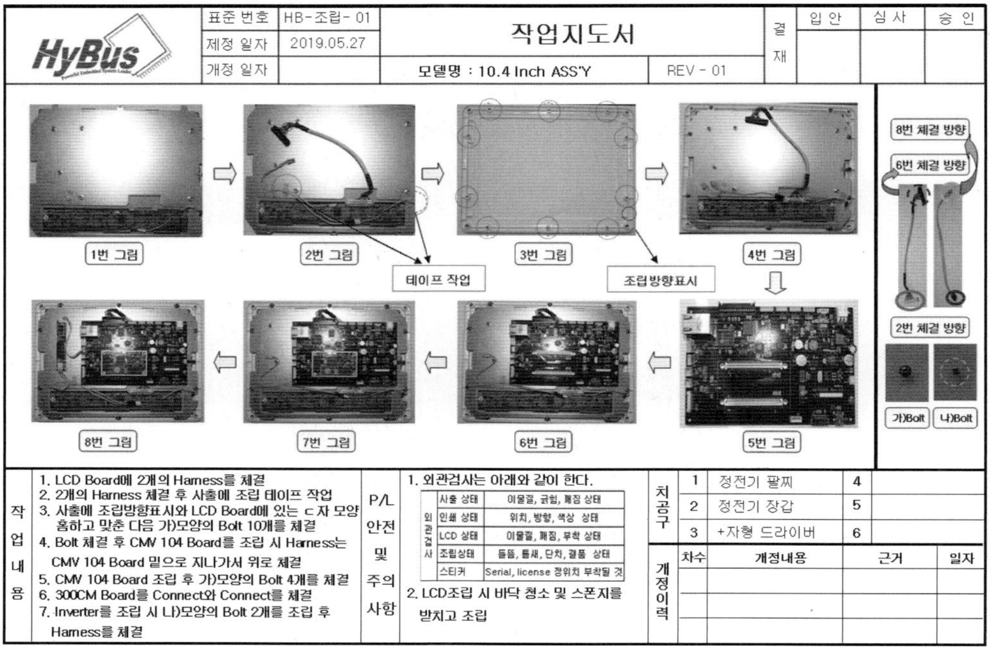

표준 번호	HB-조립-01	작업지도서	결재	입안	심사	승인
제정 일자	2019.05.27					
개정 일자		모델명 : 10.4 Inch ASS'Y / REV - 01				

작업내용

1. LCD Board에 2개의 Harness를 체결
2. 2개의 Harness 체결 후 사출에 조립 테이프 작업
3. 사출에 조립방향표시와 LCD Board에 있는 ㄷ자 모양 홈하고 맞춘 다음 가)모양의 Bolt 10개를 체결
4. Bolt 체결 후 CMV 104 Board를 조립 시 Harness는 CMV 104 Board 밑으로 지나가서 위로 체결
5. CMV 104 Board 조립 후 가)모양의 Bolt 4개를 체결
6. 300CM Board를 Connect와 Connect를 체결
7. Inverter를 조립 시 나)모양의 Bolt 2개를 조립 후 Harness를 체결

P/L 안전 및 주의사항

1. 외관검사는 아래와 같이 한다.

외관검사	
사출 상태	이물질, 긁힘, 패짐 상태
인쇄 상태	위치, 방향, 색상 상태
LCD 상태	이물질, 패짐, 부착 상태
조립상태	들뜸, 틈새, 단차, 결품 상태
스티커	Serial, license 정위치 부착될 것

2. LCD조립 시 바닥 청소 및 스폰지를 받치고 조립

치공구

1	정전기 팔찌	4	
2	정전기 장갑	5	
3	+자형 드라이버	6	

개정이력

차수	개정내용	근거	일자

그림 1-17 작업지도서

그림 1-18 제품 제작/조립/포장

▌유지보수

유지보수는 고객의 새로운 요구기능 및 제품 업데이트에 따라 하드웨어 수정 및 소프트웨어 업데이트 작업이 진행되며 추후 접수된 문제점을 반영하여 양산 제품에 반영한다.

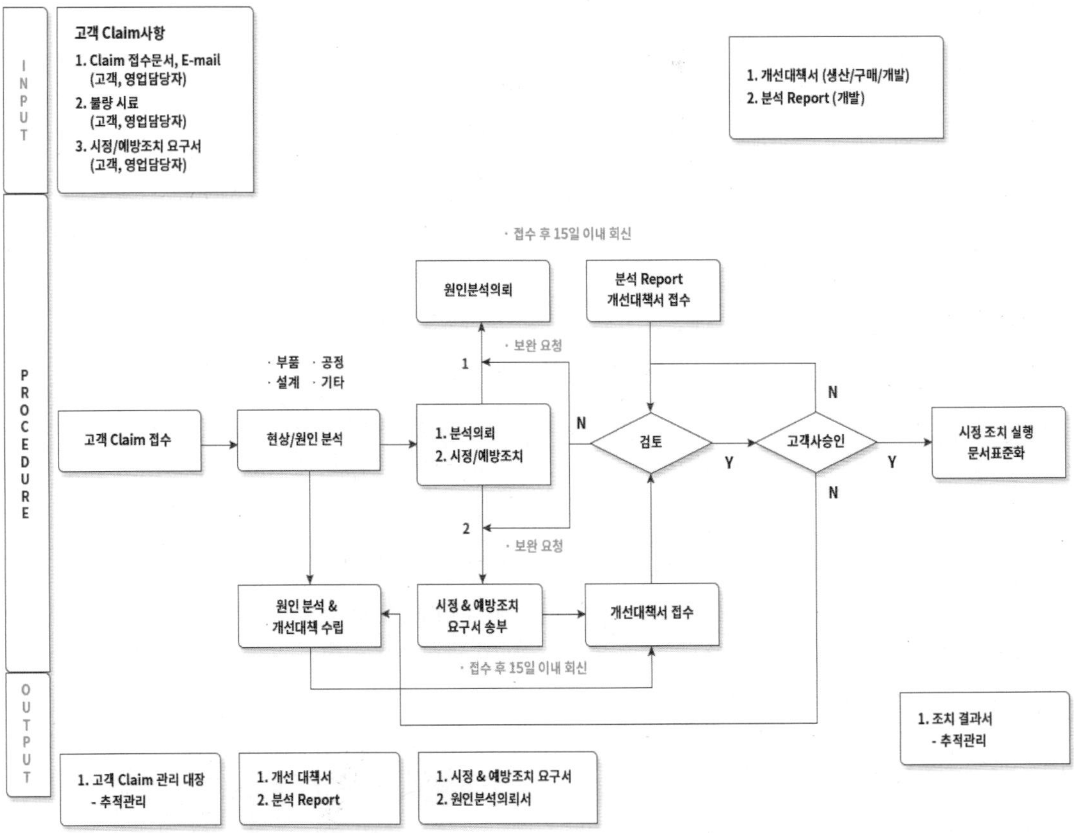

그림 1-19 고객 요구사항에 따른 프로세스(CS) 과정 예시

02 임베디드 시스템 프로세서

1. 프로세서 개요

1.1 프로세서 정의

임베디드 시스템 개발에 있어서 가장 먼저 고려해야 할 사항 중에 하나는 구현하고자 하는 시스템의 프로세서를 선정하는 일이다. 프로세서란 중앙처리장치라고도 하는데 컴퓨터나 임베디드 시스템에서 프로그램을 처리하는 부분을 말한다. 일단 프로세서를 선정하고 나면 개발자는 운영체제를 선정하고 시스템 개발을 위한 개발환경을 구축하여 임베디드 시스템을 개발하게 된다. 임베디드 프로세서의 경우에는 매우 많은 업체에서 여러 종류의 칩에 각각 특별한 기능을 내장한 프로세서를 제공하기 때문에 개발자가 원하는 기능을 가진 시스템을 구현하기 위해 프로세서를 선정하는 일은 매우 중요하다.

그림 1-20 CISC, RISC 구조의 대표적인 프로세서(Intel 계열, ARM 계열)

일반적으로 개발자가 프로세서를 선정할 때 기준이 되는 것은 제품의 성능과 장치의 용도와 기능에 초점이 맞춰져 있다. 예를 들어 데스크톱이나 서버 PC에는 64비트 프로세서가 일반화 되어 가고 있으며 임베디드 시장에서는 32비트 프로세서가 주류를 차지하고 있다. 하지만 최근 고사양의 다양한 기능요구에 따라 프로세서 선택기준은 매우 다양해지고 있다.

임베디드 시스템의 응용목적에 따라 구현하고자 하는 기능이 간단한 경우에는 8비트~16비트 기반의 프로세서를 선택하게 되지만 멀티미디어, 네트워크 등을 기본으로 포함하는 복잡도를 가진 임베디드 시스템 구현을 위해서는 고성능 프로세서를 선정하게 된다.

1.2 프로세서 분류

프로세서의 분류 방법은 시스템구조(명령어)에 따른 분류, 데이터 버스 크기에 따른 분류, CPU코어 내부의 연산장치 개수에 따른 분류, 아키텍처에 따른 분류로, 용도에 따른 분류로 나뉜다.

▌시스템 구조에 따른 분류

첫 번째로 시스템 구조에 따른 분류이다. 일반적으로 CPU의 명령어 처리 및 구성방식으로 나뉘며 CISC(Complex Instruction Set Computer)와 RISC(Reduced Instruction Set Computer)방식으로 분류한다.

CISC는 MCU 개발의 초기 개념으로 설계되었으며 MCU의 성능을 향상시키기 위해 복합명령어를 사용하였다.

RSIC 방식은 CISC의 복합명령어 방식의 단점으로 복잡한 설계방식과 지연시간을 해결하기 위해서 다수의 간단한 명령어들을 조합하여 효율적인 계산방식으로 설계하였다. 대표적인 CISC 프로세서는 인텔과 모토로라 프로세서를, RISC 프로세서는 MIPS와 ARM 프로세서를 들 수 있다.

표 1-2 명령어의 복잡도에 따른 프로세서 특징 구분

구분	CISC	RISC
CPU instruction	명령어 개수가 많고, 그 길이가 다양하며 실행 사이클도 명령어마다 다르다.	명령어 길이는 고정적이며, 워드와 데이터 버스 크기가 모두 동일, 실행 사이클도 모두 동일하다.
회로구성	복잡	단순
메모리 사용	높은 밀도 메모리 사용이 효율적	낮은 밀도의 명령어 사용으로 메모리 사용이 비효율적
프로그램 측면	명령어를 적게 사용	상대적으로 많은 명령어가 필요, 파이프라인 사용
컴파일러	다양한 명령을 사용하므로 컴파일러가 복잡하다.	명령어 개수가 적어서 단순한 컴파일러 구현가능
주요 제조업체	Intel, AMD, Atmel	SAMSUNG, NXP, TI, Atmel, ST

▮ 데이터 버스 크기에 따른 분류

데이터 버스의 크기가 커지면 그만큼 CPU가 처리할 수 있는 데이터비트가 높아진다. 최초의 상용 단일 칩으로 4비트 CPU가 설계되었으며 연산, 제어, 기억 등의 CPU의 주요 기능을 담당하는 회로가 별도로 설계되었다.

그림 1-21 4비트 프로세서(intel 4004)

이후 8비트 프로세서는 개인용 컴퓨터 PC의 시작으로 인텔 8080, 모토로라 6800, 자일로그 Z80 등이 유명하며 마이크로컨트롤러용으로 8051, AVR, PIC 등도 여기에 포함된다. 소형가전, 각종 센서 장비 등 저전력과 저가격이 요구되는 장치에 지금도 많이 사용되고 있다.

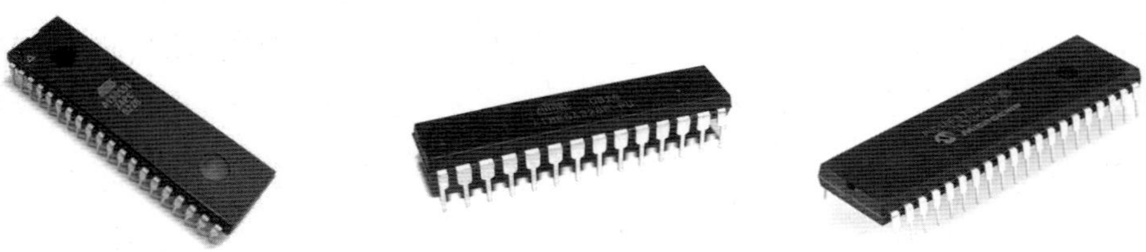

그림 1-22 8비트 프로세서(8051, AVR, PIC)

16비트는 IBM PC에 처음 소개되는 인텔 8086을 시작으로 매킨토시에 탑재되었다. 초기에는 소비전력과 가격측면에서 8비트에 비해 고성능장치에 많이 탑재되었으나 32비트가 출시되고 입지가 좁아졌다.

32비트는 흔히 386, 486으로 불리는 인텔 CPU를 기반으로 개인용 데스크탑에 탑재되어 지금까지 가장 오랜 기간 동안 CPU 시장을 주도하였다. 인텔뿐만 아니라 모토로라, MIPS, ARM, PowerPC까지 많은 기업들이 32비트 아키텍처를 출시하였으며 기존 8비트 마이크로컨트롤러도 PIC32, AVR32 등으로 확장하였다.

마지막으로 64비트 프로세서는 기존 32비트 프로세서를 확장 설계한 개념으로 IA-64, x86-64, ppc64, Alpha, MIPS64, ARMv8, Power 등이 대표적이다.

▮ CPU코어 개수에 따른 분류

CPU코어는 CPU내부에 존재하는 연산장치를 의미하는데 과거 단일 ALU(산술 논리 연산 또는 정수 연산장치)만으로 연산하는 단순한 구조였으나 FPU와 같은 부동 소수점 실수 연산장치가 내장되면서 서로 다른 연산 장치들이 하나의 코어 안에 통합되고 동일한 ALU와 FPU가 복수개로 구성된 복합적인 구조로 변화하였다.

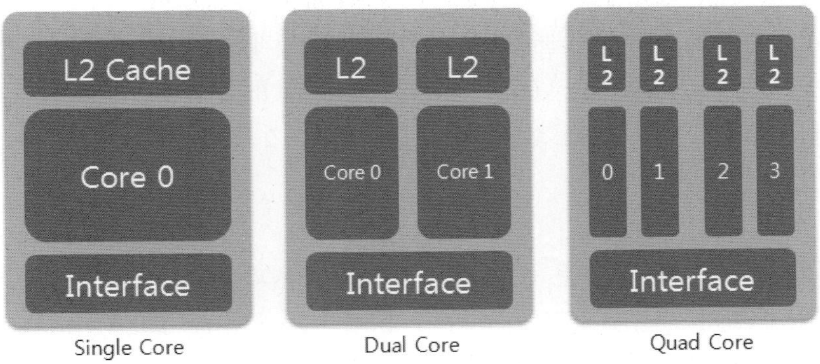

그림 1-23 코어 종류

싱글코어 프로세서는 한 개의 프로세서 안에 하나의 코어만 탑재된 형태로 2005년 멀티코어 개념이 새롭게 적용되면서 일부 저성능 및 저가형 제품에만 적용되고 있다. 멀티코어 프로세서는 현재 많은 주류 프로세서로 사용되며 높은 데이터 속도, 고성능 멀티미디어, 풍부한 사용자 인터페이스, 보안 및 암호화 등의 새로운 기능을 제공한다. 멀티코어로의 전환은 성능 향상에 대한 강력한 요구와 높은 주파수에서 구동되는 단일 코어 프로세서의 전력 소비 증가에 대응하기 위해 서버 CPU 제조업체가 멀티코어 프로세서 아키텍처를 채택하면서 시작되었다.

초기 마이크로프로세서가 세상에 등장하였을 때에도 개발자들은 오랜 시간동안 프로세서의 클록 속도를 키우는 방법과 아키텍처에 대한 개선방법을 연구해 왔다. 하지만 최근의 프로세서들은 코어당 성능을 높이는 방법보다는 코어 개수 자체를 늘리는 방법으로 접근하고 있다.

프로세서의 코어는 애플리케이션의 명령어를 처리하는 부분으로 이러한 코어를 하나의 프로세서 안에 여러 개를 탑재하면 동시에 여러 개의 애플리케이션을 실행할 수 있게 된다. 하지만 코어 하나당 처리 속도의 향상은 한계가 나타났다. 이 부분의 성능을 높이기 위해서는 코어가 차지하는 실리콘 다이(silicon-die)의 면적을 넓혀야 하고 그에 따른 전력 소모와 발열 증가도 감당해야한다. 이 방법은 비용적인 부분이 매우 크며 10%~20% 정도의 성능 향상만 가져오기 때문에 비효율적이다. 이러한 이유로 멀티코어를 도입하게 되었다. 실리콘 다이 면적을 코어 자체의 최적화가 아니라 코어를 새로 추가하는 데 사용할 경우 잠재적으로는 추가된 코어 개수만큼 컴퓨팅 능력이 커질 수 있다.

코어가 4개라면 잠재적으로 컴퓨팅 능력이 4배 증가하는 샘이다. 그래서 전체적으로 컴퓨팅 파워를 늘리는 가장 효율적인 방법은 프로세서에 코어를 추가하여 프로세서 하나에서 처리할 수 있는 쓰레드 개수를 늘리는 것이다. 이렇게 추가된 코어의 개수가 효과를 발휘하느냐 아니냐는 소프트웨어가 멀티코어 구조를 십분 활용할 수 있게 개발되어 있느냐의 문제로, 하드웨어 영역을 벗어난 소프트웨어 영역의 문제가 될 수 있다.

▌용도에 따른 분류

프로세서의 용도에 따른 분류는 동작 시스템의 동작환경과 성능에 따라 나뉘는데 MPU (Micro Processor Unit), MCU(Micro Controller Unit), DSP(Digital Signal Processor), FPU(Floating Point Unit), GPU(Graphics Processing Unit) 등으로 구분된다.

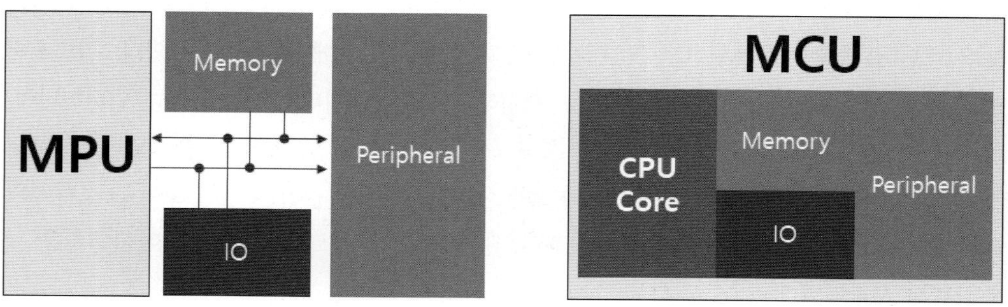

그림 1-24 MPU와 MCU

- MPU(Micro Processor Unit)

MPU는 PC나 워크스테이션 등에 사용되는 일반적인 CPU를 지칭하고 있으나 기존 CPU와 비교해서 좀 더 목적성을 갖고 있는 초소형 연산처리장치를 의미한다. CPU와 마찬가지로 기계어를 해석하고 연산을 수행하는 기능에 중점을 두고 있다. MPU의 기본 구성은 제어장치(명령어 해석 및 실행), 레지스터, ALU 등의 기본 구성을 갖고 있다.

- MCU(Micro Controller Unit)

마이크로컨트롤러는 우리 주변의 전자기기 프로세서의 대다수를 차지한다. MPU와 달리 CPU기능에 메모리, 입출력인터페이스, 주변장치 컨트롤러까지 포함된 내장형 소형컴퓨터 개념이다. 가격이 저렴하고 저전력으로 구동되어 간단한 반복 제어나 실시간 연산의 안전성이 요구되는 분야에 많이 사용되어 일반적으로 잘 알려진 아두이노(AVR Atmega) 보드에 탑재된 MCU가 대표적이다.

- DSP(Digital Signal Processor)

DSP 디지털 신호를 처리하는 연산기로 신호 데이터 형식을 고속연산, 특히 행렬연산을 하는데 최적화된 CPU이다. DSP의 주요 용도는 오디오 신호처리, 영상 신호처리분야이며 보통 DSP를 부를 때에는 목표로 하는 데이터 종류에 따라 오디오DSP, 16비트 정수DSP, 32비트 실수DSP 등으로 타겟 데이터 형식을 명시하는 경우가 많다. 단점으로는 특정 데이터 포맷 처리에 특화되어서 그 외의 데이터 포맷이나 메모리핸들링, 프로그램 제어 기능은 제한적이다.

- GPU(Graphics Processing Unit)

컴퓨터는 데이터를 디지털 0, 1의 수로 구분하여 저장하는데 간단한 정수 외의 실생활에서 널리 사용되는 실수를 디지털로 저장하기 위해 고정소수점 혹은 부동소수점이라는 데이터 저장방식을 활용한다. 고정소수점은 10비트(bit)를 기준으로 0~1023까지 총 1024개의 숫자를 표현할 수 있다. 하지만 부동소수점은 2bit로 자릿수를 표현해 최대 25만 5,000개의 숫자 표현이 가능하다. 같은 비트임에도 부동소수점이 고정소수점에 비해 정밀한 표현이 가능한 셈이다. 또 고정소수점은 더하기, 빼기 연산을 빨리 수행할 수 있고, 부동소수점은 그래픽, 음성 등 멀티미디어 데이터를 상대적으로 빨리 처리할 수 있다. 이처럼 그래픽과 멀티미디어 처리를 위해서 GPU가 탄생하였다.

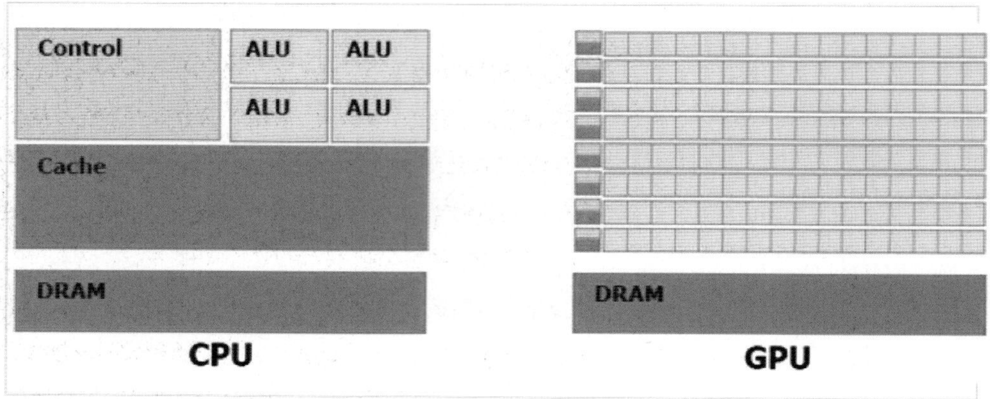

그림 1-25 CPU와 GPU 구조 비교

GPU는 여러 명령을 동시에 처리하는 병렬처리 방식에 특화된 구조를 가지고 있으며 캐시 메모리 비중이 크지 않고 연산을 할 수 있는 ALU 개수가 많다. 1개의 코어에 수백~수천 개의 ALU가 장착돼 있다. GPU는 CPU로는 시간이 많이 걸리는 3D 그래픽 작업 등을 빠르게 수행하도록 설계되었다.

최근에는 이러한 GPU의 병렬처리 방식을 빅데이터, 딥러닝, 3D 그래픽 등에 적용하였다.

- FPU(Floating Point Unit)

FPU는 CPU의 일부로서 부동소수점 연산을 효율적으로 처리하기 위한 하드웨어 논리회로 모듈이다. 부동소수점 실수에 대한 사칙연산을 지원하며, 모듈에 따라 거듭제곱뿐 아니라 삼각 함수 등 다양한 수학 계산을 할 수 있다. 초기의 마이크로프로세서는 정수형 계산을 기반으로 하는 ALU만을 사용되었다. 후에 실수형 데이터 처리를 위해 전용 하드웨어인 논리 회로가 만들어졌다. 대부분 IEEE 754 표준에 따라 설계되며, 고성능의 CPU에 사용된다.

모든 CPU가 별도의 FPU를 가지고 있는 것은 아니다. 대부분의 8비트 마이크로프로세서는 정수형 ALU만을 가지고 있기 때문에, 소프트웨어 개발도구에서 부동소수점을 계산하는 함수 형태의 기계어 코드 집합을 제공한다. 대부분의 8비트 CPU 개발도구는 단정밀 부동소수점 처리함수만 제공한다. 정수형 ALU을 사용하여 부동 소수점을 계산하는 여러 개의 기계어 코드를 이용하여 FPU의 기능을 흉내낸다. 물론 이 경우는 FPU를 사용하는 경우보다 연산 속도가 훨씬 느리다.

인텔의 x86 계열의 경우 i386은 정수형 ALU만을 가지고 있어서, i387이라는 칩을 별도로 PCB 상에서 연결하여 사용하였다. 이를 사용할 경우 별도의 기계어 명령어 집합을 가지고 있어 두개의 연산장치를 구별하였다.

i486에서 한 개의 칩에 통합되었다. 그러나 마이크로프로세서 입장에서 ALU가 일반적인 레지스터(EAX, EBX,…)와 연결되어 있다면, FPU는 별도의 FPU-레지스터 버퍼를 가지고 있어 메모리의 실수 데이터를 FPU-레지스터에 전송하고 수학계산 명령어를 실행하면 계산된다. 계산된 FPU-레지스터 값을 다시 메모리에 전송하여 처리한다.

수치 연산을 할 때 보조프로세서로 사용하며 컴퓨터가 사용하는 기본 마이크로프로세서보다 숫자를 다룰 때 더 빠르게 사용할 수 있다. FPU는 전적으로 대형 수학적 연산을 강조하는 명령 집합이 있어서 계산이 빨라질 수 있다. 현재의 대부분의 PC에서는 FPU를 채택하고 있으며, 평상시에는 수행하지 않다가, 그래픽 이미지 처리나 표현 등과 같은 특별한 일을 수행할 때에만 FPU가 작동하게 된다.

■ 아키텍처에 따른 분류

프로세서의 아키텍처에 따른 분류는 대표적으로 x86, AMD64, ARM, MIPS, POWER, PowerPC 등으로 나뉘며 보통 칩 제조 회사 또는 IP 전문회사에 따라 분류한다.

● x86 아키텍처와 64비트 프로세서

x86은 인텔에서 개발한 마이크로프로세서 계열을 의미하며 최초 개발된 인텔8086으로 시작되어 이후 IBM의 개인용 PC의 프로세서로 사용되면서 매우 빠르게 확장되었다. x86은 개인용 컴퓨터 업계의 표준으로 성공적인 명령 집합 아키텍처로 자리매김하였다. 하지만 복잡한 명령어 구조와 자유롭게 사용할 수 있는 레지스터가 부족(최대 8개)하며 캐시 메모리 도입 등으로 일부 개선을 하였지만 레지스터 연산의 효율이 떨어져 새로운 아키텍처 개발이 필요하였다.

이후 1999년 인텔의 경쟁사인 AMD에서 x86의 64비트 확장인 AMD64가 발표되었다. 64비트 프로세서는 범용 레지스터가 8개 추가된 총 16개로 기존 x86의 고질적인 레지스터 부족이 크게 완화되었다. 또한 가상 메모리 공간은 48비트(256TB), 물리 메모리 공간은 40비트(1TB)로 확장되었다. 주요 모델로는 AMD에서 개발한 AMD애슬론, AMD옵테론, AMD튜리온, AMD RYzEN 등이 있으며 인텔이 AMD로부터 라이선스를 받아 구현한 intel 64는 팬티엄 4, 셀러론D, Core i3, Corei7, Corei9, 제온(Xeon), 아톰 시리즈 등이 있다. 제온(Xeon)은 서버와 워크스테이션용 인텔 CPU의 브랜드 이름으로 클라우드 컴퓨팅, 실시간 분석, 임베디드 시스템에 적용하기 위해 개발되었다.

그림 1-26 Intel Xeon-E Processor

- ARM

ARM(Advanced RISC Machine)은 임베디드 시스템에 적용하기 위한 프로세서 아키텍처로 2010년 이후 모바일 기기의 AP(Application Processor)로 적용되면서 현재까지 임베디드 시스템 시장에서 가장 큰 점유율을 가지고 있다.

그림 1-27 ARM logo

ARM은 초기 저전력 위주의 SoC 형태의 CPU 개발에 집중하였으며 이후 고성능 저전력 마이크로컨트롤러의 새로운 기준을 세우게 됐다. 대표적인 업체로 퀄컴(Qualcomm)이 CDMA 모뎀을 ARM 기반으로 설계하고 ARM9, ARM10, ARM11로 지속적인 구조개선을 통해 모바일 단말, PDA, 고성능 컨트롤러, DSP codec 등 다수의 기업들이 관련 제품에 ARM 기반 프로세서를 적용하였다.

ARM의 발전사에 있어서 대표적으로 Cortex-A/R/M 제품군의 도입이다. Cortex-A의 경우 운영체제에서 애플리케이션의 실행 능력에 중점을 두었으며 Cortex-R은 실시간 운영체제(Real-Time OS), Cortex-M은 마이크로컨트롤러 시장을 타겟으로 제품을 분리하여 설계하였다.

ARM은 ARM Holdings 기업체의 소유로 전 세계적으로 퀄컴, 삼성, TI, NXP, 애플, NVIDIA 등 200여 개가 넘는 반도체 업체에 ARM기반의 아키텍처 라이선스를 제공하고 있으며 생산 공장이 없는 오직 설계만 하는 팹리스(fabless) 기업이다.

ARM이 적용된 주요 프로세서로는 삼성 엑시노스(Exynos), 애플 A Series, 퀄컴 스냅드래곤(Snapdragon), NXP I.MX Series, TI OMAP, NVIDIA Tegra 등이 있다.

- **MIPS**

MIPS 아키텍처는 1980년대 초 스탠포드 대학에서 로드(load)/스토어(store) 중심의 RISC기술을 기반으로 개발되었다. ARM과 같이 RISC 적용을 통해 단순하면서도 포괄적인 명령어 집합과 더 긴 명령어 파이프라인 구조를 구현함으로써 이전의 CISC 아키텍처에 비해 실행 속도와 성능을 향상시켰다. 1985년에 첫 번째 MIPS 프로세서(R2000)를 선보인 이후 MIPS32 기반의 다양한 32비트 프로세서 코어 개발뿐 아니라 MIPS32 및 MIPS64 아키텍처의 라이선싱 부문에도 진출했다.

MIPS는 하이엔드 제품 개발에 중점을 두고 설계하였으며 비디오콘솔, 멀티미디어장치와 같은 높은 연산 처리율이 필요한 제품에 적용되었다.

- **POWER와 PowerPC**

POWER(Performance Optimization With Enhanced RISC) 아키텍처는 1980년 처음 발표한 RISC을 기반으로 IBM에서 만든 마이크로프로세서 아키텍처이다. 마이크로프로세서가 등장했음에도 불구하고 신뢰성 등의 이유로 여전히 트랜지스터 기반 CPU를 채택하고 있던 IBM 메인프레임을 개선하기 위해 RISC 아키텍처의 개념이 등장하였고 이를 실현한 것이 POWER 아키텍처이다. 주로 컴퓨터 처리 연산장치의 최적화를 위해서 설계되었으며 일반 아키텍처에 비해 고성능을 위주로 설계되었다. 이후 IBM은 모토로라와 합작으로 개인 PC용으로 커스텀한 PowerPC 아키텍처를 발표하였다.

그림 1-28 IBM POWER7

PowerPC가 다른 RISC 아키텍처와 구별되는 점은 프로그램 흐름 제어와 고정 소수점 연산, 유동 소수점 연산 기능이 각각 기능적으로 분할되어 있다는 것이다. 이 분할로 인해 독립적 인스트럭션 여러 개를 한꺼번에 여러 기능 요소를 이용해 실행할 수 있는 슈퍼스칼라(superscalar) 설계가 용이해졌다. 이렇게 기존 RISC 아키텍처와 다른 방향을 취한 것은 전체적인 성능의 증가를 위해서이다.

2. ARM RISC

ARM(Advanced RISC Machine)은 RISC 기반 프로세서로 임베디드 시스템에 사용되어 많은 수의 성공한 임베디드 시스템에서 사용되었다. 현재 우리주변에서 쉽게 ARM 프로세서를 바탕으로 한 많은 장치를 찾아 볼 수 있다. ARM 프로세서는 다음 그림과 같이 스마트기기, 내비게이션, 태블릿, 그 외의 산업용 임베디드 기기 등에도 폭 넓게 사용되고 있다.

그림 1-29 ARM 프로세서를 사용하는 주요 제품

ARM 라이선스의 경우 초기에는 'ARM7', 'ARM9', 'ARM11' 등의 프로세서가 저전력 위주의 시장에 채택됐지만 스마트폰과 다양한 휴대기기가 대중화를 이루면서 좀 더 고성능을 내기 위한 아키텍처로 'Cortex' 시리즈가 등장하였다. 2013년 1월 기준으로 대부분의 스마트폰은 Cortex-Axx 아키텍처 기반 프로세서 코어를 기반으로 제작되고 있다

2.1 RISC 특징

- **load-store 구조**

메모리에서 데이터를 읽고 쓰는 명령어와 CPU 내부에서 연산을 수행하는 명령어들을 분리 시켰다. 따라서 명령어들이 연산을 수행하면서 동시에 메모리까지 참조하면서 많은 시간을 소모하지 않는다.

- **고정 길이 32비트 명령어**

대부분의 명령어는 한 명령어당 32비트를 점유한다.

- **address 명령어 구조**

대부분의 명령어는 두 개의 소스 주소와 한 개의 목적지 주소를 가진다. 즉 3개의 주소를 사용하여 연산이 된다.

2.2 ARM RISC 기능

- **16비트 명령어 사용가능**

32비트 프로세서 이면서 16비트 명령어를 사용할 수 있도록 Thumb 모드라는 것을 제공한다. 따라서 ARM은 코드 크기를 작게 하여 구현이 가능하다.

- **조건부 명령어 구조**

ARM의 모든 명령어는 조건부 수행명령으로 만들 수 있다. 따라서 일반 명령어만으로 조건부 명령이 가능해서 명령어의 개수를 줄일 수 있다.

- **최적화된 레지스터 수**

일반적인 RISC CPU는 많은 수의 레지스터와 레지스터 윈도우를 사용하여 문맥교환의 시간을 단축시키지만 반면에 레지스터가 칩에서 많은 공간을 차지하는 단점이 있었다. 하지만 ARM은 쉐도우 레지스터를 두어서 꼭 필요한 레지스터만을 문맥교환에 사용되도록 고안되어서 가격 면에서 장점을 가질 수 있게 되었다.

2.3 애플리케이션 프로세서(Application Processor)

스마트폰이나 태블릿PC와 같은 모바일 기기에도 프로세서가 탑재된다. 모바일 기기에 탑재되는 프로세서의 경우 애플리케이션 프로세서(AP) 또는 모바일 프로세서라고 해서 일반적인 데스크탑에 들어가는 CPU와 구분한다. 이렇게 구분지게 된 배경은 초기 휴대폰의 경우 전화를 하기 위한 목적을 가지고 있어 기지국 신호를 잡아주는 모뎀역할이 프로세서보다 더 중요했기 때문이다. 하지만 최근 스마트기기는 인터넷에 접속하고, 게임, 음악, 동영상 등 많은 기능들이 이루어지다보니 프로세서가 장치의 성능을 가늠하는 핵심 요소로 부각되었다.

2000년대 후반 스마트폰이 대중화하면서 보조프로세서의 성능이 더 크게 요구됐다. 이때부터 모뎀 속 프로세서는 모뎀과 통신, 하드웨어를 제어하는 쪽으로 특화되고 모뎀 외부에 자리 잡은 별도 프로세서의 성능을 끌어올려 운영체제와 응용프로그램, 즉 애플리케이션을 구동하는 쪽으로 설계 방향이 바뀌었다. 이때부터 애플리케이션을 돌리는 데 특화된 프로세서라는 뜻에서 AP(Application Processor)라는 이름을 붙였다.

그림 1-30 AP 구조(퀄컴, 애플)

AP의 구조를 살펴보면 주 연산을 위한 CPU와 영상관련 연산을 담당하는 GPU, 통신칩, 메모리, 저장장치 등이 하나의 칩으로 설계되어있다.

AP의 경우에는 크게 CPU core의 성능보다는 멀티미디어 기능에 주안점을 둔 멀티미디어 프로세서 계열과 고성능 CPU core를 바탕으로 멀티미디어 등 관련된 기능을 통합해 놓은 AP계열로 나눌 수 있다. 멀티미디어 프로세서의 경우 스마트폰, 태블릿 등의 프로세서로 사용되고 있으나 최근 다양한 앱(App)을 구동하기 위하여 고성능 CPU가 기본적으로 AP 기반으로 사용되어지고 있다.

국내외 다양한 제조사에서 설계한 AP는 대표적으로 퀄컴의 Snapdragon, 삼성의 Exynos, 애플의 A, 엔비디아의 Tegra 등이 있다.

그림 1-31 AP 주요 개발 업체 제품(삼성, 퀄컴, 엔비디아, 애플)

3. ARM Cortex

ARM은 초기 저전력을 강점으로 고성능부터 다양한 제품 라인업을 설계하였으며 2000년대 중반 이후 임베디드 시스템의 확장과 함께 스마트 디바이스와 다양한 제품군에 적용하기 위해서 용도와 성능별로 Cortex 계열의 새로운 이름의 프로세서 아키텍처를 발표하였다.

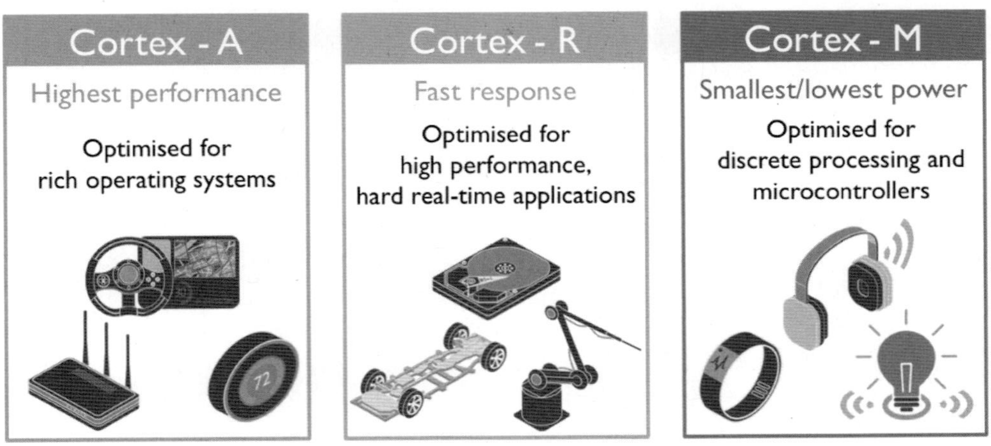

그림 1-32 ARM Cortex 계열

- **ARM Cortex-A 시리즈** : 복잡한 OS 및 다중 사용자 애플리케이션을 지원하는 애플리케이션 프로세서
- **ARM Cortex-R 시리즈** : 임베디드 실시간 시스템을 위한 임베디드 프로세서

- **ARM Cortex-M 시리즈** : 비용에 매우 민감한 마이크로컨트롤러 및 FPGA에 최적화된 딥 임베디드 프로세서

3.1 Cortex-A 프로세서

ARM 라이선스의 경우 초기에는 'ARM7', 'ARM9', 'ARM11' 등의 프로세서가 저전력 위주의 시장에 채택됐지만 스마트폰과 다양한 휴대기기가 대중화를 이루면서 좀 더 고성능을 내기 위한 아키텍처로 'Cortex' 시리즈가 등장하였다. 2013년 1월 기준으로 대부분의 스마트폰은 Cortex-Axx 아키텍처 기반 프로세서 코어를 기반으로 제작되고 있다. 개발업체에서는 아키텍처를 구입하여 반도체와 메모리, 컨트롤러 등을 결합하여 하나의 칩으로 만들고 이를 'SoC(System on Chip)'이라고 부른다.

ARM-Cortex-A 아키텍처 종류는 다음 표와 같다.

표 1-3 ARM-Cortex 아키텍처

Series	Version	Core	Function
Cortex-A	Armv7-A	Cortex-A5	Cortex-A 계열 중 가장 작은 단위, 저전력기반 초소형장치 프로세서, 8단계 싱글파이프라인구조
		Cortex-A7	1.2~1.6GHz, 멀티코어 지원, Exynos 5410 탑재
		Cortex-A8	Armv7-A 아키텍처 최초프로세서, 아이폰 3GS 탑재
		Cortex-A9	저전력 최적화 멀티코어프로세서, ARM코어 중 가장 많은 부분 차지, NVIDIA Tegra2, Exynos4210, i.mx6탑재
		Cortex-A15	A9 후속작, Armv7-A 중 가장 고성능, Exynos5250 탑재
		Cortex-A17	Armv7-A 중 마지막 32비트 프로세서, A7과 Big. Little 지원

Cortex-A	Armv8-A	Cortex-A32	32비트 기반 가장 작은 설치 공간 및 저전력 프로세서 MCU급의 소형 임베디드 분야 중 고성능장치 적용
		Cortex-A35	64비트 Armv8-A 프로세서
		Cortex-A53	퀄컴 808, 810, Exynos 7 Octa 탑재
		Cortex-A55	A53 후속작, A53 대비 15% 향상된 전력효율, 18% 성능 향상
		Cortex-A57	Armv8-A 기반 고성능 프로세서 퀄컴 808, 810, Exynos 7 Octa 탑재
		Cortex-65AE	차량용 애플리케이션을 위한 멀티스레드 Corte-A CPU DCLS(Dual Core Lock-Step) 기반으로 설계
		Cortex-A72	Cortex-A57의 최적화 모델
		Cortex-A73	Cortex-A57을 기반, 최대한의 콤팩트함을 추구
		Cortex-A75	ARM v8.2 명령어를 지원하는 첫 CPU, A73 대비 20% 성능 향상, DynamIQ 기술이 가능한 첫 프로세서
		Cortex-76AE	ADAS 및 자율 주행 차와 같은 기능 안전 애플리케이션을 위해 특수 제작
		Cortex-A77	5G 솔루션 활성화, 고성능 모바일 기기 적용

3.2 Cortex-A9 프로세서

ARMCortex-A9 프로세서는 ARMv7 아키텍처의 풍부한 기능을 모두 실현하고 효율성이 우수한 동적 길이의 다중 슈퍼스케일러, 비순차적 추론 8단계 파이프라인을 중심으로 만들어진 최대 성능을 발휘하는 프로세서이다.

본 실습장치(H-EMbed TKU)에 탑재된 프로세서 또한 ARM Cortex-A9 MPCore 기반의 프로세서(i.MX6Quad)가 탑재되어 있다.

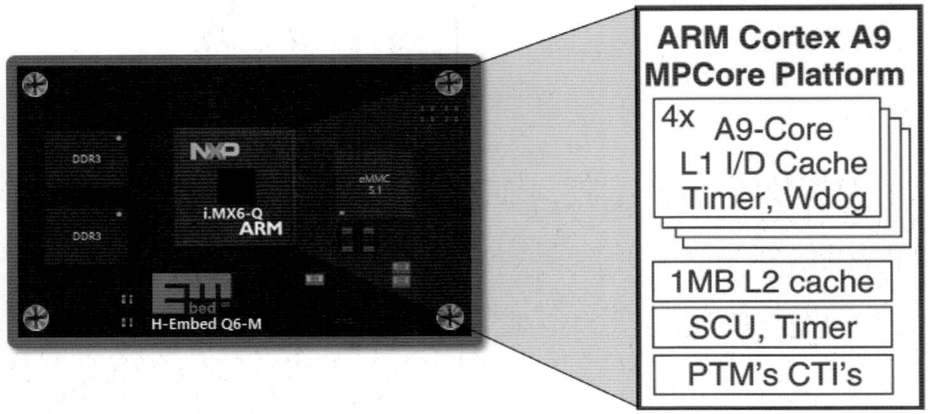

그림 1-33 ARM Cortex계열

▮ Cortex-A9 프로세서 특징

Cortex-A9 코어는 확장 멀티코어 프로세서인 Cortex-A9 MPCore 멀티코어 프로세서 혹은 Cortex-A9 단일코어 프로세서 중 하나로 구현된다. 16, 32 또는 64KB의 4방향 연결(Four Way Associative) L1 캐쉬 구성을 지원하는 확장 멀티코어 프로세서와 단일 프로세서는 서로 다른 별도의 제품으로 최대한의 유연성을 제공하며 각 제품 특징에 따라 적합하다.

Cortex-A9 MPCore 멀티코어 프로세서는 큰 성공을 거둔 검증된 ARM MPCore 기술에 추가적으로 이루어진 기능 개선을 통합하여 멀티코어 솔루션 채택을 단순화하고 확대하였다. Cortex-A9 MPCore는 최대성능을 확장하는 기능을 제공하면서 디자인 유연성 및 새로운 기능을 지원하여 프로세서 및 시스템 레벨에서 추가로 전력 소비를 절약하고 제어하였다. 또한 제한된 모바일 전력예산에서 효과적인 운영을 유지할 수 있도록 ARM MPCore 기술이 제공하는 고급전력 관리기술과 디자인 유연성을 활용하여, 현재 솔루션보다 향상된 최대 성능을 모바일 기기에 제공하였다.

다음은 Cortex-A9 프로세서의 주요 특징을 나타낸 표이다.

표 1-4 ARM-Cortex 아키텍처

주요 특징	내용
효율성이 뛰어난 슈퍼 스케일러 파이프라인	2.0DMIPS/MHz 이상의 업계 최고 성능으로 전례가 없는 최대 성능을 실현하면서 동시에 저전력 유지로 배터리 수명을 연장하고 패키지 및 운영비용을 절감 한다.
Neon(NEON) 미디어 처리 엔진	미디어 및 신호 처리 기능 가속화로 애플리케이션 별 성능을 개선하고 통합 애플리케이션 소프트웨어 개발 및 지원의 편리성을 제공한다.
부동소수점 처리장치	단일 및 두 배 정밀도 스칼라 부동소수점 운영을 대폭 촉진한다. 이전의 ARM FPU 성능을 두 배로 개선, FPU는 업계 최고의 이미지 처리, 그래픽 및 과학적 연산 기능 제공한다.
최적화된 레벨 1 캐쉬	성능 및 전력 최적화된 L1 캐쉬가 최소 액세스 지연 테크닉을 결합하여 성능을 최대화하고 전력 소비를 최소화한다. 또한, 캐쉬 일관성 옵션을 제공하여 프로세서 간의 커뮤니케이션을 향상시키거나 기능이 풍부한 SMP가 가능한 OS를 지원하여 멀티코어 소프트웨어 개발을 단순화한다.
Thumb-2 기술	기존 ARM 코드의 최대 성능 실현하면서 명령어 저장에 필요한 메모리양을 최대 30%까지 절감한다.
Trust Zone 기술	디지털 권리 관리에서 전자 지불에 이르는 다양한 보안 애플리케이션의 안전한 실행을 보장한다. 기술 및 업계 파트너들로부터 폭넓은 지지를 받고 있다.
azelle RCT 및 DBX 기술	코드 크기를 최대 3x까지 절감하여 바이트코드 언어의 JIT(Just-in-time) 및 AOT(Ahead-of-time) 컴필레이션을 실현 하면서 동시에 자바 명령어의 직접 바이트 코드 실행을 지원하여 기존의 가상 기계 운영 가속화 한다.
L2 캐쉬 컨트롤러	고주파수 디자인이나 오프 칩(off chip) 메모리 액세스와 관련 하여 전력 소비를 절감해야 하는 디자인에서 최대 2MB의 캐쉬 메모리까지 낮은 지연 및 고 대역폭 액세스 제공한다.
프로그램 트레이스 마이크로셀(Macrocell) 및 코어사이트(CoreSight)™ 디자인 키트	이 두 가지 컴포넌트는 함께 사용되어 소프트웨어 개발자에게 여러 프로세서의 실행 이력에 방해 되지 않게 추적 하는 기능을 제공하며, 두 가지 중 하나가 타임스탬프가 찍힌 상호관계와 함께 이것을 온 칩 버퍼에 저장하거나 표준 추적 인터페이스를 통해 오프 칩에 저장하여 개발 및 디버그 기간 동안 가시성을 개선 한다.

▮ 고급 마이크로 아키텍처

Cortex-A9 마이크로아키텍처는 실리콘 비용 상의 가격에 민감한 임베디드 기기에서 처리 효율성을 최대화하고 지나치게 높은 주파수 디자인과 관련된 비효율성을 제거하기 위해 만들어졌다. 그 결과, 합성 테크닉을 통해 1GHz 클록 주파수 이상이 가능한 기기를 구현할 수 있으며, 장시간 배터리 운영하기 위해 필요한 높은 수준의 전력 효율성을 제공하는 프로세서 디자인이 만들어지게 되었다.

▮ 멀티코어 프로세서

Cortex-A9 MPCore 멀티코어 프로세서는 캐쉬가 일관된 통합 방식으로 1~4개의 CPU를 지원하는 디자인 구성이 가능한 프로세서를 제공한다.

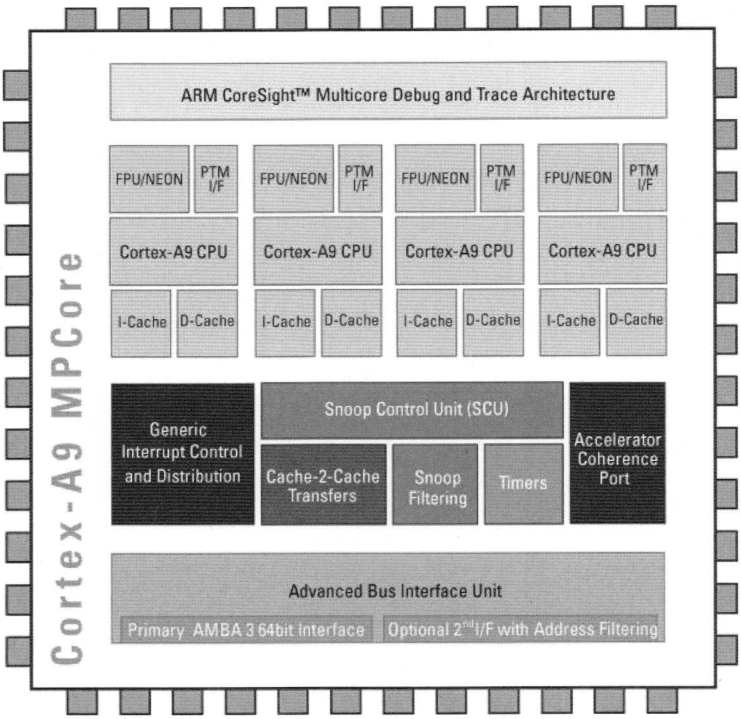

그림 1-34 ARM Cortex-A9 멀티코어 프로세서

각 프로세서는 각 캐쉬 크기와 FPU, MPE 또는 PTM 인터페이스 지원 여부에 따라 독립적으로 구성 될 수 있다. 또한, 이 프로세서는 어떤 구성에서든 기타 비 캐쉬 시스템 마스터링 주변장치와 DMA 엔진이나 암호가속기 코어 등의 액셀러레이터를 수용하는

ACP(Accelerator Coherence Port)를 L1 프로세서 캐쉬와 일관된 캐쉬로 만들 수 있다. 또한, GIC 아키텍처를 준수하는 통합 인터럽트와 커뮤니케이션 시스템이 각각의 주변장치와 결합되어 성능 및 소프트웨어 이식성을 개선하며 0(레거시 바이패스 모드: Legacy Bypass Mode)에서 224개의 독립 인터럽트 소스까지 지원할 수 있도록 구성할 수 있다. 이 프로세서는 단일 또는 이 중 64비트 AMBA 3 AXI™ 인터커넥트 인터페이스를 지원할 수 있다.

Cortex-A9 MPCore 멀티코어 프로세서에는 실리콘으로 증명된 ARM MPCore 기술의 향상된 버전이 들어 있어 확장 멀티코어 처리가 가능하다.

■ 파이프라인

프로세서의 성능이 높아지는데 기여한 가장 핵심적인 기술로 파이프라인을 꼽을 수 있다. 파이프라인은 현대 프로세서의 기반 기술로 처리율을 크게 높이는 데 공헌했다. 프로세서 내에서 파이프라인은 여러 곳에서 찾아볼 수 있다. 가장 핵심적인 파이프라인은 명령어 인출과 해독 같은 단계를 포함하는 명령어 파이프라인이다. 또한 시간이 오래 걸리는 산술 연산 장치와 작업은 대부분 파이프 라인화 되어 있다.

파이프라인은 연속적으로 주어지는 어떤 작업을 처리하는 데 있어 처리 율을 높이는 일반적인 알고리즘을 가리킨다. 파이프라인 알고리즘의 핵심은 재사용과 병렬 실행에 있다. 먼저, 파이프 라인화 하려는 작업을 여러 세부 단계로 나눈다. 처리할 첫 번째 데이터는 파이프라인의 첫 번째 단계로 들어가서 그 작업을 완료한다. 이 데이터는 두 번째 단계로 넘어가고 첫 번째 단계는 비게 된다. 이때 다음 데이터를 받아 첫 번째 단계에서 처리하면 동시에 두 데이터가 처리된다. 이런 방법으로 처리율, 단위 시간당 처리할 수 있는 일의 양을 크게 높일 수 있다.

- **명령어 인출(fetch) 브랜치 예측의 고급 처리** : 잠재적인 메모리 지연으로 유발된 명령어 정체로부터 브랜치 레졸루션(Branch Resolution)을 해제한다.
- **최대 4개 명령어 캐쉬 라인까지 프리페치-펜딩(Prefetch-Pending)** : 메모리 지연 영향을 추가로 더 감소시켜 명령어 전송을 유지한다. 주기 당 2개에서 4개 명령어가 계속해서 명령어 해독(decode)으로 전송된다. 효율적인 슈퍼스케일러 파이프라인 활용을 보장한다.
- **빠른 루프 모드** : 작은 루프를 실행하는 동안 저전력 운영을 한다.
- **슈퍼스케일러 해독기** : 주기당 2개의 명령어 전체를 해독할 수 있다.

- **명령어의 추론 실행** : 물리적 레지스터를 사용 가능한 가상 레지스터 풀로, 동적으로 이름을 다시 명명하여 이루어진다.
- **파이프라인 활용도 개선** : 인접 명령어 간의 데이터의존도를 제거하고 인터럽트 지연을 줄인다.
- **레지스터를 가상으로 재명명** : 코드 크기 및 전력소모에 추가 비용을 들이지 않고 루프를 효율적으로 하드웨어 기반으로 풀어서 코드 가속화
- **4개의 뒤이은 파이프라인 중 어느 파이프라인도 이슈 큐에서 명령어를 선택가능** : 비순차적 디스패치(Out Of Order Dispatch)를 제공하여 개발자나 컴파일러의 명령어 스케줄링과 관계없이 추가로 파이프라인 활용도를 개선한다. 이전 세대 프로세서에 맞춰 최적화된 코드에서 최대 성능을 보장하여 기존 소프트웨어 투자를 유지한다.

빅리틀(big.LITTLE)

ARM big.LITTLE(빅리틀)은 ARM에서 개발된 이기종 컴퓨팅 아키텍처로 상대적으로 전력 소모가 적은 저성능 코어(LITTLE)들과 전력 소모가 많은 고성능 프로세서 코어(big)들을 함께 탑재하는 구조를 말한다. 일반적으로 두 종류의 코어들 중 한 쪽만이 활성화되어 작동하며, 코어들이 동일한 메모리 영역을 사용하므로 상황에 따라 작업이 big 코어와 LITTLE 코어 사이에서 동적으로 할당된다.

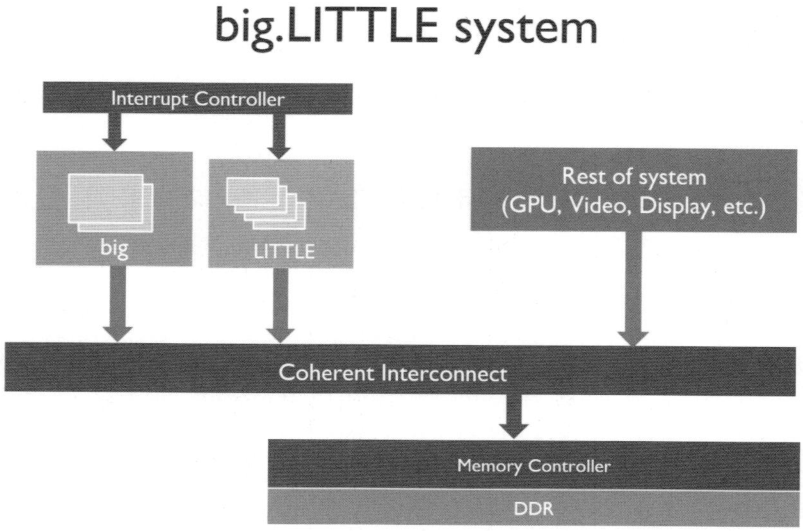

그림 1-35 빅리틀 구조

이러한 구조의 목적은 멀티코어 환경에서 필요한 계산량에 따라 동적으로 코어를 할당함으로써 단순히 클럭을 조절하는 것보다 더 높은 수준의 전력소모 절감을 달성하는 것이다. ARM의 마케팅 자료에 의하면 특정 상황에서 최대 75%까지 전력소모 절감이 가능하다.

빅리틀 구조가 적용된 최초의 프로세서는 2011년 10월 발표된 Cortex-A7이었으며, 이 프로세서는 Cortex-A15와 구조적인 호환성을 갖도록 설계되었다.

CHAPTER 02

개발하드웨어 소개

contents

01 H-EMbed TKU 시스템 구성

1. H-EMbed TKU 시스템 개요

H-EMbed TKU는 통합 임베디드 환경을 제공하기 위한 목적으로 ARM계열의 고성능 프로세서 Cortex-A9과 특수용도의 마이크로컨트롤러 개발 목적의 Cortex-M4, 사물인터넷 전용 통신모듈 ESP32 등 멀티프로세서를 탑재하였다.

그림 2-1 H-EMbed TKU 특징

Cortex-A9은 고성능 멀티코어 프로세서를 탑재하여 대용량 멀티미디어 콘텐츠, 3D게임 웹브라우징 등의 환경에서도 빠르고 강력한 성능을 자랑하며 다양한 운영체제(리눅스, 안드로이드 등) 이식을 통한 O/S포팅 및 드라이버설계 학습이 가능하다. 또한 STM사의 Cortex-M4는 컴파일러, 디버거 등 필요한 소프트웨어 환경을 구축하고 다양한 입출력

주변장치들의 인터페이스에 대한 기초 이해 및 실습이 이루어진다. 마지막으로 IoT 프로세서는 무선통신환경을 구축하여 데이터 수집 및 클라우드 서비스 연동 등 다양한 응용 프로젝트 실습에 최적화를 위해 설계되었다.

H-EMbed TKU의 주요 특징은 다음과 같다.

■ 임베디드 멀티프로세서 탑재

- ARM 기반 Cortex-A9 Quad-Core 탑재(NXP I.MX6Quad)
- 입출력장치 제어 Corte-M4 MCU 탑재(STM32F446)
- IoT 전용 통신 모듈 탑재(ESP-32WROOM)

■ 교육 및 연구개발용 시스템 설계

- 시스템 디버그 및 다양한 외부 입출력을 위한 인터페이스 설계
  - UART, USB, RS232, RS422, CAN, 10/1000Ethernet, Camera I/F 등
- 단계별 학습 및 개발을 위한 제품 모듈화
  - CPU Module, Display Module, AP Board, MCU Board 등 각각 구성
- 애플리케이션 제작 및 디스플레이를 위한 장치
  - TFT Toucth LCD(7inch), RGB/LVDS/HDMI 지원, LCD Angle 각도 조정 가능
- 기초 입출력장치부터 응용 인터페이스 설계
  - LED, Button, Buzzer, IMU 센서 등 기초 I/O 내부 탑재 및 산업용 기기 연동을 위한 인터페이스(CAN/RS232/RS422) 커넥터 설계
- MCU 기초 개발을 위한 인터페이스 설계
  - Cortex-M4를 기반으로 약 15종 이상의 입출력 인터페이스 포함
  - AP와 MCU 간 Board to Board 방식으로 인터페이스 구성(UART)

■ 임베디드 소프트웨어 설계

- 오픈소스 기반 리눅스 OS 탑재(Kernel 4.x)
- 안드로이드 OS 탑재(Android 7.x)
- 사용자 GUI 환경구축, QT 기반 UI 설계프로그램 제공
- C/C++/Python 기반 입출력장치 제어 API구현

- 부트로더 제어, 커널프로그래밍, 파일시스템 구축 등 콘텐츠 포함
- 클라우드 API 지원, 서비스 활용하기 콘텐츠 포함
- MCU(Cortex–M4) I/O 인터페이스 제어별 펌웨어 포함

2. H–EMbed TKU 하드웨어

H–EMbed TKU의 하드웨어 구성 및 세부 사양에 대해 알아보도록 한다.

2.1 전체 구성

하드웨어 전체 구성은 Cortex–A9 기반의 AP가 탑재되어 있는 AP모듈과 디스플레이, 통신, 카메라, 주변기기로 구성된 베이스보드, Cortex–M4와 IoT모듈이 탑재되어 있는 MCU보드로 구분되며 그 외 디버그도구 및 케이블로 구성 된다.

AP보드는 임베디드 운영체제(리눅스 또는 안드로이드)가 탑재되어 다양한 주변기기 제어 및 애플리케이션 제작을 위한 용도로 사용되며 MCU보드는 각종 인터페이스별 통신 실습 및 펌웨어 제작 실습이 이루어진다.

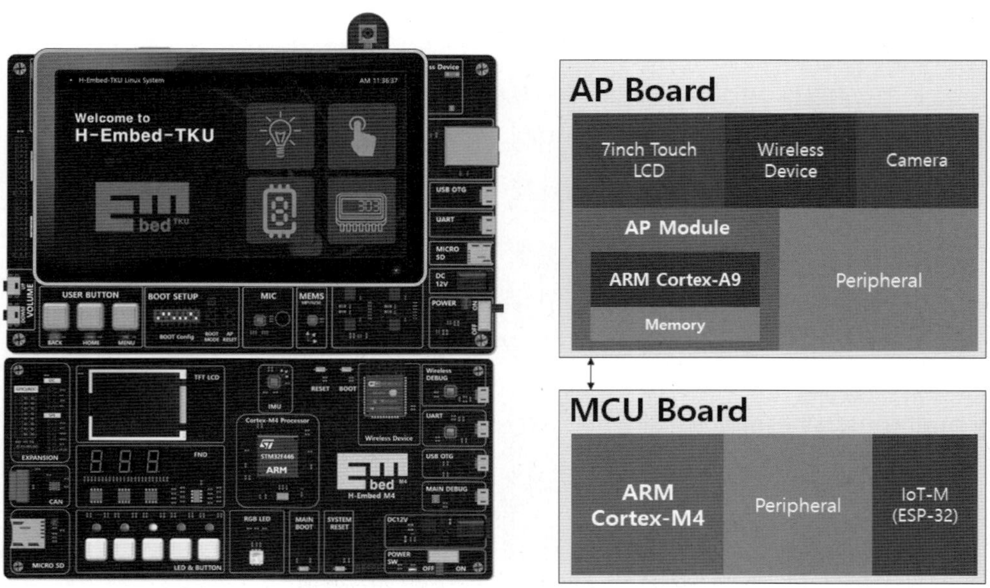

그림 2–2 시스템 전체 구성

2.2 AP Module

AP(Application Processor) Module은 고성능 산업용 임베디드 시스템에 적용하기 위해 설계된 프로세서 모듈로 국내 임베디드 시스템 전문기업 하이버스(주)에서 NXP사의 i.MX6Quad를 기반으로 설계 제작한 제품이다.

주로 스마트 자동화 설비, HMI, 의료기기 등에 탑재하기 위한 목적으로 설계되었으며 높은 신뢰성과 품질을 바탕으로 모바일AP에 비교하여 생산주기가 길어 산업용 기기에 많이 적용되고 있다.

그림 2-3 AP Module (HyBus i.MX6 APM)

AP 모듈 구성은 NXP사의 I.MX6Quad Processor가 탑재되어 있으며 DDR3 2GB 메모리와 eMMC Storage가 탑재되어 있다.

세부 사양은 다음과 같다.

표 2-1 AP 모듈 사양

항목	상세정보
Processor	Cortex-A9 I.MX6 Quad Processor(Up to 1.2GHz)
Memory	DDR3 2GB
Storage	eMMc(embedded Multi Media Card Ver. 5.1 compatible) 4GB

■ Application Processor

AP 모듈에 탑재되어 있는 NXP사의 I.MX6Quad 프로세서는 멀티미디어 애플리케이션구동과 효율적인 전력관리가 용이한 임베디드 프로세서이다.

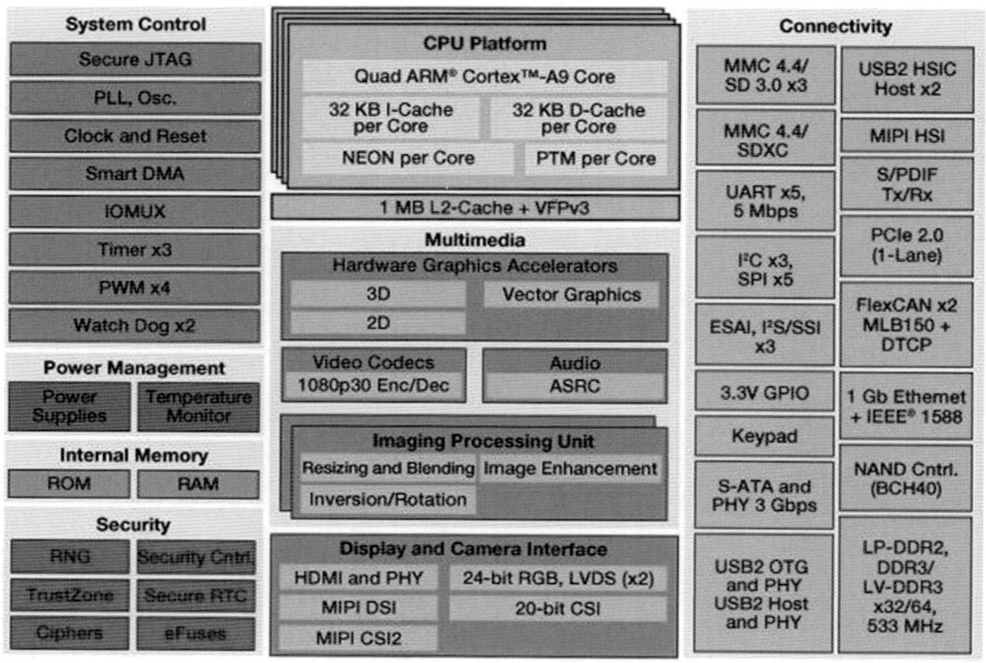

그림 2-4 Processor Block Diagram

프로세서의 하드웨어 주요 특징 및 사양을 살펴보도록 한다.

표 2-2 AP 사양 및 지원

항목	상세정보
CPU Complex	• 4x Arm® Cortex®-A9 up to 1.2 GHz per core • 1 MB L2 cache • 32 KB instruction and data caches • NEON SIMD media accelerator
Multimedia	• GPU 3D : Vivante GC2000 • 200Mtri/s 1000Mpxl/s, OpenGL® ES 3.0 and Halti, CL EP • GPU 2D(Vector Graphics) : Vivante GC355, 300Mpxl/s, OpenVG™ • GPU 2D(Composition) : Vivante GC320, 600Mpxl/s, BLIT • Video Decode : 1080p 60 h.264

Multimedia	• Video Encode : 1080p30 H.264 BP/ Dual 720p encode • Camera Interface : MIPI-CSI2(4 lanes), three simultaneous inputs
Memory	• DDR : 2×32 LP-DDR2, 1×64 DDR3 / LV-DDR3 • NAND : SLC/MLC, 40-bit ECC, ONFI2.2, DDR
Connectivity	• USB2.0 : OTG, Host, 2x Host USB HSIC • Ethernet : 1 Gbps + IEEE®1588 • Expansion : 3x SD/MMC 4.4, 1x SDXC, 5x SPI, 5x UART, 3x I^2C • MIPI-HSI • PCIe 2.0 (1 lane)
Display	• 2 x 4XGA (2048×1536) • or 2 x [1080p + WXGA (1280×720)]
Security	• High Assurance Boot • Cryptographic cipher engines • Random number generator • Tamper detection

참조 : https://www.nxp.com/docs/en/data-sheet/IMX6DQCEC.pdf

Software

I.MX6Quad 프로세서는 산업용 임베디드 시스템뿐만 아니라 모바일 기기에도 적합한 소프트웨어 환경을 제공한다. 또한 개발자로 하여금 운영체제 이식 및 BSP, 드라이버 및 미들웨어를 기본 제공한다.

- https://www.nxp.com/

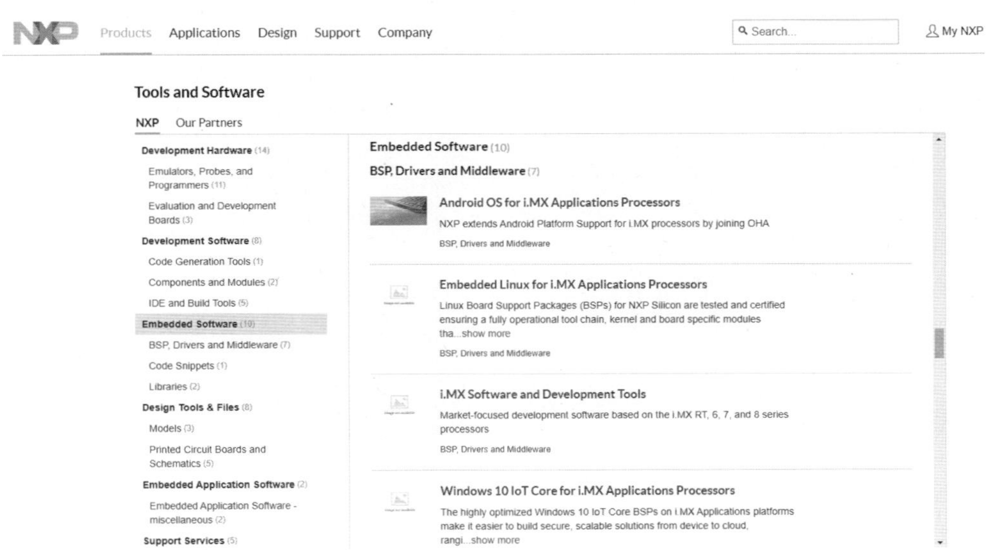

그림 2-5 AP Module

NXP 공식 홈페이지에서 제공되는 소프트웨어(OS) 주요 내용은 다음과 같다.

표 2-3 소프트웨어(OS) 환경

운영체제	상세정보
Android	• Android 9.0, Android 8.1, Android 7.1
Linux	• Linux 5.4.x, Linux 4.19.x • Linux kernel & Device drivers, GNU Tools
Windows	• Windows 10 IoT Core for I.MX Application Processor

참조 : https://www.nxp.com/

2.3 Base Board

Base Board에는 AP 모듈을 장착할 수 있는 커넥터와 디스플레이, 통신모듈, 카메라, 통신인터페이스, 각종 입출력장치 등이 포함되어 있다.

임베디드 운영체제 기반 주변장치 제어 및 외부 통신인터페이스 실습을 위한 다양한 입출력 장치 실습을 진행 할 수 있다.

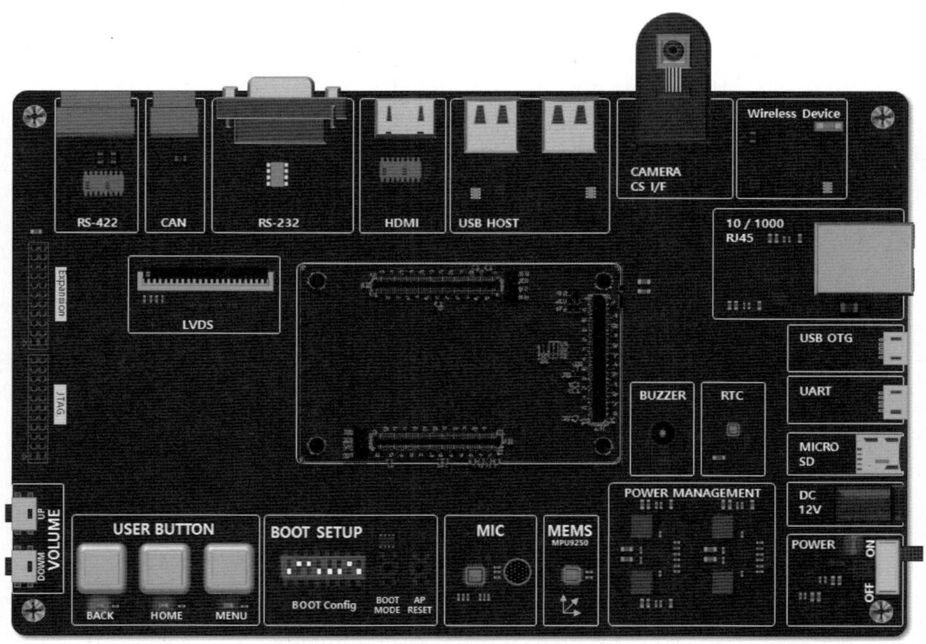

그림 2-6 Base Board

Base Board의 주요 구성을 살펴보면 보드 상단에는 외부 장치와 통신하기 위한 각종 통신인터페이스(RS-422, CAN, RS-232, HDMI, USB 등)가 존재하며 하단에는 입출력 테스트를 위한 디바이스(LED, Button, Sensor등)가 포함되어 있다.

Board Top

Base Board 상단의 주요 구성은 다음과 같다.

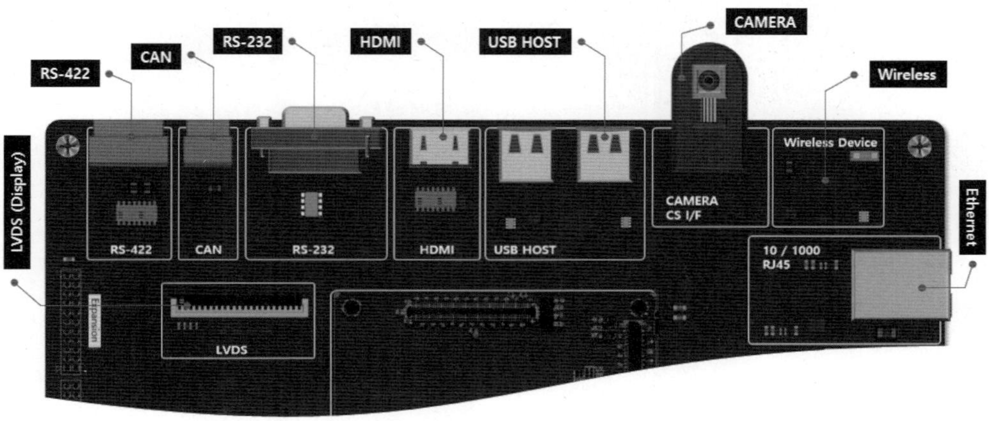

그림 2-7 Base Board Top

Board Bottom

Base Board 하단의 주요 구성은 다음과 같다.

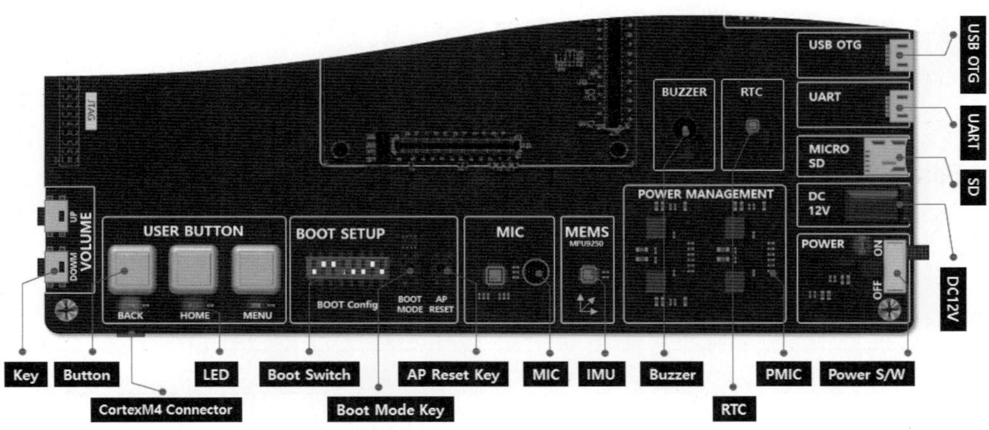

그림 2-8 Base Board Bottom

LCD Board

LCD Board는 7인치 TFT Wide Touch LCD(1024x600)가 장착되어 있으며 LVDS(Low voltage differential signaling) 인터페이스를 지원한다.

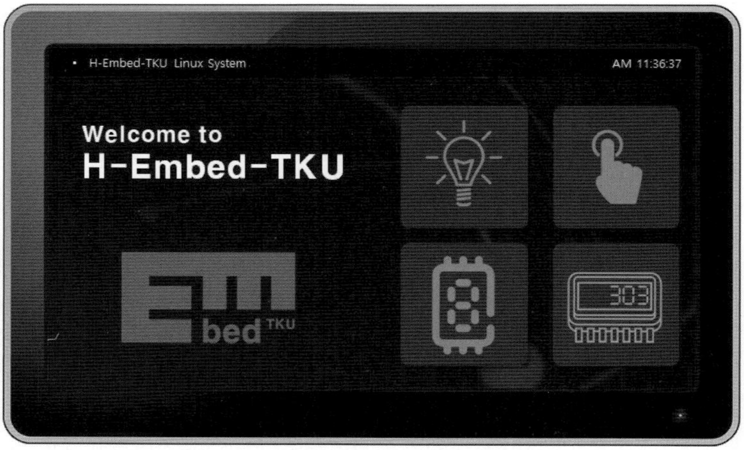

그림 2-9 LCD Board & LCD

> **LVDS**
>
> LVDS(Low-Voltage Differential Signaling)는 고속 디지털 인터페이스로 고속 데이터 전송 속도를 위한 낮은 전력 소비 및 뛰어난 노이즈 내성의 특징을 가지고 있는 인터페이스이다.
>
> 대역폭에 대한 요구가 높아짐에 따라 고속 LVDS 연결에 기반한 PCI Express, HyperTransport와 같은 고성능 기술이 등장하고 있다. 낮은 전력 소모, 뛰어난 노이즈 내성 및 다양한 상용(COTS) LVDS 컴포넌트가 사용 가능해짐에 따라 LVDS는 다양한 국방 및 우주항공 어플리케이션에서 고속 데이터 전송을 위한 안정적이고 장기적인 솔루션으로 각광받고 있다.

Base Board Specification

Base Board의 세부 사양은 다음과 같다.

표 2-4 Base board 사양

항목	상세정보
LCD Display	• 7inch TFT LCD witch Resistive Touch • Connector : LVDS I/F(FPCB Connector)
Display	• HDMI : 1080p (HDMI D-Type Connecotr)

Camera	• Camera Module : OmniVision OV5640 IMAGE SENSOR MODULE • I/F : 1x 20-bit parallel, MIPI-CSI2 (4 lanes)
Serial	• RS-232(115,200bps), D-sub Port • RS-485/422(115,200bps), Terminal Block • CAN(1Mbps), Terminal Block • USB to Serial Debugger • Cortex M4 Connector(UART2)
USB	• x1 HS OTG + PHY(USB Mini 5P Socket) • x2 Host(USB A-Type Socket, 5V/500mV)
Ethernet	• 10/100/1000M Ethernet(RJ-45)
RTC	• External RTC(Coin Battery 적용)
Storage	• Micro SD Card Socket (8GB)
Wireless	• AP6212A, WLAN + BT combo module • Wi-Fi(802.11b/g/n), Bluetooth 4.1
Sensor	• 9-Axial Motion Tracking device(MPU9250)
I/O	• x3 Button, x3 LED(RGB), x2 Key, Piezo Buzzer
MIC/Speaker	• Stereo Speaker 2ch, Mic
Power	• 12V/DC
etc.	• JTAG(TRST, TDI, TMS, TCK) • Expansion Interface(GPIO, SPI, UART, I2C)

2.4 MCU Board

MCU Board는 ARM Cortex-M4를 기반으로 다양한 주변장치 제어 실습 및 IoT 모듈을 활용한 통신실습을 위해 구성되었다. MCU Board에 탑재되어 있는 프로세서는 STM32F446ZET이며 ARM사에서 RISC 구조로 설계한 Cortex-M4 기반의 32bit Micro Processor다. STM32F446ZET Processor는 저전력 프로세서로써, 최대 168MHz의 동작 속도를 갖는다. 또한 연산 처리 특화를 위해 FPU(Floating Point Unit)가 내장되어 있다.

또한 IoT 통신 모듈은 ESPRESSIF사의 ESP32-WROOM 모델을 적용하였다. ESP32-WROOM의 ESP32는 소형 IoT 기기에 탑재하기 위한 무선통신 컨트롤러장치로써 Wi-Fi와 Bluetooth가 통합된 SoC 모듈이다. 주로 모바일, 웨어러블 디바이스 및 IoT 통신제품에 탑재하기 위해 설계되었다.

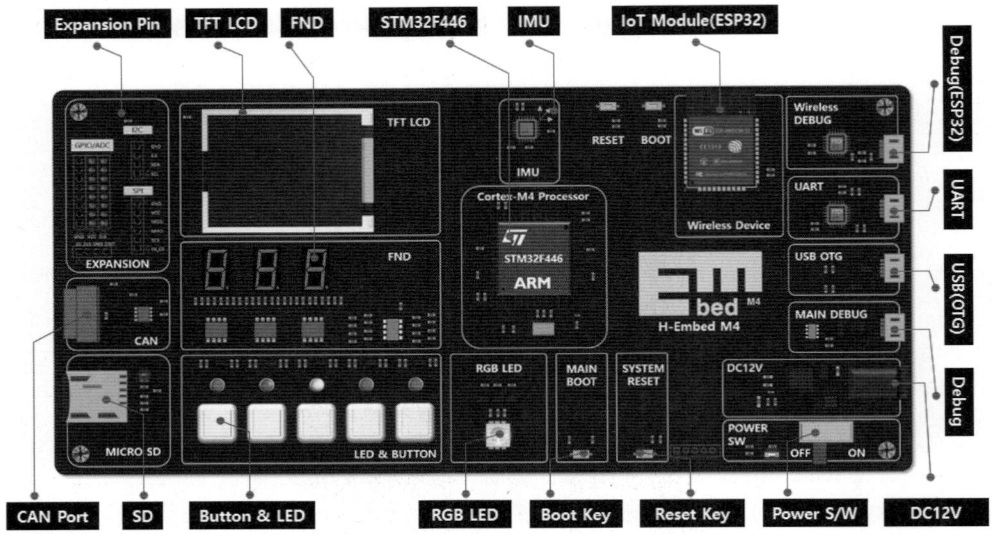

그림 2-10 MCU Board

▮ MCU Board Specification

MCU Board의 세부 사양은 다음과 같다.

표 2-5 MCU Board 사양

항목	상세정보
MCU	• STM32F446ZET(32bit, Memory 512KB, RAM128KB, ADC 12bit)
Memory	• SDRAM 64MB, NAND Flash 1GB
IoT MCU	• ESP32-WROOM(Wi-Fi (IEEE 802.11 /b/g/n), Bluetooth 4.2)
ST-Link	• STM32F103CBT6 • ST-LINK SWD
USB	• USB to ST-LINK 1port(Micro USB) • USB OTG • USB to Serial(Debugger) • USB to Serial(ESP32 Program Download) • CAN Interface(CAN2 Tx/Rx) • I.MX6 Base Board Connector(UART2)
Swtich & LED	• x5 Toggle Button, x5 LED • Full Color RGB LED
FND	• 7-segment Circuit(i2c Interface), 3-digit

IMU	• MPU6050(i2c interface)
TFT LCD	• 1.8inch, 128*160, 18-bit, ST7735R driver, SPI Interface
SD Card	• Micro SD Socket(SDIO)
Expansion	• x5 GPIO, x3 ADC, SPI, i2c, PWR
Power	• 12V/DC

02 시스템 주변장치

1. H-EMbed TKU 시스템 구조

1.1 AP 구조

AP 내부 지원 인터페이스 구조는 다음 그림과 같다.

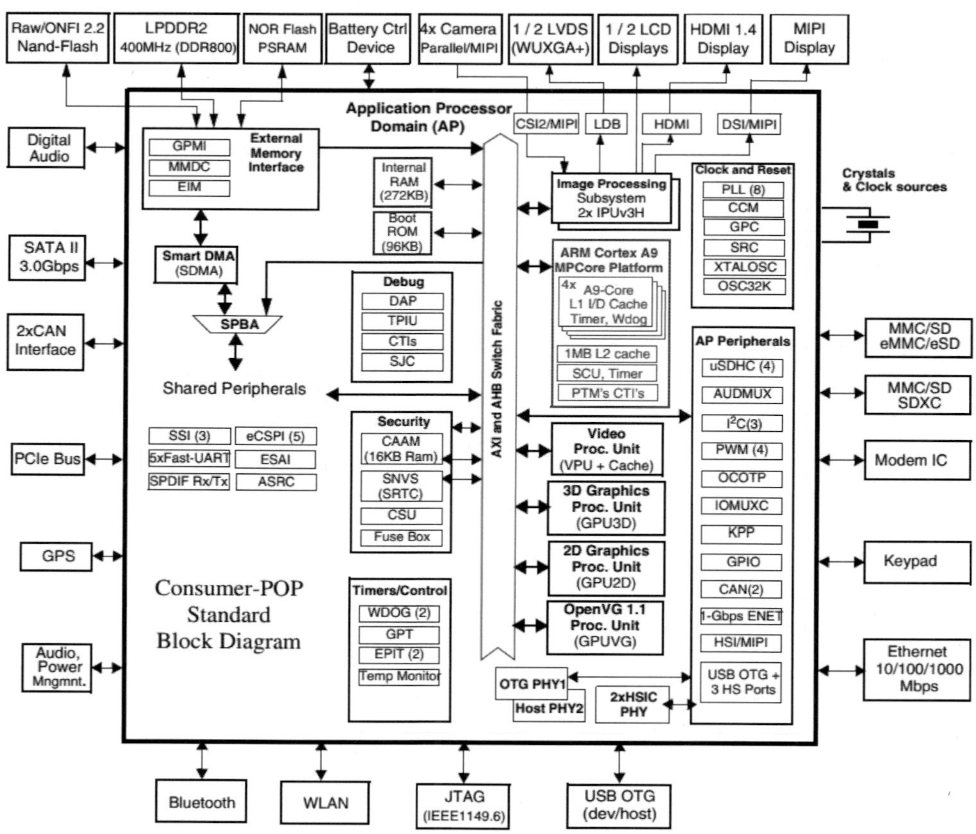

그림 2-11 AP Block Diagram

1.2 Base Board 구조

Base Board의 내부 인터페이스 구조는 다음 그림과 같다.

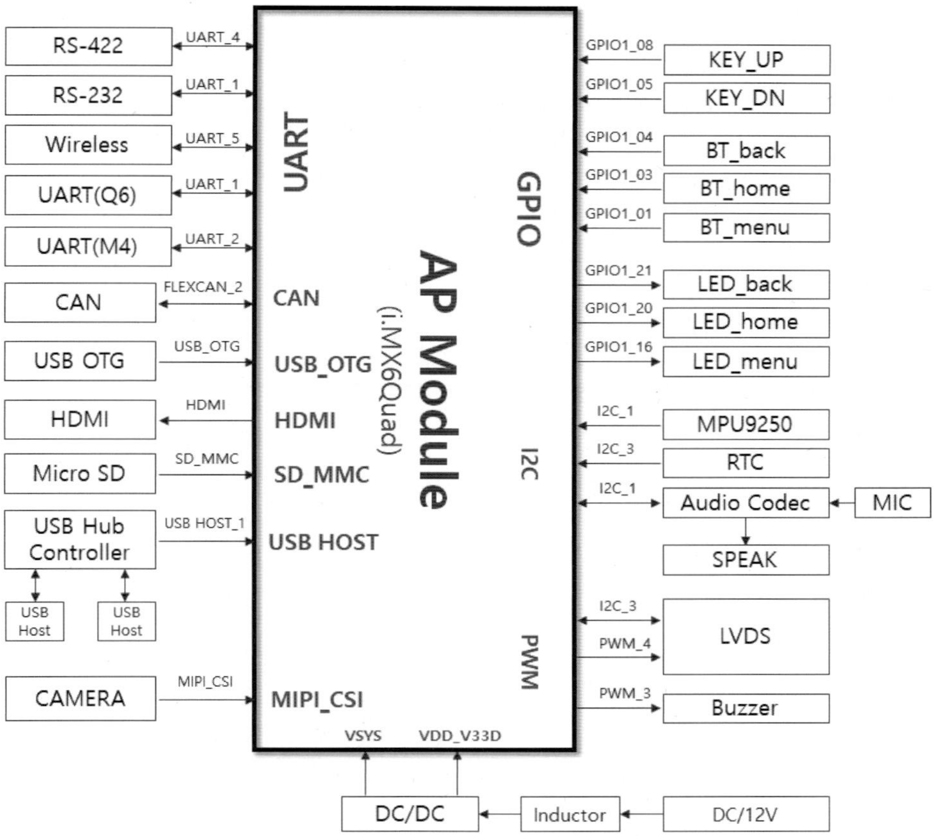

그림 2-12 Base Board Block Diagram

1.3 MCU Board 구조

MCU Board의 내부 인터페이스 구조는 다음 그림과 같다.

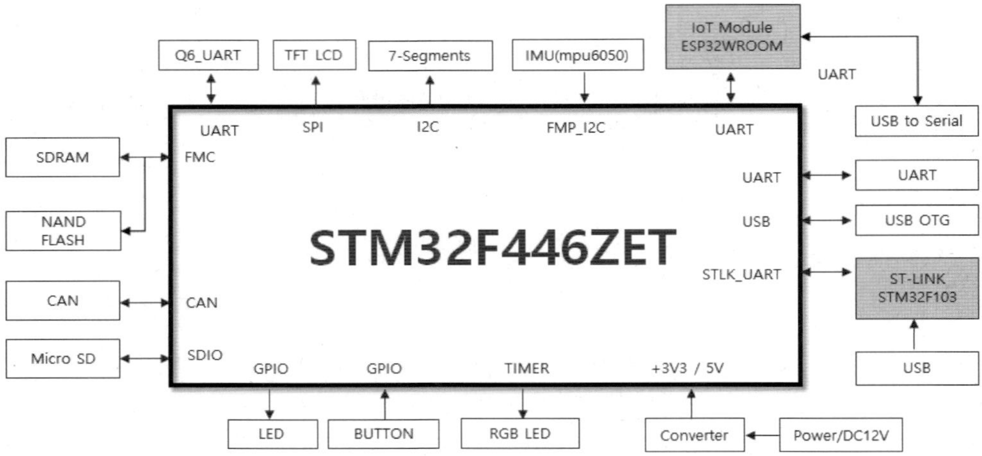

그림 2-13 MCU Board Block Diagram

2. 주변장치 인터페이스

2.1 UART

▮ UART 개요

UART(범용 비동기화 송수신기 : Universal asynchronous receiver/transmitter)는 병렬 및 직렬 방식으로 데이터를 번역하는 통신 규격 중 하나이다.

UART는 일반적으로 RS-232, RS-422, RS-485와 같은 통신 표준과 함께 사용한다. UART의 U는 범용을 가리키는데 이는 자료 형태나 전송 속도를 직접 구성할 수 있고 실제 전기 신호 수준과 방식(이를테면 차분 신호)이 일반적으로 UART 바깥의 특정한 드라이버 회로를 통해 관리를 받는다는 뜻이다.

UART는 일반적으로 컴퓨터나 주변 기기 직렬 포트의 직렬 통신을 위해 사용되는 개별집적 회로이며 수많은 현대의 집적 회로(IC)는 동기화 통신도 지원하는 UART와 함께한다. 이러한 장치들은 USARTs(범용 동기화 송수신기 : universal synchronous/ asynchronous receiver/ transmitter)로 부른다.

비트수	1	2	3	4	5	6	7	8	9	10	11
	시작 비트 (Start bit)	**5-8 데이터 비트**								**패리티 비트 (parity bit)**	**종료 비트 (Stop bit(s))**
	Start	Data 0	Data 1	Data 2	Data 3	Data 4	Data 5	Data 6	Data 7	Parity	Stop

그림 2-14 UART 데이터 송수신 형태

일반적인 UART의 송수신 데이터 형태는 최대 8비트가 기본 단위이며 각 비트는 시작 비트(Start bit), 데이터 비트(Data bit), 패리티 비트(Parity bit), 종료 비트(Stop bit)로 구분된다. 가장 일반적으로 각 데이터 비트의 시간에 대해 16/64배 빠른 클럭 신호를 이용하여 시작 비트로부터 세어 각 비트의 경계를 찾아낸다. 이 클럭 신호는 자체적인 내부 클럭 디지털 회로에 의해 발생한다. 보드 설정에 따라 주 클럭으로부터 타이머 등을 써서 설정한 속도의 클럭 신호를 만든다. 이것은 프로그래밍에 의한 레지스터 설정에 따라 클럭 신호의 주파수가 바뀐다. 통신 양쪽에서 설정을 미리 약속하고 클럭 신호 발생부의 레지스터를 같은 속도로 설정해야 통신이 원활하게 이루어진다.

- **시작 비트** : 통신의 시작을 의미하며 한 비트 시간 길이만큼 유지한다. 지금부터 정해진 약속에 따라 통신을 시작한다.
- **데이터 비트** : 5~8비트의 데이터 전송을 한다. 몇 비트를 사용할 것인지는 해당 레지스터 설정에 따라 결정된다.
- **패리티 비트** : 오류 검증을 하기 위한 패리티 값을 생성하여 송신하고 수신쪽에 오류를 판단한다. 사용 안 함, 짝수, 홀수 패리티 등의 세 가지 옵션으로 해당 레지스터 설정에 따라 선택할 수 있다. '사용 안 함'을 선택하면 이 비트가 제거된다.
- **종료 비트** : 통신 종료를 알린다. 세 가지의 정해진 비트 만큼 유지해야 한다. 1, 1.5, 2 비트로 해당 레지스터 설정에 따라 결정된다.

EMbed-TKU UART

EMbed-TKU AP보드의 UART는 총 5개 채널을 사용하며 시리얼 디버그 용도의 UART, MCU 보드와 통신을 위한 UART, Expansion Pin UART, RS-422 UART, 블루투스 UART로 구성된다.

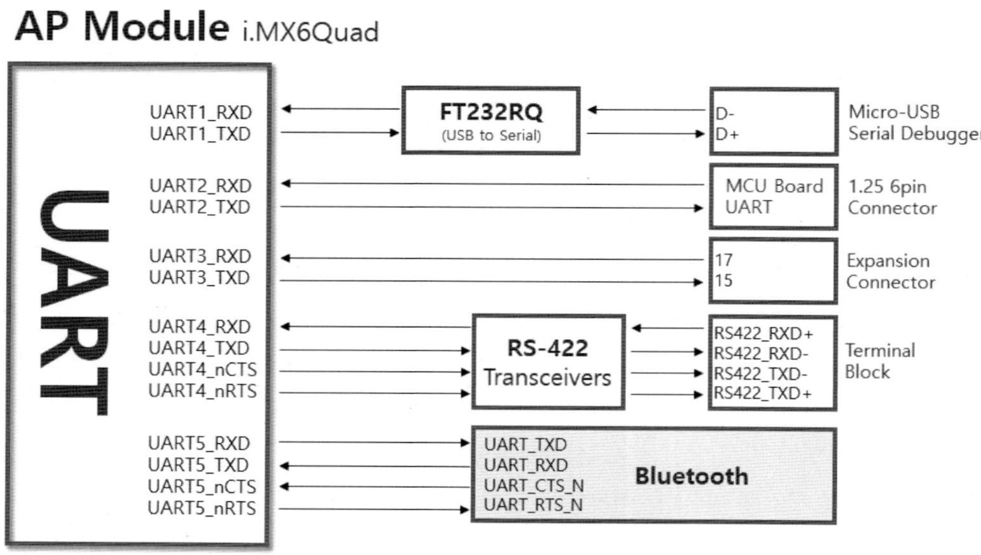

그림 2-15 UART Block Diagram

UART 장치의 주요 특징은 다음과 같다.

표 2-6 UART 정보

인터페이스	용도	사양
UART-1	USB to Serial 디버그	• 7비트 또는 8비트 데이터, 1 또는 2개의 Stop비트, • Programmable parity(최대 5MHz) • Auto-baud 32-byte FIFO • IrDA 1.0지원(115200bps)
UART-2	MCU 보드 연결(UART)	
UART-3	Expansion Pin	
UART-4	RS-422	
UART-5	Bluetooth	

▌RS-232

시리얼 디버그 용도로 사용하는 RS-232시리얼 장치의 데이터 형태를 살펴보도록 한다. UART Transmitter(송신기)는 아래 그림과 같이 Start Bit와 8bit의 data bit, 그리고 Stop bit로 구성된다.

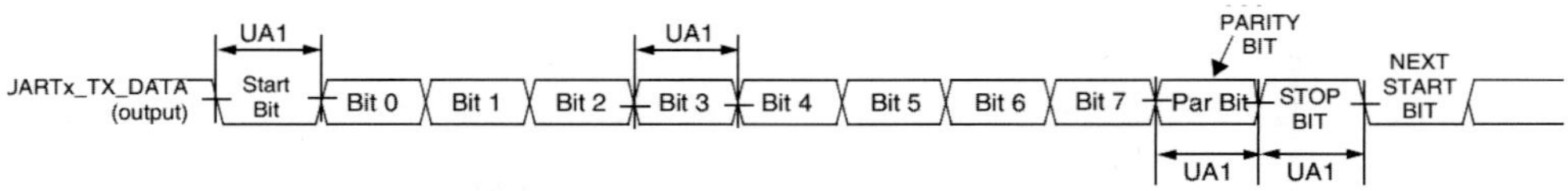

그림 2-16 UART RS-232 Transmitter Timing Diagram

UART Receiver(수신기)도 마찬가지로 송신기와 같은 구조를 가지고 있다.

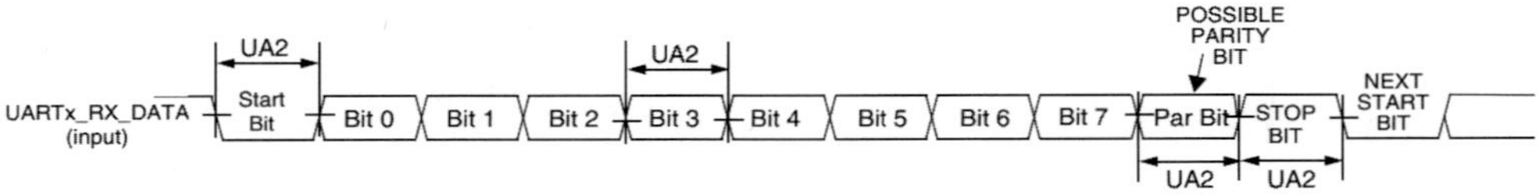

그림 2-17 UART RS-232 Receiver Timing Diagram

2.2 GPIO

GPIO 개요

GPIO(General Purpose Input/Output)란 범용목적의 다용도로 사용 가능한 디지털 입출력 기능의 포트 핀(Port Pin)이다. I.MX6Q의 GPIO는 총 8개 그룹(GPIO_0~GPIO_7)으로 나뉘며 각각의 핀들은 input/output으로 프로그램되거나 인터럽트소스로 사용될 수 있다.

GPIO 레지스터는 edge-detect, 인터럽트 생성 등 관련하여 총 8개를 제공하며 최대 32개의 인터럽트를 제공한다.

- Data register (GPIO_DR)
- GPIO direction register (GPIO_GDIR)
- Pad sample register (GPIO_PSR)
- Interrupt control registers (GPIO_ICR1, GPIO_ICR2)
- Edge select register (GPIO_EDGE_SEL)
- Interrupt mask register (GPIO_IMR)
- Interrupt status register (GPIO_ISR)

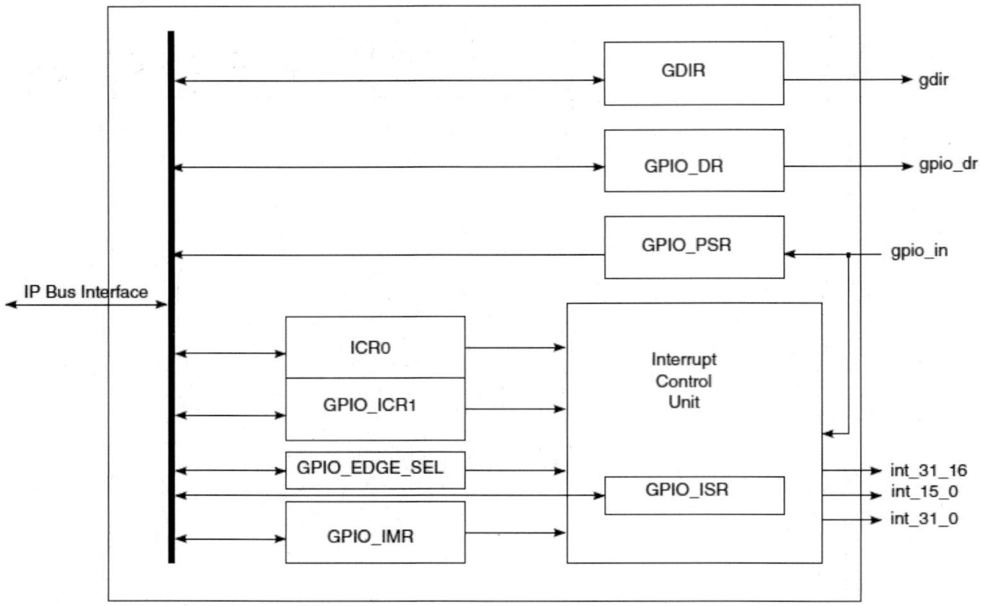

그림 2-18 GPIO Block Diagram

I.MX6Q의 GPIO는 단순히 디지털 입출력뿐만 아니라 부가적인 기능을 갖고 있다. 그래서 다른 기능을 사용하다 보면 처음 생각보다 단순 DIOC로 사용할 GPIO가 적어짐을 알 수 있다. 따라서 하드웨어 설계자는 GPIO를 사용할 때 이 점을 주의해야 한다. 개발보드의 GPIO 주요 사용 용도는 오디오, 카메라, 센서, LCD, USB Host, CAN 등 일반적인 통신인터페이스로 사용되고 있다. 본 교재에서는 GPIO를 이용하여 사용자 입출력장치(Key, LED) 제어내용을 제공한다.

■ EMbed-TKU GPIO

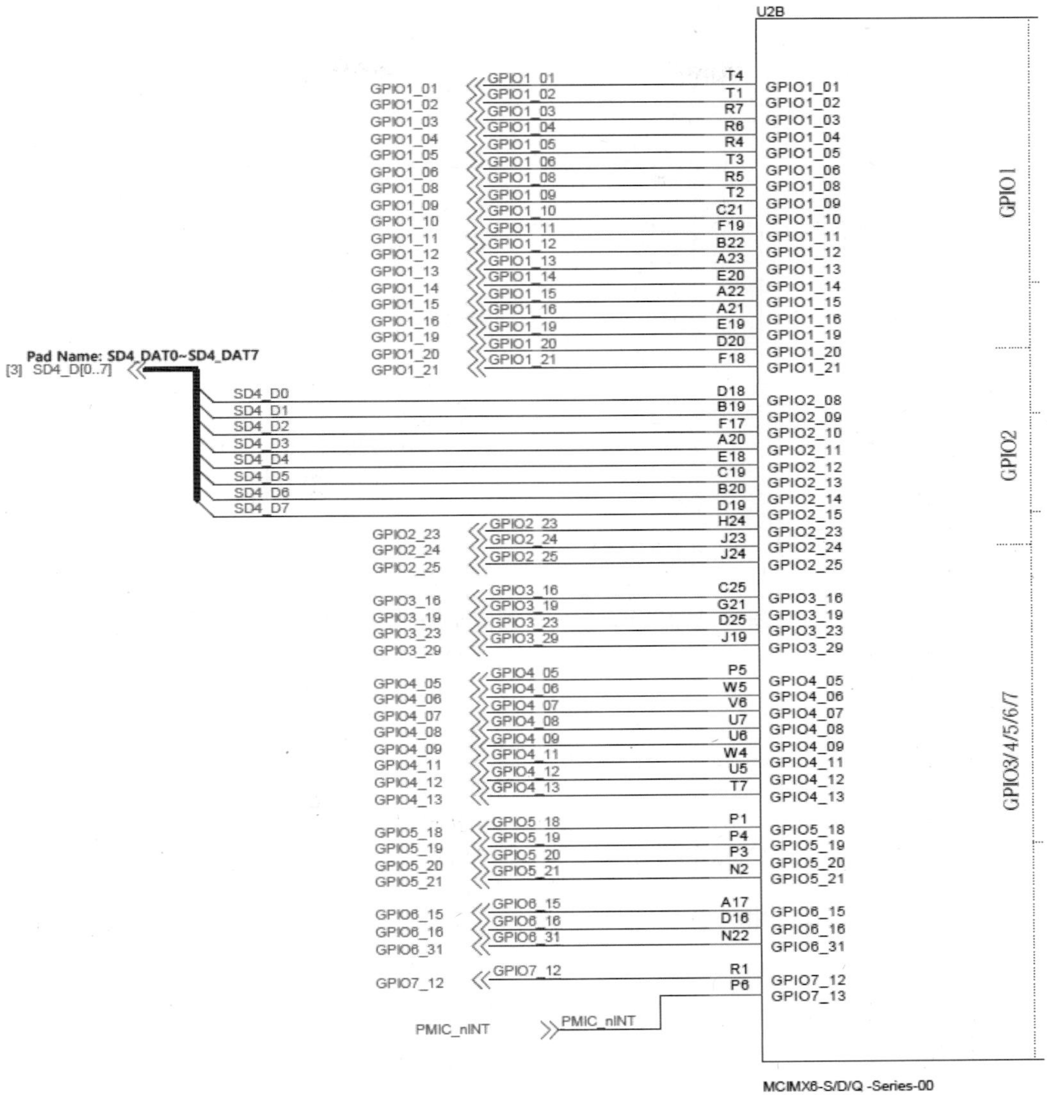

그림 2-19 개발보드 GPIO 정보

다음 회로도는 GPIO 인터페이스를 활용한 User LED 및 Key 정보이다.

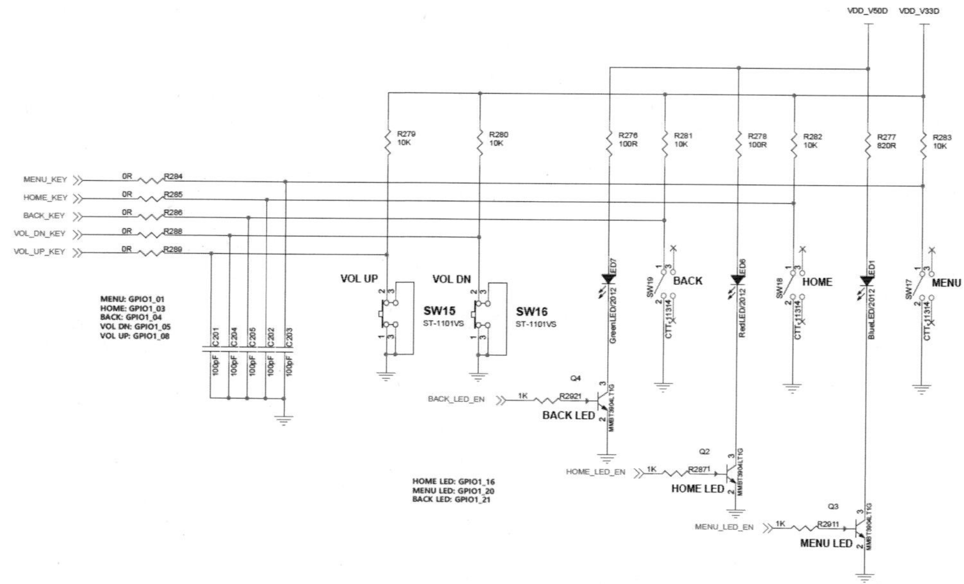

그림 2-20 GPIO 인터페이스를 활용한 User LED 및 Key 정보

2.3 I2C

▌I2C 개요

I2C(Inter Integrated Circuit) 버스는 마이크로프로세서와 저속 주변장치 사이의 통신을 용도로 Philips에서 개발한 규격으로 두 선을 사용하므로 TWI(Two Wire Interface)라고도 불리운다. I2C 버스는 양방향 오픈 드레인 선인 SCL(Serial Clock)과 SDA(Serial Data)로 구성되며 Mater-Slaver 형태로 동작한다. 속도 면에서는 다른 방식에 비하여 현저히 느리지만 하드웨적으로 간단한 구성과 대화형 Protocol을 만들 수 있어서 하나의 버스에 많은 수의 노드를 연결 할 수 있는 장점이 있다.

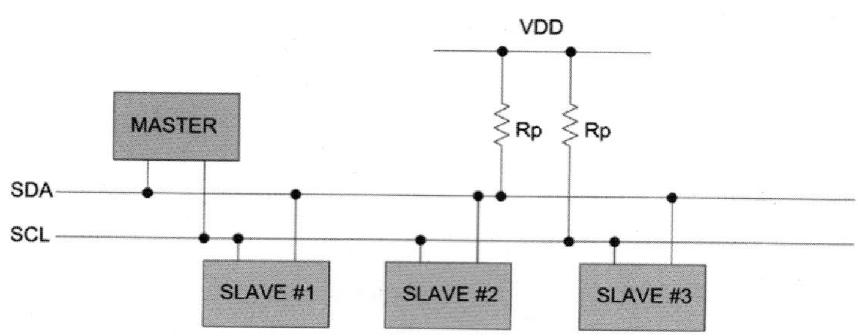

그림 2-21 I2C 통신구조

I2C 통신은 데이터를 주고받기 위한 SDA와 송수신 타이밍 동기화를 위한 클럭(SCL)로 이루어진다. 하나의 마스터(Master)와 하나 이상의 슬레이브(Slave)로 이루어지며, 슬레이브는 최대 127개까지 연결할 수 있다.

데이터 송수신은 마스터에서 주도하며, 데이터를 전송하거나 읽어오기 전 반드시 슬레이브의 주소를 명시해준 후 통신을 시작해야하기 때문에 긴 데이터 통신보다는 짧은 데이터 통신에 주로 사용된다.

시리얼(UART) 통신과 비교했을 때 I2C 통신의 장점은 동기화 통신 방식으로 클럭(Clock) 신호를 이용해서 데이터의 전송 타이밍을 맞추는 방식인데, 때문에 시리얼 통신처럼 통신 속도가 따로 정해지지 않아도 된다는 장점이 있다.

EMbed-TKU I2C

I.MX6Q의 I2C는 최대 400kbps 속도를 지원하는 총 3채널의 I2C 인터페이스를 제공하며 개발보드 사용 용도는 센서(MPU-9250), Audio Codec, Camera(MIPI CSI CMOS Sensor), LCD(LVDS) 등이 있다.

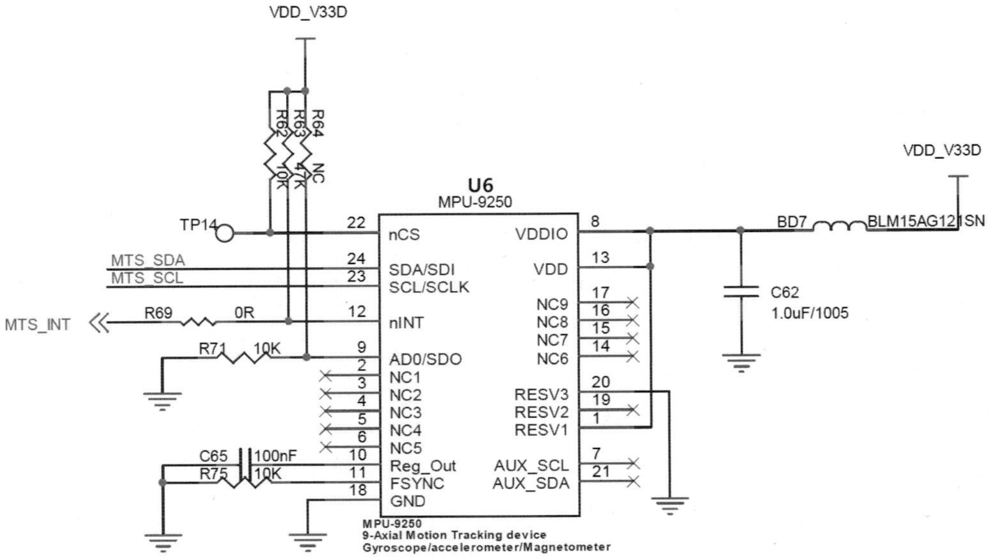

그림 2-22 I2C 인터페스 활용장치(MPU-9250)

2.4 PWM

▌PWM 개요

PWM은 Pulse Width Modulation의 약자로 펄스 폭 변조를 말하는 것이다. PWM을 이용하면 출력 할 수 있는 전압 값을 기준으로 이를 일정한 비율(duty)동안에는 High로 유지하고 나머지는 Low값으로 출력하여 사각파의 출력을 만들어 낼 수 있다. PWM 신호는 디지털신호를 사용하여 아날로그 신호를 생성하는 방법으로 듀티 사이클과 주파수라는 두 가지 주요 구성 요소로 구성된다.

듀티 사이클은 신호가 하이(또는 켜짐) 상태에 있는 시간을 1사이클을 완료하는 데 걸리는 총 시간의 백분율로 나타내며 주파수는 PWM이 사이클을 완료하는 속도(즉, 1000Hz는 초당 1000사이클)를 결정한다. 따라서 HIGH와 LOW 상태 사이를 전환하는 속도를 결정한다. 디지털 신호를 빠른 속도로 일정한 듀티 사이클을 통해 껐다가 켜면 장치에 전원을 공급할 때 출력이 정전압 아날로그 신호처럼 작동하는 것처럼 보일 수 있다.

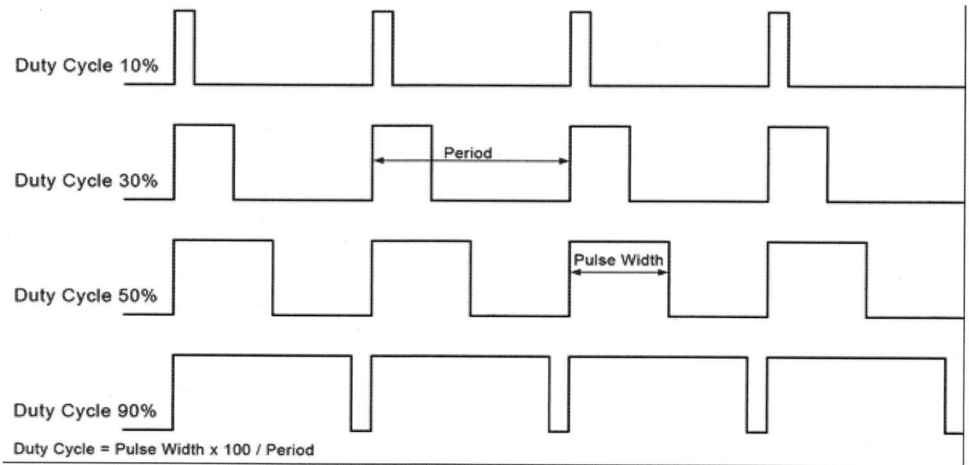

그림 2-23 PWM 신호 그래프

예로, 5V에서 하이(on) 또는 0V에서 로우(off)일 수 있는 디지털 소스를 사용하여 3V 신호를 생성하려면 60%의 듀티 사이클을 갖는 PWM을 사용하여 5V 60%의 시간을 출력한다. 디지털 신호가 충분히 빠르게 순환되면 출력에서 볼 수 있는 전압이 평균 전압으로 나타나며 디지털 LOW가 0V인 경우 평균 전압은 디지털 하이 전압에 듀티 사이클 또는 5V ×0.6=3V를 곱하여 계산할 수 있다. 듀티 사이클을 80%로 선택하면 4V가 나오고, 20%

로 선택하면 1V가 된다.

PWM 신호는 다양한 제어 어플리케이션에 사용됩니다. 주 용도는 DC 모터 제어이지만 밸브, 펌프, 유압 장치 및 기타 기계 부품을 제어하는 곳에도 사용할 수 있습니다. PWM 신호가 설정되어야 하는 주파수는 전원이 공급되는 시스템의 응답 시간과 어플리케이션에 따라 다릅니다.

■ EMbed-TKU PWM

EMbed-TKU에서 제공하는 PWM은 16-bit Counter를 제공하며 부저제어, LCD 밝기 제어 용도로 사용하고 있다.

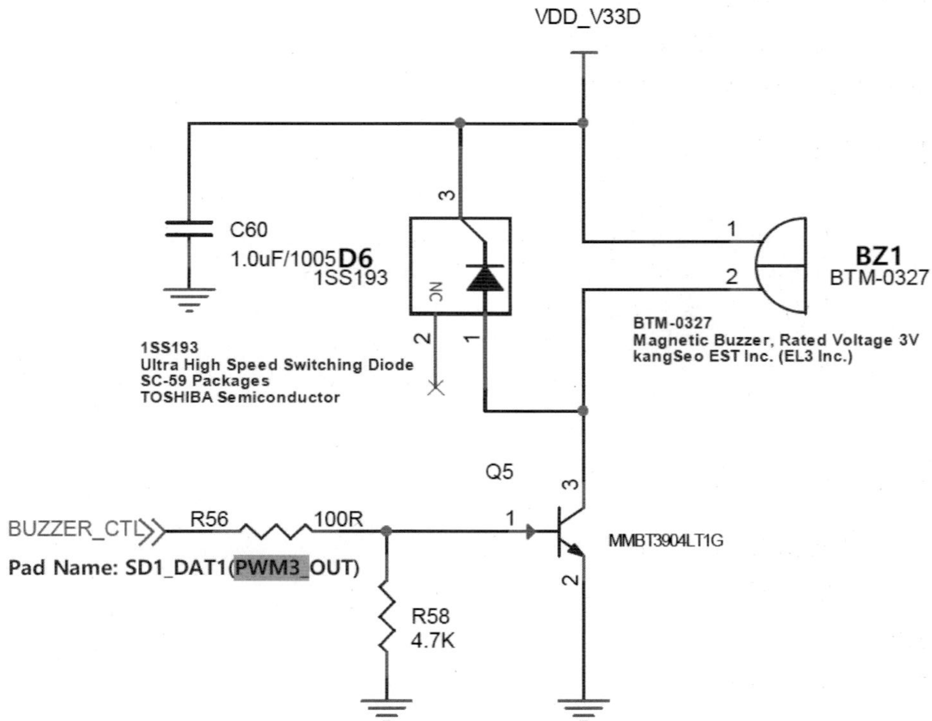

그림 2-24 PWM 인터페이스 활용장치(Buzzer)

PWM의 주요 특징은 다음과 같다.

- 16-bit up-counter with clock source selection
- 4×16 FIFO to minimize interrupt overhead

- 12-bit prescaler for division of clock
- Sound and melody generation
- Active high or active low configured output
- Can be programmed to be active in low-power mode
- Can be programmed to be active in debug mode
- Interrupts at compare and rollover

2.5 SPI

SPI(Serial Peripheral Interface)는 모토로라(Motorola)에 의해 개발된 전이중(Full duplex)통신이 가능한 동기통신규격이다. 하드웨어적으로 전송 속도를 최대로 얻기 위한 목적으로 설계되었다. I2C와 비슷한 형태의 Master와 Slave 방식으로 동작하며 Master가 동기를 위한 클럭을 출력(SCLK)한다.

EMbed-TKU에서 제공하는 SPI는 확장(Expansion)핀으로 제공한다.

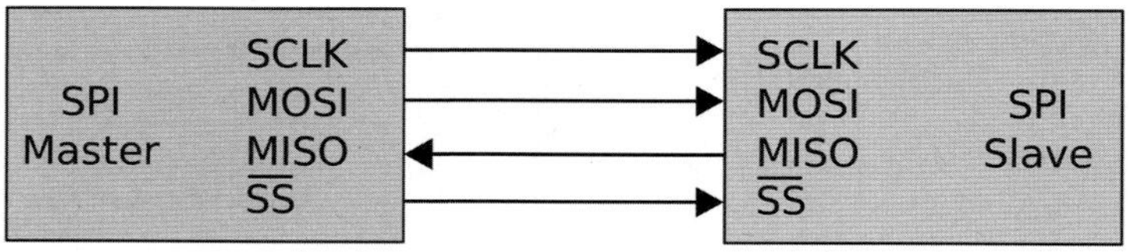

그림 2-25 SPI 통신 구조

SPI 인터페이스 구조는 4가지 논리 신호를 지정한다.

- SCLK : 직렬(Serial) 클럭(마스터로부터의 출력)
- MOSI : Master 출력, 슬레이브 입력(마스터로부터의 출력)
- MISO : Mater 입력, 슬레이브 출력(슬레이브로부터의 출력)
- SS : 슬레이브 셀렉트(active low, 마스터로부터의 출력)

2.6 Flash Memory

Flash Memory는 데이터를 지우고 다시 기록할 수 있는 비휘발성 메모리이다. Nand(Not And) Flash Memory와 Nor(Not or) Flash Memory로 나뉘며 반도체 칩 내부의 전자회로 형태에 따라 달라진다. Nand Flash Memory의 경우 대용량의 데이터를 저장하고 제조단가가 싸기 때문에 스마트기기에 많이 활용되고 있다.

특히 동일한 실리콘 다이에 Nand Flash 메모리와 메모리 컨트롤러를 통합하여 패키지로 구성된 eMMC(Embedded Multi-Media Controller)는 멀티미디어 카드(MMC) 인터페이스, Flash 메모리 및 컨트롤러로 구성되며 BGA 방식으로 칩에 캡슐화 되어 있다.

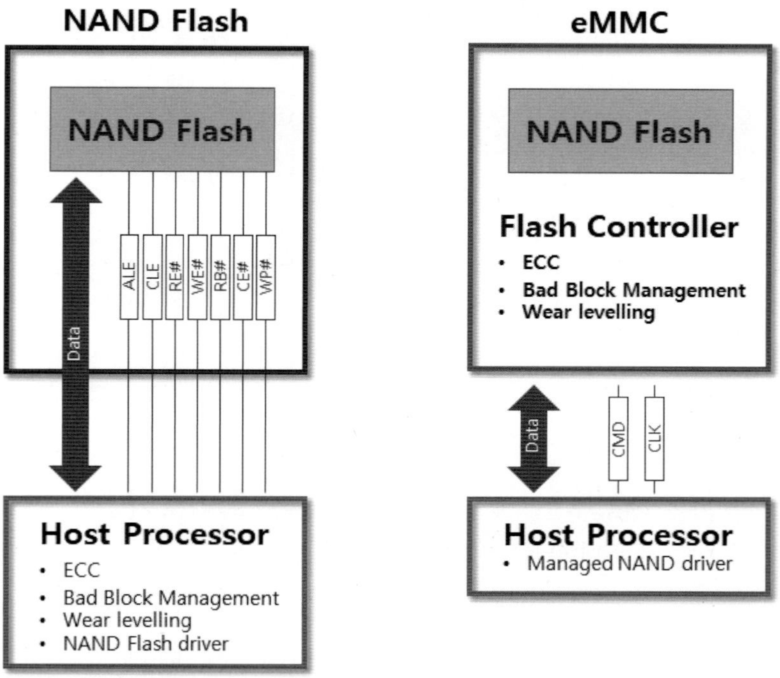

그림 2-26 eMMC 구조

eMMC 표준은 고해상도 비디오를 저장하도록 설계된 고밀도 칩의 데이터 전송 속도와 처리량을 개선하기 위해 만들어졌으며 스마트폰, 태블릿 및 모바일 인터넷 장치를 포함한 많은 소비자 전자 장비를 위한 널리 사용되는 스토리지 컴포넌트이다.

EMbed-TKU에서 제공하는 Flash Memory는 AP 모듈의 Flash Memory(eMMC)와 Micro-SD가 제공되며 안드로이드, 리눅스 등 멀티 OS 사용목적으로 사용하고 있다.

- eMMC Model : Samsung eMMC(KLM8G1GEME-B041)
- eMMC Version : eMMC5.1
- Density : 8GB

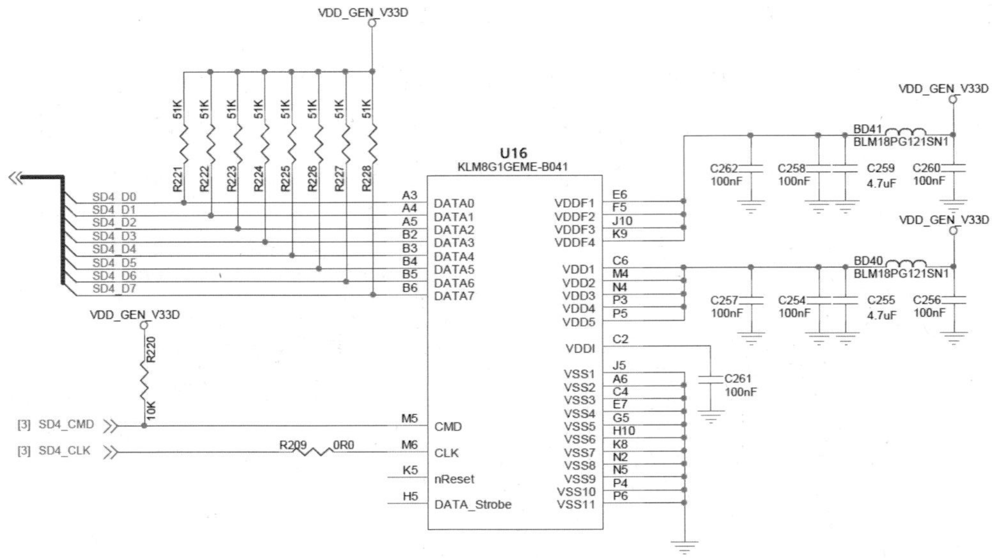

그림 2-27 eMMC 회로

2.7 Ethernet

Ethernet(이더넷)은 MAC과 물리계층을 규정하는 표준으로 각 기기들이 고유의 MAC주소를 가지고 호스트 간의 데이터를 주고받을 수 있는 네트워크 규격이다.

주요 특징을 살펴보면 통신을 시작하기 전 사전호출이나 연결 설정 없이도 데이터를 교환할 수 있는 비연결성을 가지고 있으며 매체접근 기능이 NIC(Network Interface Card)에 집중되며, 버스 혹은 스타 토폴로지와 같은 중앙집중식 구성으로 단순하여 제어방식을 최소화할 수 있고 경제적이다.

최근 클라우드 기술의 보급으로 데이터센터를 위한 5세대 40/100Gbps 이더넷과 무선 LAN을 위한 대용량 이더넷 등이 개발되는 등 고속화와 다양화가 동시에 이뤄지고 있다.

이더넷은 내부 구조적으로 MAC을 이용하여 PHY(Physical interface transceiver), 즉 물리적 인터페이스 신호로 전달하게 된다. 이때 이더넷 하드웨어 구현에 있어서 이더넷 컨트롤러와 물리적 인터페이스 장치 간에 인터페이스를 사용하는데 MII(Media Independent Interface)라고 한다.

10/100Mbps는 MAC과 PHY가 하나의 칩으로 구성되지만 Gigabit의 경우 분리된다. 초기에 나온 인터페이스는 MII(Media Independent Interface)로 4bit 데이터 버스와 25MHz클럭으로 구성된다. Gigabit 인터페이스는 RGMII(Reduce Media Independent

Interface)로 송수신 데이터 버스(TXD, RXD)가 각각 4bit 형태의 Double Rate로 동작하며 125MHz클럭 속도를 가지고 있다.

[그림 2-28]은 개발보드의 이더넷 MAC과 통신하기 위한 인터페이스를 제공하는 KSZ9031RNX에 대한 정보이다.

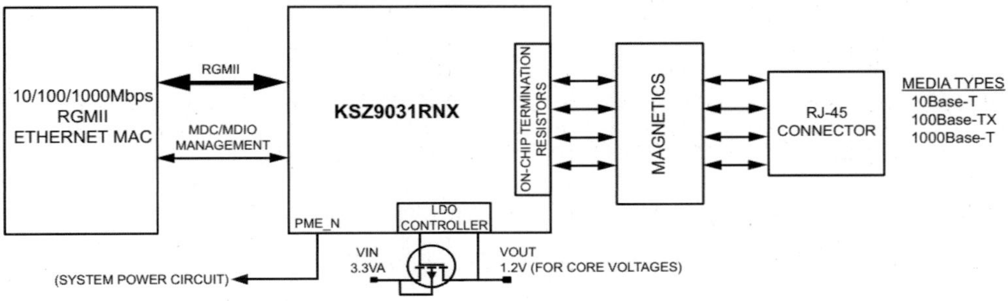

그림 2-28 System Block Diagram

2.8 USB

USB(Universal Serial Bus) 인터페이스는 서버와 클라이언트 개념의 연결 장치로 구성되며 하드웨어 인터페이스는 데스크탑 PC의 USB 장치와 같은 호스트-주변기기(Host-Peripheral)개념과 디바이스와 저장된 미디어 사이의 인터페이스를 제공하는 USB On-The-Go(OTG)로 나뉜다. USB OTG는 USB 주변기기 간의 연결에 대한 필요성이 점점 커지게 되어 P2P 형태로 확장해 다양한 임베디드 시스템들 간의 인터페이스를 제공한다.

개발보드에는 USB 확장 컨트롤러(GL850A)를 통해 2개의 Host를 제공하며 운영체제 설치 및 파일전송 목적의 USB OTG가 존재한다.

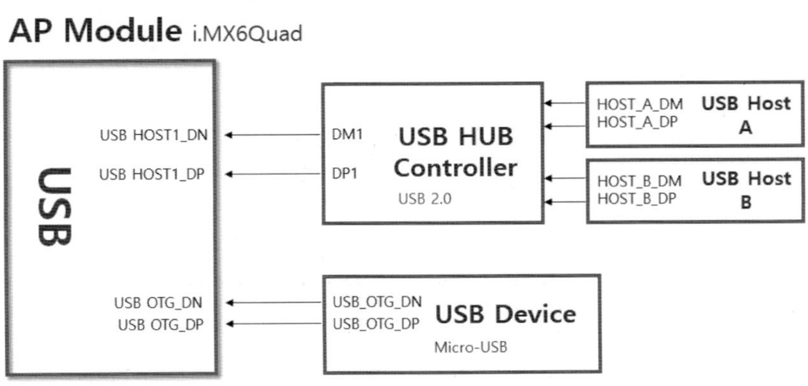

그림 2-29 USB 장치

2.9 CAN

CAN(Controller Area Network) 통신은 자동차 내부의 각종 계측제어 장비들 간의 디지털 직렬통신을 제공하기 위하여 개발된 차량용 네트워크 시스템이다. CAN 프로토콜은 고수준의 보안 기능을 갖춘 실시간, 직렬, 브로드캐스팅 프로토콜로 고속 전송을 위한 ISO11898과 저속 전송을 위한 ISO11519-2에 정의되어 있는 국제표준이다.

초기에는 UART 방식을 고려하였으나 UART가 일대일(point to point) 통신이기 때문에 서로 다른 3개의 ECU 간의 통신방식으로 적합하지 않아 다중통신(multi master communication) 방식이 요구되어 CAN 프로토콜을 개발하게 되었다.

개발보드에는 CAN 프로토콜(ISO 11898-1), CAN FD(Flexible Data Rate) 및 CAN 2.0 B 프로토콜을 지원하는 FlexCAN 컨트롤러가 포함되어 있다.

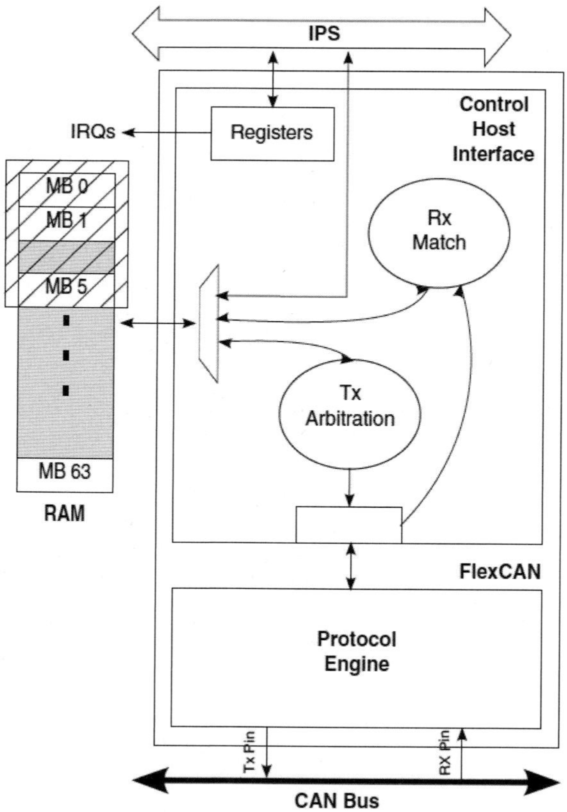

그림 2-30 FlexCAN Block Diagram

2.10 Wireless Device

개발보드에 탑재되어 있는 Wireless Device(무선장치)는 AMPAK 사의 AP6212 모듈이 탑재되어 있어 Wi-Fi와 Bluetooth 인터페이스를 제공한다. AP6212 모듈은 Broadcom 사의 BCM43438 IC를 기반으로 설계되었다.

- 802.11b/g/n single-band radio
- Bluetooth V4.0(HS) with integrated Class 1.5 PA and Low Energy (BLE) support
- Concurrent Bluetooth, FM (RX) RDS/RBDS, and WLAN operation
- Simultaneous BT/WLAN receive with single antenna
- WLAN host interface options:
  - SDIO v2.0 – up to 50 MHz clock rate
- BT host digital interface:
  - UART (up to 4 Mbps)
- FM multiple audio routing options: I2S, PCM, eSCO, A2DP
- IEEE Co-existence technologies are integrated die solution

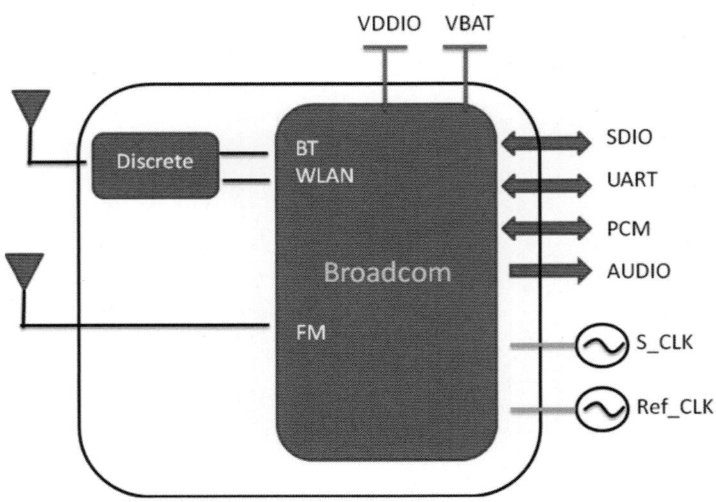

그림 2-31 AP6212 Block Diagram

2.11 Expansion interface

개발보드에는 다양한 주변장치와 통신을 위한 확장 인터페이스를 제공한다. 총 20개 Header Pin으로 구성되며 8x GPIO, I2C, SPI, UART로 제공하여 센서 및 외부 입출력 장치와 연동이 가능하다.

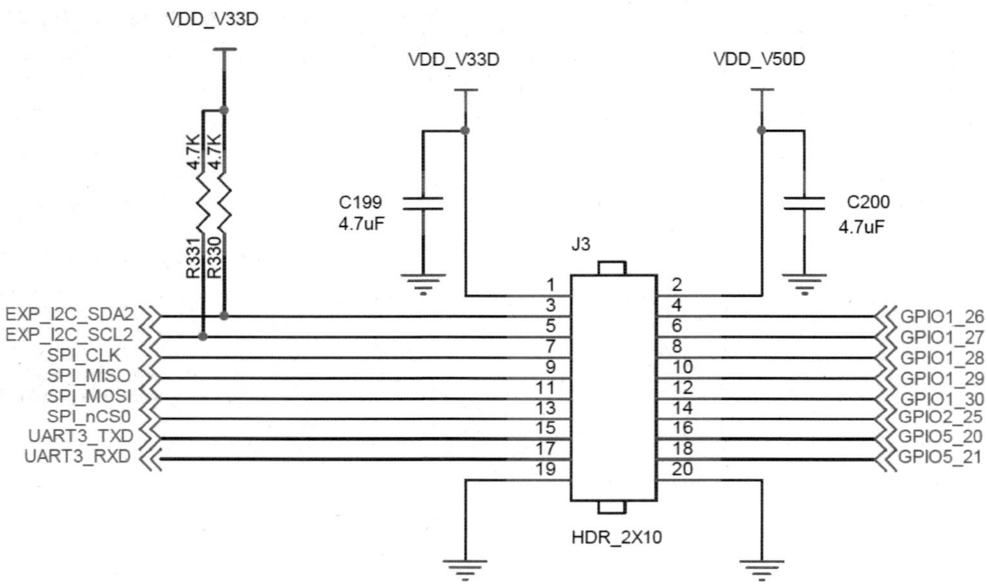

그림 2-32 개발보드 Expansion Interface 회로

CHAPTER 03

개발환경 구축

contents

01 개발환경 설치하기

1. 개발환경 개요

임베디드 시스템 개발은 전체 시스템의 기능, 가격, 용도, 소비되는 전력에 따라 하드웨어 및 소프트웨어의 많은 제한을 가하게 된다. 따라서 임베디드 시스템에 사용하는 OS는 일반적인 OS보다는 시스템에 특화된 운영체제를 사용한다.

임베디드 시스템을 개발하기 위해서는 개발을 위한 개발자의 호스트 PC환경과 실제 임베디드 시스템이 설치된 Target Device로 구성된다.

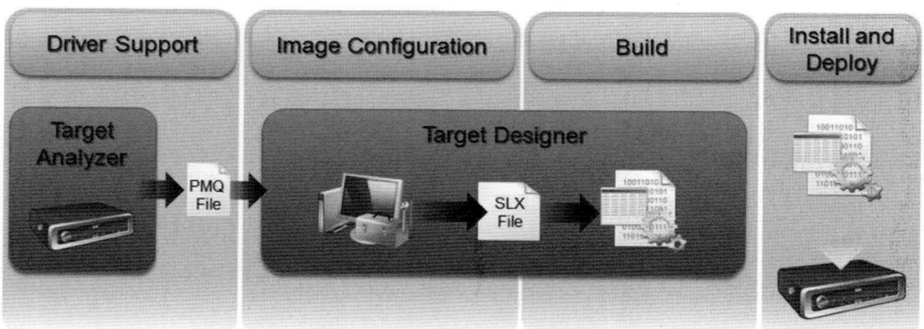

그림 3-1 임베디드 시스템 개발 절차

Host PC에는 개발을 위한 개발툴, 개발된 응용프로그램을 임시로 수행해 볼 수 있는 Target Device 시뮬레이터, Target과 연결되어 개발된 이미지를 업로드하거나 Target에 반응하는 디버그 에이전트를 통해 원격 디버깅을 할 수 있게 하는 서버가 설치돼 있다. 또한 호스트에서 만들어져서 설치된 여러 컴포넌트가 존재하는데 Target을 부팅하기 위한 부트로더와 커널, 그리고 임베디드 응용프로그램이 존재하게 된다. 호스트에 설치된 개발툴에는 Target에서 수행될 수 있는 바이너리를 생성하는 크로스 컴파일러가 존재하며 그

밖에 오류를 검색해 주는 디버거 등으로 이루어져 있다.

임베디드 시스템 개발환경은 개발내용에 따라 설치 도구 및 환경이 달라질 수 있다. 일반적으로 운영체제 이식 및 드라이버 제작과정의 난이도가 가장 높으며 그에 따라 설치해야 하는 프로그램 및 환경설정이 많이 필요하다. 그 외 응용프로그램 제작의 경우는 해당 애플리케이션이 지원하는 통합개발환경(IDE)만 제공되면 개발을 진행할 수 있다.

본 교재에서는 개발보드에 운영체제 설치를 위한 부트로더, 커널 및 파일시스템, 응용프로그램 개발과정으로 나뉘어 설명하도록 한다.

부트로더 개발

부트로더는 타깃 보드에 전원이 인가되면 부트 롬으로부터 가장 먼저 수행되는 프로그램이다. 보통 부트로더는 OS의 커널을 로드하는 순수 로더로서의 기능뿐만이 아니라 현재 레지스터나 메모리 값, 버스 상태 등을 살펴볼 수 있는 모니터 기능, 기초적인 네트워크 모듈을 내장해 네트워크를 통한 커널을 다운받아서 커널 로드를 할 수 있는 기능을 포괄하고 있다.

부트로더는 보통 부트 롬에 내장되어 있으며 부트 로더를 새로 작성하여 타깃에 설치하려면 호스트와 JTAG 인터페이스 혹은 특정 소프트웨어를 이용하여 설치할 수 있다. 대부분 상용 임베디드에서는 BSP라 불리는 패키지의 일부분으로 규정하고 있으며 임베디드 리눅스의 경우는 규격화된 BSP가 존재하지 않으므로 하드웨어 벤더가 리눅스용 BSP를 제공하지 않을 경우 부트 롬 부분을 각 하드웨어 플랫폼에 맞게 작성해야 한다.

커널 및 파일시스템

커널 및 디바이스 드라이버의 개발은 호스트의 임베디드 시스템 개발 툴에서 이뤄진다. 개발을 위해서는 개발자가 먼저 시스템에 대한 하드웨어 사양을 숙지해야 하며 이를 바탕으로 커널 및 디바이스 드라이버를 제작 및 설정하게 된다.

이렇게 생성된 커널 및 디바이스 드라이버들은 부트 롬과 같이 하나의 이미지 파일 형태로 되어 부트 롬에 저장되거나 별도의 저장 장치에 파일시스템을 통한 파일 형태로 구현된다. 만일 부트 롬의 용량이 작거나 기타 저장장치가 없는 경우 부트로더에서 네트워크 모듈을 통해 별도의 서버로부터 커널을 다운받아 부팅이 진행 될 수 있다. 특히 부트 롬이나 저장장치의 용량이 제한적일 경우는 커널 이미지 자체가 압축해 저장되는 것이 일반적이다.

▮ 임베디드 응용프로그램

임베디드 응용프로그램은 앞에서 구현된 커널과 파일시스템을 바탕으로 수행된다. 응용프로그램의 개발은 커널과 마찬가지 방법으로 호스트에서 생성이 가능하며 호스트에 설치된 개발 툴의 크로스 컴파일러에 의해 타깃 보드에 맞는 바이너리가 생성되게 된다. 생성된 응용프로그램의 실행은 임베디드 OS개발 툴 내의 타깃 에뮬레이터나 실제로 타깃 보드에 옮겨서 실행이 가능하다.

2. Host 개발환경 구축

이번 장에서는 임베디드 리눅스 시스템 개발을 위한 리눅스 설치, 컴파일러, 환경설정 등을 다뤄보도록 한다. 임베디드 리눅스 시스템 개발을 위해서는 가장 먼저 커널 및 파일시스템 등을 빌드 하기 위한 리눅스와 같은 유닉스 계열의 운영체제가 필요하다. 다양한 버전과 무료로 배포되는 리눅스는 많은 개발자들에 의해 다양한 플랫폼에 적용되고 있으며 임베디드 시스템에도 많이 운영되고 있다.

본 교재에서는 데비안 리눅스 기반의 데스크탑용 배포판으로 가장 많이 알려진 우분투(Ubuntu) 리눅스를 기반으로 작성하였다.

우분투를 설치하기 위한 환경으로는 데스크톱에 하나의 리눅스만을 설치하는 단일화 된 설치방법과 기존에 설치된 윈도우와 같은 운영체제에 가상머신(Virtual Machine)을 이용하여 설치하는 방법이 있다.

안정적인 리눅스 개발환경을 위해서라면 첫 번째 방법을 선택하겠지만 윈도우 기반에서 애플리케이션 개발과 다양한 개발환경을 얻기 위해서라면 두 번째 방법을 선호하는 경우가 많다. 본 교재에서는 윈도우에 가상머신을 설치하고 그 위에 우분투를 설치하여 개발환경을 구축하도록 한다.

아래 실습환경은 본 교재에서 권장하는 사항이며 일부 환경이 다른 경우 별도의 설치프로그램이 필요할 수 있다.

표 3-1 Host PC 사양(최소사양)

항목	상세정보
운영체제	Windows 10 Pro 64bit(Windows 10이상)
PC 사양	Intel i5이상(DualCore이상등급 CPU) RAM 16GB이상(4GB이상) HDD 2TB(50GB이상)
통신	유무선 인터넷 연결

2.1 가상머신 설치

가상머신(Virtual Machine)은 하나의 데스크톱에 두 개의 운영체제를 설치할 경우 사용하는 가상머신이다.

무료 배포판 VMware Player 도구를 설치하여 환경을 구축해보도록 한다.

※ VMware Player는 비영리 목적으로 상업적 환경에서 사용은 불가능하다.

다운로드를 위해 해당 사이트로 접속한다.

- https://www.vmware.com/kr/worldwide.html

그림 3-2 VMware 홈페이지

웹페이지 상단의 다운로드로 이동하여 'Workstation Player'를 선택하고 다운로드를 진행 한다(2020년 4월 기준 15.5버전).

- https://www.vmware.com/kr/products/workstation-player/workstation-player-evaluation.html

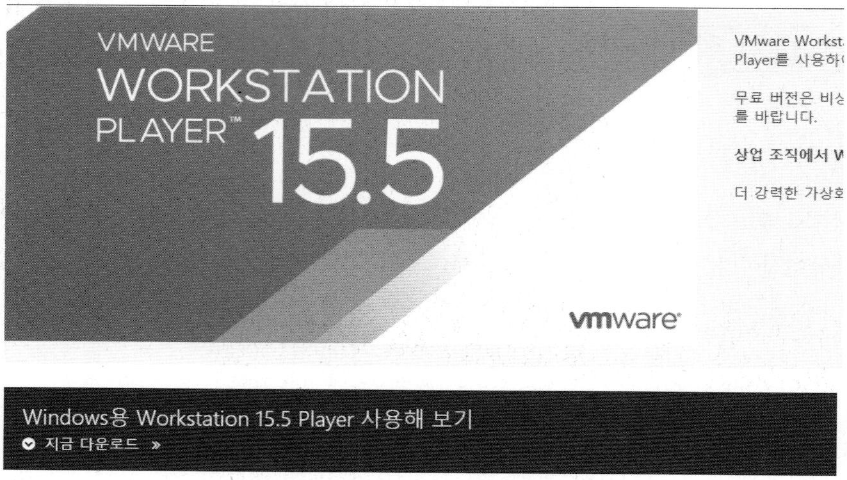

그림 3-3 Workstation Player

다운로드가 완료되면 설치를 진행한다.

설치파일 : VMware-player-15.xx.exe

1) License 등록 → Next

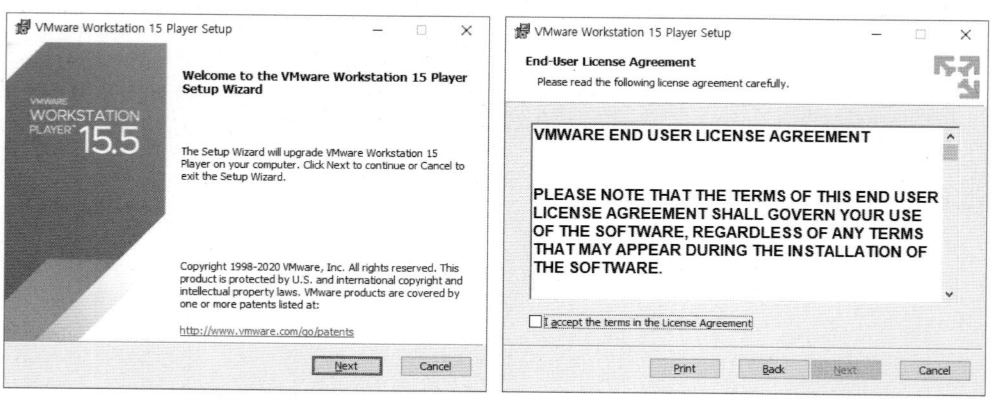

(a) VMware 설치-01

(b) VMware 설치-02

그림 3-4 VMware 설치

2) 설치경로 → Next

3) 사용자 기본 설정(업데이트) 체크 해제 → Next

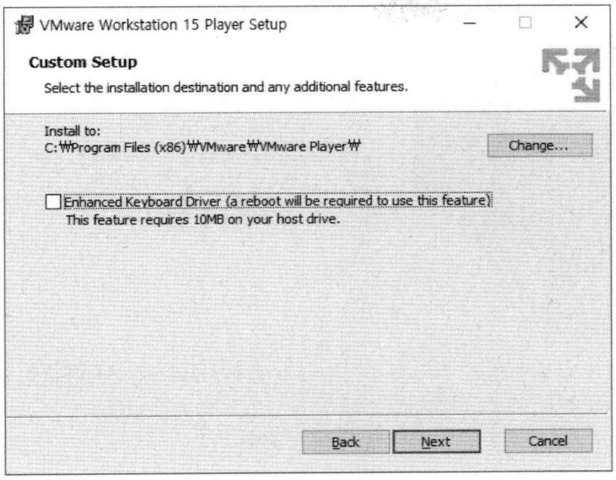

(c) VMware 설치-03

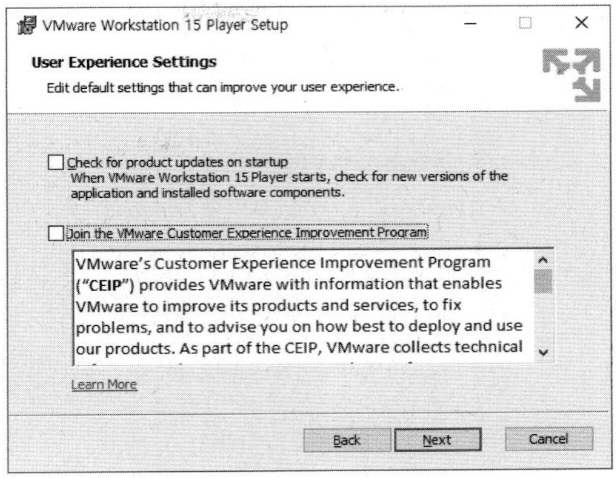

(d) VMware 설치-04

그림 3-5 VMware 설치

4) 바로가기 만들기 → Next

5) 업그레이드 → Upgrade

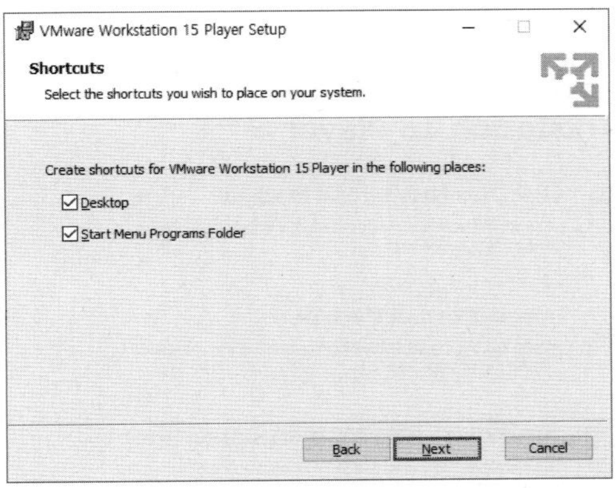

(e) VMware 설치-05

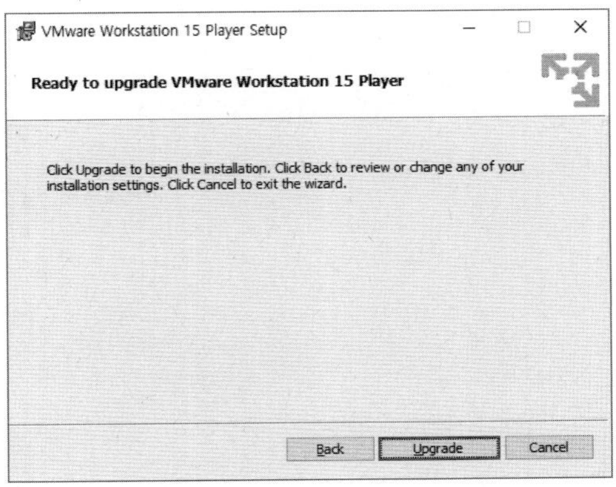

(f) VMware 설치-06

그림 3-6 VMware 설치

6) 설치 → 설치완료 → Finish

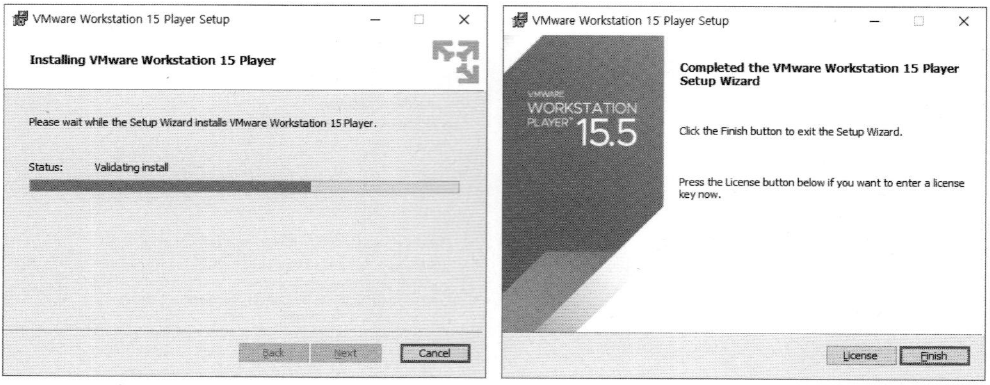

(g) VMware 설치-07

(h) VMware 설치-08

그림 3-7 VMware 설치

7) 프로그램 실행

정상적으로 설치가 완료되면 프로그램을 실행한다.

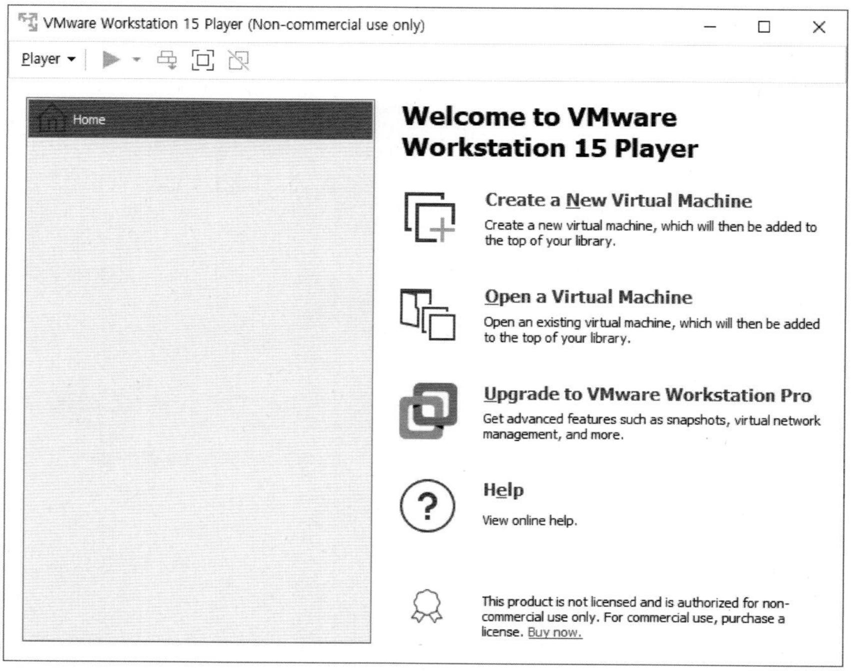

그림 3-8 VMware 실행화면

2.2 리눅스 설치

1) Ubunt 다운로드

가상머신 설치가 완료되면 설치할 리눅스(우분투) 운영체제가 필요하다. 우분투는 무료 배포판으로 공식 홈페이지를 통해 다운로드 할 수 있다.

- https://ubuntu.com/

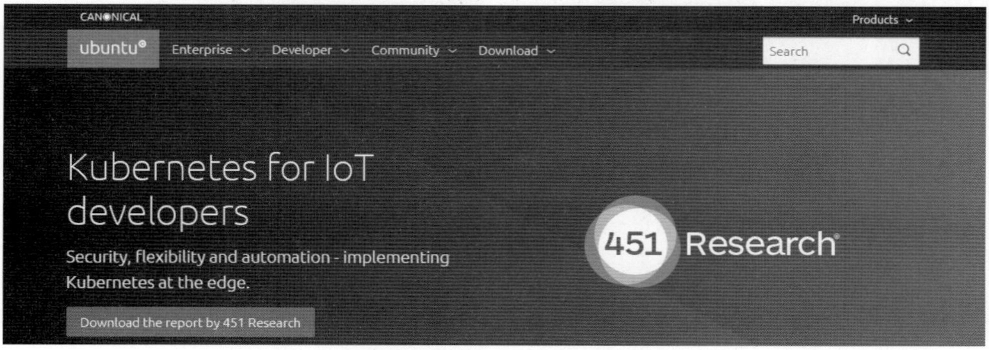

그림 3-9 우분투 공식 페이지

우분투(Ubuntu)는 개인용, 데스크탑 환경에 최적화된 리눅스로 데비안(Devian) GNU/리눅스 기반으로 만들어졌으며 무료 배포판으로 누구나 무료로 다운로드 받을 수 있다. 우분투의 첫 번째 버전은 본 실습에서 사용되는 GNOME이라는 데스크탑 환경을 기반으로 하였으며, 그 후 KDE를 GUI로 사용하는 쿠분투(Kubuntu), Xfce를 GUI로 사용되는 주분투(Xubuntu)등이 개발되었다. 쿠분투(Kubuntu)는 Microsoft의 윈도우와 비슷한 환경으로 개발되었으며, 주분투(Xubuntu)는 낮은 시스템의 요구사항으로 최적화된 환경을 제공한다.

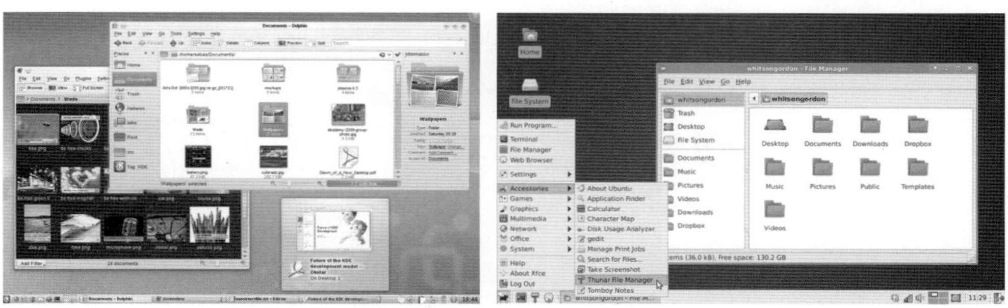

그림 3-10 쿠분투와 주분투

공식 홈페이지의 다운로드 페이지(https://ubuntu.com/#download)로 이동하면 Desktop과 Server버전으로 구분되어 있으며 일반 윈도우 또는 Mac OS의 경우 Desktop 버전을 다운로드 한다. 제품 버전은 LTS(Long Term Service)와 일반버전으로 나뉘며 LTS는 최대 5년간의 기능 및 보안 업데이트를 지원한다.

최신 LTS버전(2020년 4월 기준 18.04LTS) 다운로드를 진행한다.

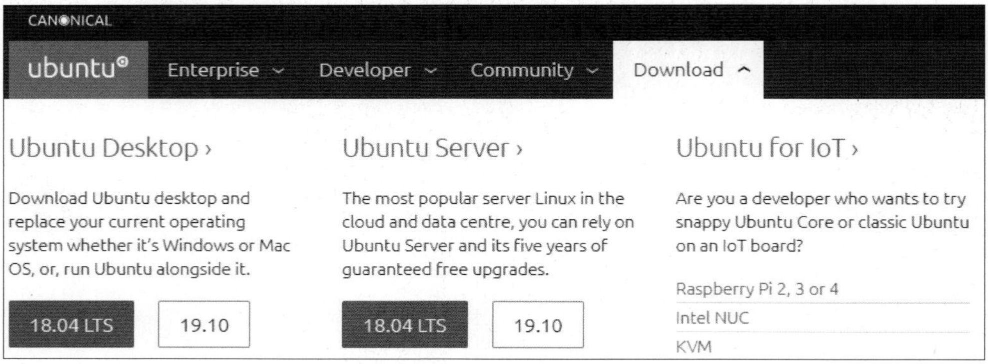

그림 3-11 우분투 다운로드 페이지

2) 가상머신 생성

Ubuntu 리눅스 이미지 다운로드가 완료되면 VMware-Player를 실행하고 이미지 설치를 위한 과정을 진행한다. 오른쪽 메뉴의 'Create a New Virtual Machine'을 선택하고 리눅스 이미지를 선택한다.

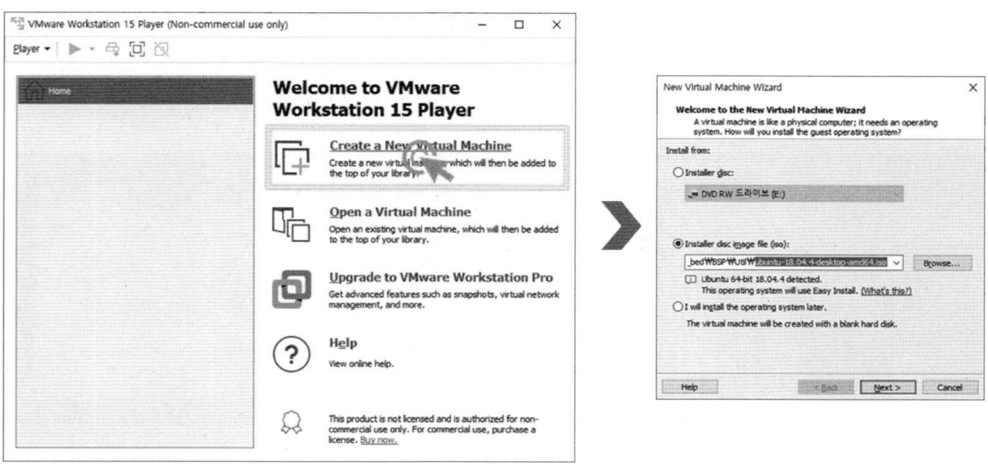

그림 3-12 우분투 다운로드 페이지

이미지 선택이 완료되면 Next버튼을 클릭하고 기본정보를 입력한다. User name과 Password는 가상머신에 로그인할 때 사용되는 정보이다.

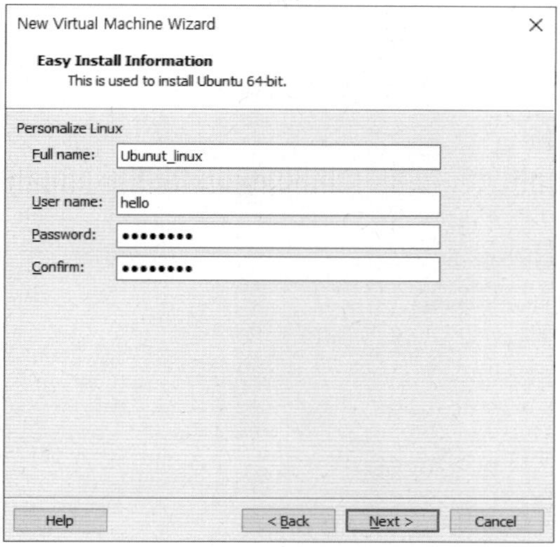


```
Full name : Ubuntu_linux
User name : hello
Password : ********
Confirm : ********
```

Virtual Machine name을 정하고 설치경로를 설정한다.

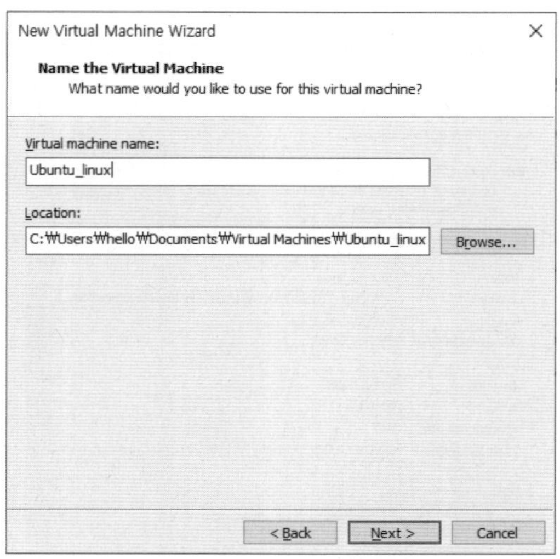

가상머신의 설치 저장 공간을 설정한다(최소 권장크기는 50GB).

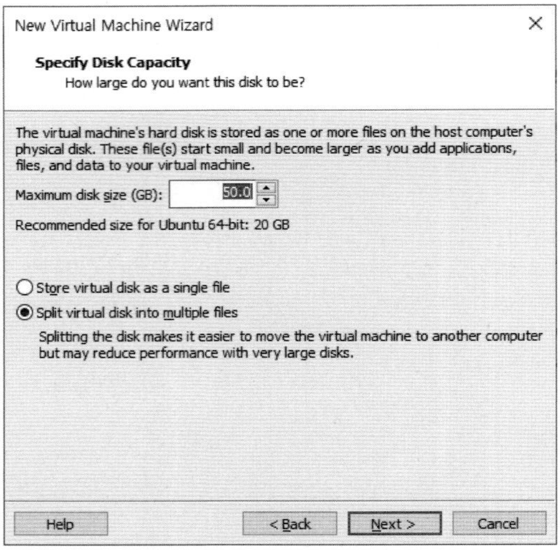

※ 안드로이드 빌드의 경우 150GB 이상을 권장한다(최소 100GB 이상).

가상머신의 동작 환경을 나타내주며 메모리의 경우 기본 값(2,048MB)을 4,096MB로 변경한다.

※ Host PC의 메모리가 기본 4GB의 경우 2GB로 설정

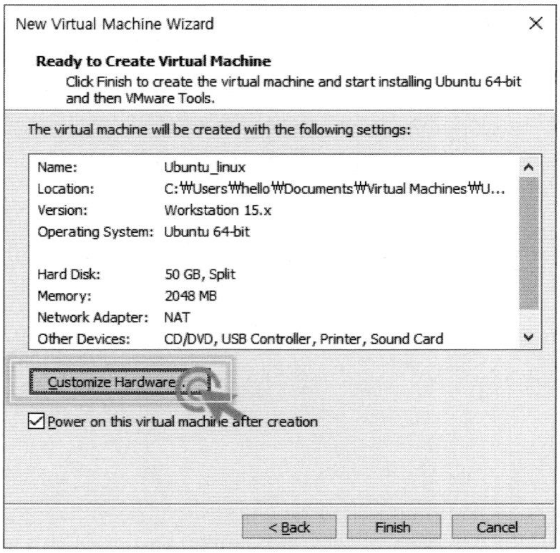

※ 안드로이드 빌드의 경우 10GB 이상을 권장한다(최소 8GB 이상).

Customize Hardware 버튼을 클릭하고 메모리 값을 변경한다(4,096MB).

※ 안드로이드 빌드의 경우 10GB 이상을 권장

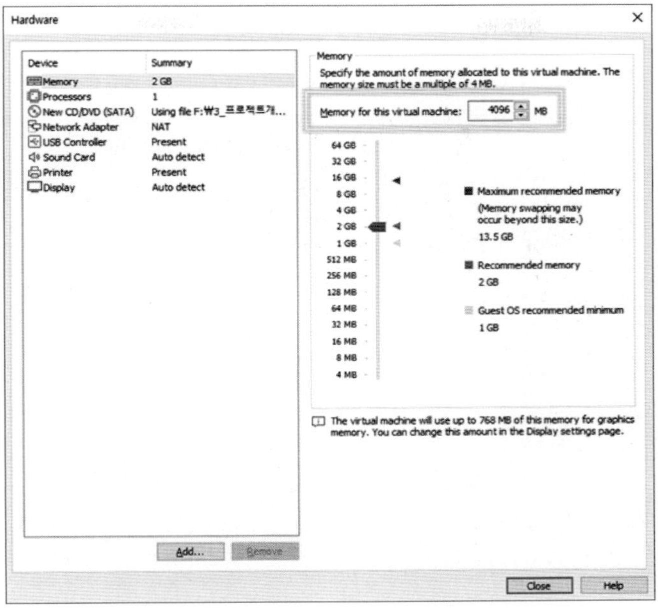

설정변경이 완료되면 'Power on this virtual machine after creation' 박스를 체크하고 Finish 버튼을 클릭한다(가상머신 생성 후 실행).

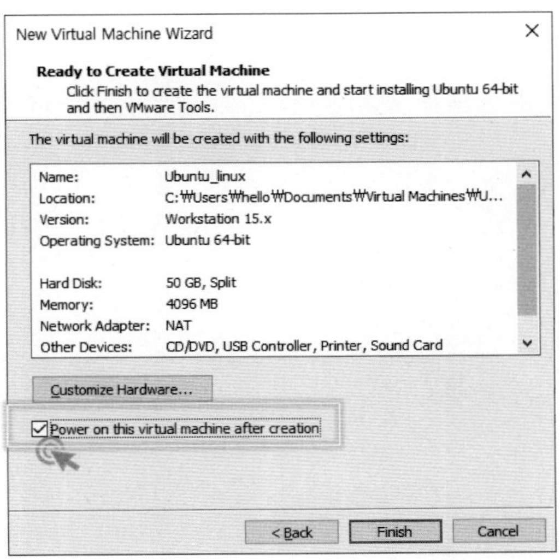

3) VMware tools 설치

리눅스 설치가 자동으로 진행되며 다음과 같이 VMware tools 업데이트창이 나타나면 다운로드 및 설치를 진행한다.

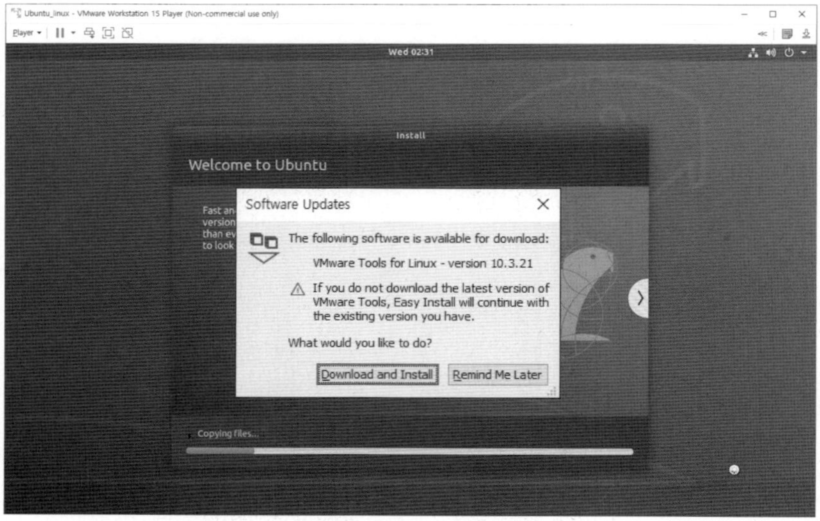

4) Ubuntu Linux 설치

설치시간은 약 10분 내외의 시간이 소요되며 설치가 완료되면 다음과 같이 로그인 화면이 나타난다. 패스워드를 입력하여 로그인을 진행한다.

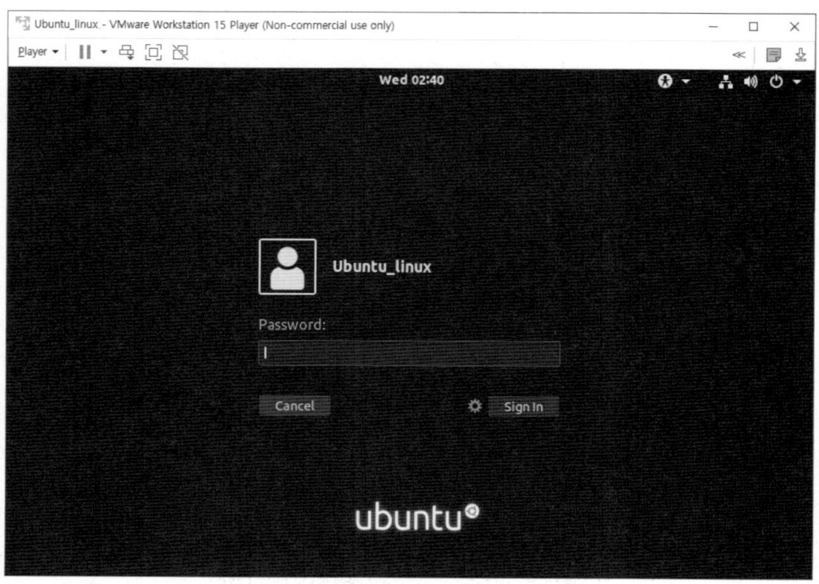

5) Ubuntu 실행

기본 UI화면과 로그인을 관리하는 Display Manager가 존재하며 윈도우와 같은 개별 창들을 관리하는 Window Manger가 존재하며 그 외 GUI와 관련된 Desktop Environment로 이루어져 있다.

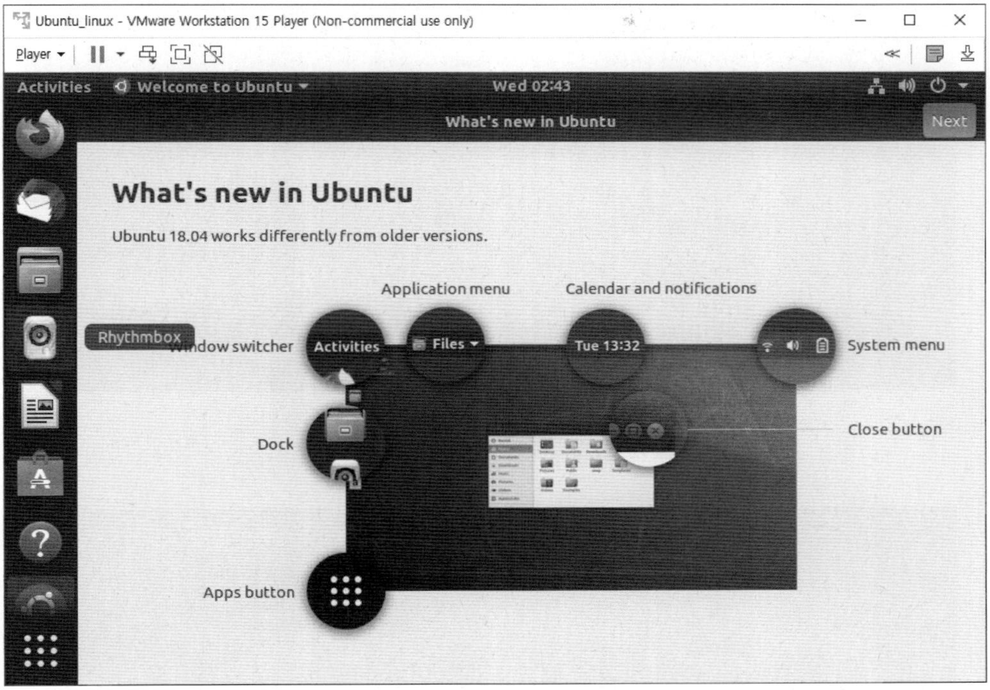

그림 3-13 우분투 시작화면

3. 리눅스 시작하기

3.1 터미널(Terminal)

리눅스는 Shell 기반의 Interface를 제공하는 터미널을 이용하여 주요 개발이 이루어진다. 리눅스 커널에 내부적으로 동작하는 시스템 콘솔로써 커널과 다른 프로세스들이 텍스트를 사용자에게 출력하고 사용자로부터 텍스트 입력을 받을 수 있는 방법을 제공한다. 사용자는 일반적으로 컴퓨터 키보드로 텍스트를 입력하고 컴퓨터 모니터로 텍스트를 출력한다. 리눅스 커널은 가상 콘솔을 지원하는데, 이 콘솔은 논리적으로 분리되어 있지만 동일한 물리적 키보드와 디스플레이에 접근이 가능하다.

▮ 터미널 실행

터미널 실행은 왼쪽 상단의 'Activities'를 클릭하고 'terminal'을 검색하여 프로그램을 실행한다.

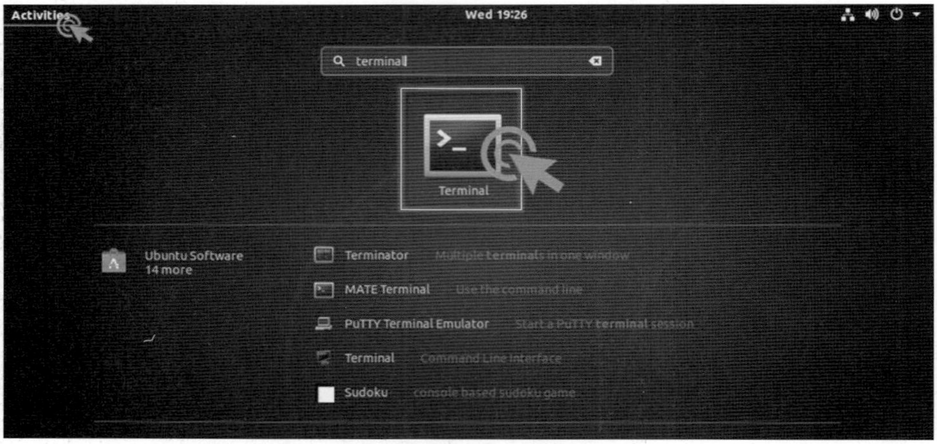

그림 3-14 터미널 실행

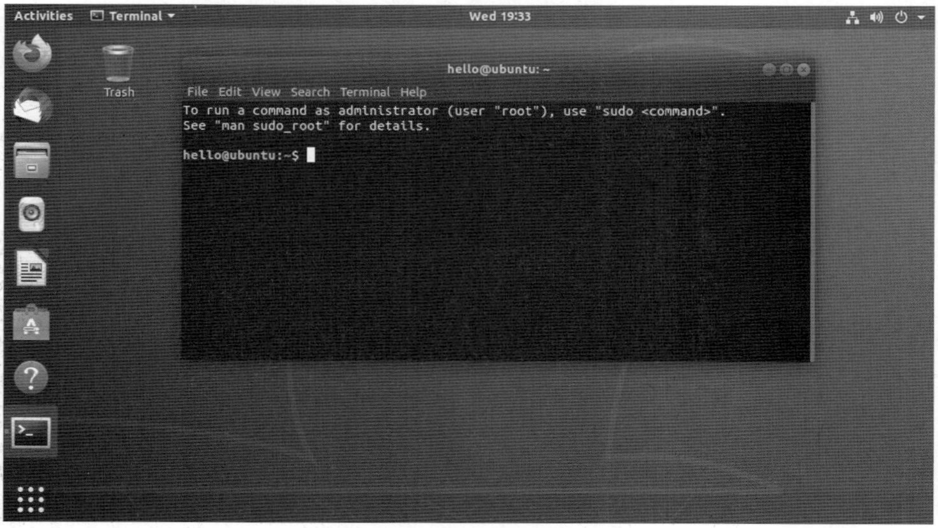

그림 3-15 터미널 실행화면

터미널 관련 단축키 정보는 다음과 같다.

터미널 실행	Ctrl + Alt + T
터미널 종료	Ctrl + Alt + Q
터미널 검색	Ctrl + Shift + F
복사하기	Shift + Ctrl + C
붙여넣기	Shift + Ctrl + V
프로그램 중지	Ctrl + C
프로그램 일시정지	Ctrl + Z

계정권한

터미널을 실행하고 root 계정을 얻기 위해서 sudo 명령을 통해 권한을 얻는다. 권한을 얻지 않는 경우 일부 작업이 제안 될 수 있다.

root 계정

리눅스의 시스템 관리 계정으로서 여러 사용자가 사용하는 컴퓨터에서 전체적으로 관리할 수 있는 총괄 권한을 가진 유일한 특별 계정이다. 유닉스 시스템의 루트(root)는 시스템 관리자인 운용관리자로서 사용자 계정을 생성하거나 소프트웨어 설치, 환경 및 설정을 변경하거나 시스템의 동작을 감시 및 제어할 수 있다.

sudo passwd root를 입력하고 자신의 계정 암호와 root 계정의 암호를 정하여 입력한다. 모든 입력을 마치고 su 명령을 통해 root 권한을 얻는다.

Terminal

```
hello@ubuntu:~$ sudo passwd
[sudo] password for hello: [계정 암호 입력]
Enter new UNIX password: [root 계정 암호 입력]
Retype new UNIX password: [root 계정 암호 재입력]
passwd: password updated successfully
hello@ubuntu:~$ su
Password: [root 계정 암호 입력]
root@ubuntu:/home/hello#
```

터미널 명령어

터미널은 Shell 기반의 Interface를 제공하며 다양한 콘솔 명령어를 제공한다.

1) 파일정보 표시 ls –[option]

- 현재 디렉토리 내의 파일과 디렉토리 정보를 출력
- 윈도우 cmd 창의 'dir'과 같은 명령

option

```
-l 파일에 대한 정보(파일 허용권, 소유자, 그룹, 크기, 날짜)를 표시
-a 히든 파일을 포함한 모든 파일을 화면에 표시
-t 최종 수정된 시간순으로 화면에 표시
-u 최근에 엑세스했던 파일들을 보여줌
-F 파일의 특성을 보여줌
디렉토리 : 이름/
실행 파일 : 이름*
심블릭링크 : 이름@
-R 하위 디렉토리의 파일도 모두 보여줌
```

2) 디렉토리 이동 cd –[option]

option

```
cd, cd ~, cd ~/, cd $HOME : 사용자의 홈 디렉토리로 이동
cd . : 현재 디렉토리로 이동
cd / : 최상위 디렉토리로 이동
cd $변수명 : 변수에 지정된 경로로 이동
cd ~계정명 : 입력한 사용자의 홈디렉토리로 이동
cd - : 이전 경로로 이동
```

3) 패스워드 등록/변경 passwd –[option]

- 사용자 계정의 패스워드를 등록하거나 변경하는 경우 이용하는 명령어
- 슈퍼 유저는 다른 유저의 패스워드도 변경 가능

option

```
-S : 계정의 상태를 표시(PS : 정상, NP : 패스워드가 없음, LK : Lock상태 혹은 NP 상태)
-d : 계정의 패스워드를 삭제, 패스워드 없이 로그인이 가능
-l : 계정을 Lock 상태로 변경
-u : 계정의 Lock 상태를 해제
```

4) 디렉토리 생성 mkdir –[option]

- 새로운 디렉토리를 생성
- 읽기 권한(Write Permission)이 허용되어야만 디렉토리를 생성

option

```
-m : 디렉토리의 권한을 지정(기본값 : 755)
     ex) mkdir -m 700 dir -> dir 디렉토리의 권한을 700으로 설정하여 생성한다.
-p : 생성하려는 디렉토리의 상위 디렉토리가 없는 경우 상위 디렉토리까지 같이 만든다.
```

5) 디렉토리 삭제 rmdir –[option][디렉토리]

- 디렉토리 삭제

option

```
-p : 상위 경로도 삭제
```

6) 파일 복사 cp –[option] [대상파일] [디렉토리]

- 파일 및 디렉토리 복사 명령어

option

```
-i : 파일 복사 시, 동일한 파일명이 있을 경우 사용자에게 덮어 쓸 것인지 물어본다.
-f : 동일한 파일명이 있을 경우에도 강제로 지우고 복사한다.
-p : 원본 파일 소유주, 그룹, 권한, 시간 정보들이 그대로 보존되어 복사한다.
-r : [원본파일명]이 경로일 경우, 그 경로에 있는 모든 하위 디렉토리들을 포함하여 모두 복사한다.
     일반 파일일 경우는 그냥 복사한다.
-u : 복사 대상이 이미 존재하며 파일의 날짜가 같거나 더 최신이면 복사하지 않는다.
```

7) 파일삭제 rm –[option] [대상파일]

- 파일 및 디렉토리 삭제 명령어

option

```
-i : 파일이나 디렉토리가 삭제될 때마다 확인(y : 삭제, n : 취소)한다.
-f : 사용자에게 확인하지 않고 삭제한다.
-v : 각각의 파일 지우는 정보를 자세하게 모두 보여준다.
-r : 해당 디렉토리의 하위 디렉토리까지 모두 삭제한다.
```

8) 파일의 이름이나 위치 변경 mv –[option] [대상파일] [이동디렉토리]

option

```
-f : 이동할 위치에 파일 이름이 겹치면 강제로 이동
```

9) 파일검색 find [대상파일] [option]

- 파일을 이름, 수정 날짜, 소유주, 허가 등을 기준으로 검색하게 해준다.

option

```
-empty : 비어있는 파일을 찾는다.
-user [사용자명] : 지정한 사용자가 소유하고 있는 파일을 찾는다.
-group [그룹명] : 지정한 그룹이 소유하고 있는 파일을 찾는다.
-nouser : 소유주가 없는 파일을 찾는다(사용자 계정을 삭제했을 경우 사용자가 생성한 파일들을 남기
          는 경우가 있다).
-nogroup : 소유그룹이 없는 파일을 검색한다.
-name [파일명] : 지정한 패턴을 갖는 파일을 찾는다(파일명 또는 확장명을 기준으로 검색한다).
-newer [파일명] : [파일명]보다 최근에 생성된 파일을 찾는다.
-anewer [파일명] : [파일명]보다 최근에 읽기(접근)가 수행된 파일을 찾는다.
-cnewer [파일명] : [파일명]보다 최근에 상태가 변경(수정)된 파일을 찾는다.
-perm [권한] : 권한과 일치하는 파일을 찾는다.
-type [파일타입] : [파일타입]에 맞는 파일을 찾는다.

[파일타입]
d : 디렉토리(Directory)
c : 캐릭터 특수 파일(Character Device)
f : 일반파일(File)
b : 블록 특수 파일(Block Device)
l : 심볼릭 링크(Link)
p : 파이프(Pipe)
s : 소켓(Socket)
```

10) 파일 내용 출력 cat [option] [대상파일]

- 파일의 내용을 화면으로 출력한다. 파일 내용을 확인하거나, 여러 파일을 하나의 파일로 만들 수도 있다. 또한, 키보드 등 표준 입력으로부터 입력받은 내용을 파일로 만들어 저장할 수 있다.

option

- cat > [파일이름] 형태로 명령어를 작성했을 경우, 파일 생성 및 데이터 입력도 가능하다.
* 파일 저장 : Ctrl + d, 파일 종료 : Ctrl + z
- cat [파일명] | more : 엔터키를 입력할 때마다 한 줄씩 내려가면서 확인이 가능하다.
- cat [파일명] | less : 화살표 위, 아래키로 페이지 올림, 내림이 가능하다.
-n : 파일을 출력할 때, 라인에 번호를 붙여 출력한다.
-b : 공백 외의 글자가 있는 라인에 번호를 붙여 출력한다.

11) 파일 권한

- 리눅스는 다중 사용자가 시스템 접근이 가능하며 사용자는 하나 또는 여러 그룹에 속해 있다. 파일에 사용자와 그룹의 접근 권한을 부여하여 접근을 제한하며 파일의 접근 권한은 ls 명령어로 확인할 수 있다.

```
hello@ubuntu:~$ ls -al
```

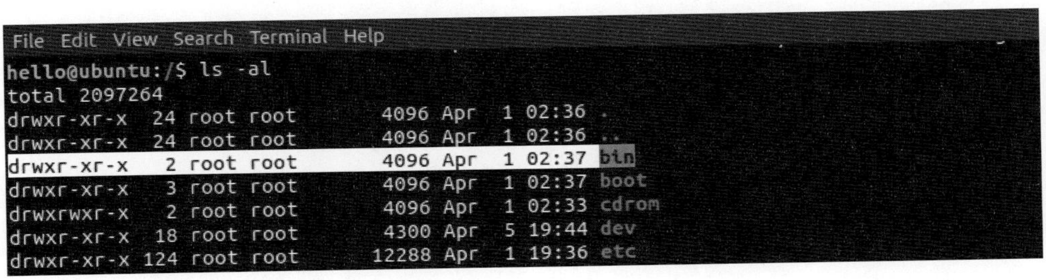

권한표시	파일 수	소유자	그룹	크기	변경 일자	파일명
drwxr−xr−x	2	root	root	4096	Apr 1 02:37	bin

권한 표시에 해당하는 정보의 의미는 다음과 같다.

d	rwx	r−x	r−x
(1)	(2)	(3)	(4)

- (1) 파일 Type : d(디렉토리), l(링크파일), −(일반파일)
- (2), (3), (4) 파일 소유자 권한 : r(읽기권한), w(쓰기권한), x(실행권한)
- (2) 파일 소유자 권한

- (3) 그룹 권한
- (4) 모든 사용자 권한
- 권한 표시 : r(4), w(2), x(1)

  ex) 모든 권한의 경우 111,111,111(십진수 7로 표시하면 777)

  ex) $ chmod 777 filename

  파일소유자는 모든 권한, 그룹과 기타사용자는 읽기와 실행 권한만 부여함

12) 시스템 관리

- 프로세서의 정보 및 메모리, 네트워크 관리 기능 명령어
- 시스템관리 명령어

(1) 프로세스 리스트

프로세스에 관한 리스트를 보여준다.

```
ps
```

(2) 프로세스 종료

현재 프로세스를 종료하고 빠져나간다.

```
exit
```

(3) 프로세스 강제 종료

실행 중인 프로세스 ID를 종료한다.

```
kill [프로세스 ID]
```

(4) 별명 만들기

명령어를 단순화하여 자주 쓰는 명령어를 쓰기 편하게 바꾸는 명령으로 일종의 명령어의 별명이라 생각하면 된다.

```
alias
```

```
alias mv ='mv -i'
```

mv를 mv –i로 별명을 하나 더 만든다. mv를 mv –i로 사용하여, mv만 입력해도 겹쳐 쓸지 여부를 확인한다.

(5) 현재 시각 출력

현재 시각을 출력한다.

```
date
```

```
$date
Sun Apr  5 20:07:05 PDT 2020
```

(6) 패키지 관리

패키지 인덱스 정보를 업데이트한다.

```
apt-get update
```

설치되어 있는 패키지를 모두 새 버전으로 업그레이드한다.

```
apt-get upgrade
```

패키지를 설치한다.

```
apt-get install [패키지 이름]
```

설치한 패키지를 지운다. 이때 설정 파일은 지우지 않는다.

```
apt-get remove [패키지 이름]
```

설치한 패키지를 설정 파일을 포함하여 지운다.

```
apt-get - purge remove [패키지 이름]
```

(7) 메모리관리

파일시스템 구조와 용량 등을 화면에 출력한다.

```
df
```

메모리의 사용 상태와 버퍼의 상태 등을 보여준다.

```
free
```

```
hello@ubuntu:/$ free
              total        used        free      shared  buff/cache   available
Mem:        4002252     1237628      800012        9988     1964612     2465336
Swap:       2097148         268     2096880
```

(8) 네트워크 호스트명 출력

호스트명을 화면에 출력한다.

```
hostname
```

(9) 네트워크 확인 명령

```
ping [옵션][IP주소 또는 호스트 이름]
```

(10) LAN 카드 상태 확인

```
ifconfig [인터페이스] [주소] [up/down] [옵션]
```

(11) 네트워크 상태 확인

```
netstat [옵션][address family options]
```

3.2 코드 편집기(VI Editor)

리눅스의 명령 줄 인터페이스(CLI, Command Line Interface)환경에서 코드를 작성하기 위해서는 에디터를 사용해야 한다. vi는 vi(sual) editor의 약자로 키보드 입력만으로 모든 기능을 사용할 수 있게 제공하는 터미널 에디터 프로그램이다.

vi 에디터는 크게 명령 모드와 입력 모드로 나눌 수 있고, 명령 모드에는 vi 명령 모드와 ex 명령 모드가 있다. vi 시작시, vi 명령 모드로 시작하며, 특정 키를 눌러, 입력 모드 및 ex 명령 모드로 전환할 수 있다. vi 명령 모드로 돌아오기 위해서는, Esc(Escape) 키를 누르면 돌아온다.

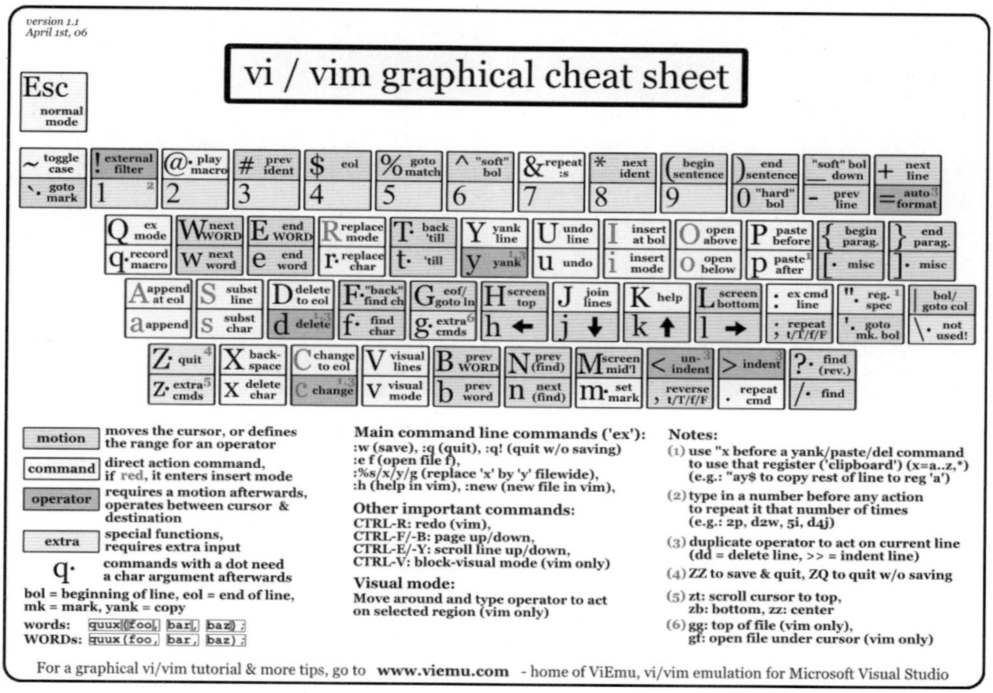

그림 3-16 VI 에디터 명령어

▌Vim 에디터 시작

Vim은 vi와 호환되면서도 독자적으로 다양한 기능을 추가하여 사용자의 편의를 돕고 있다. 특히 Vim 스크립트 등을 사용해서 자유롭게 편집 환경을 변경하거나, 확장된 정규 표현식 문법, 강력한 문법 강조 기능, 다중 되돌리기, 유니코드를 비롯한 다국어 지원, 문법 검사 등을 쓸 수 있다는 점이 강점으로 꼽힌다. 한편으로는 vi와 마찬가지로 처음에 배우기 어렵다는 점이 단점으로 지적되는데, 이를 극복하기 위해 쉬운 Vim 모드를 지원한다.

리눅스 버전에 따라 vim이 기본설치 되어 있으며 추가 설치가 필요하면 다음과 같이 입력한다.

```
root@ubuntu:/# apt-get install vim
```

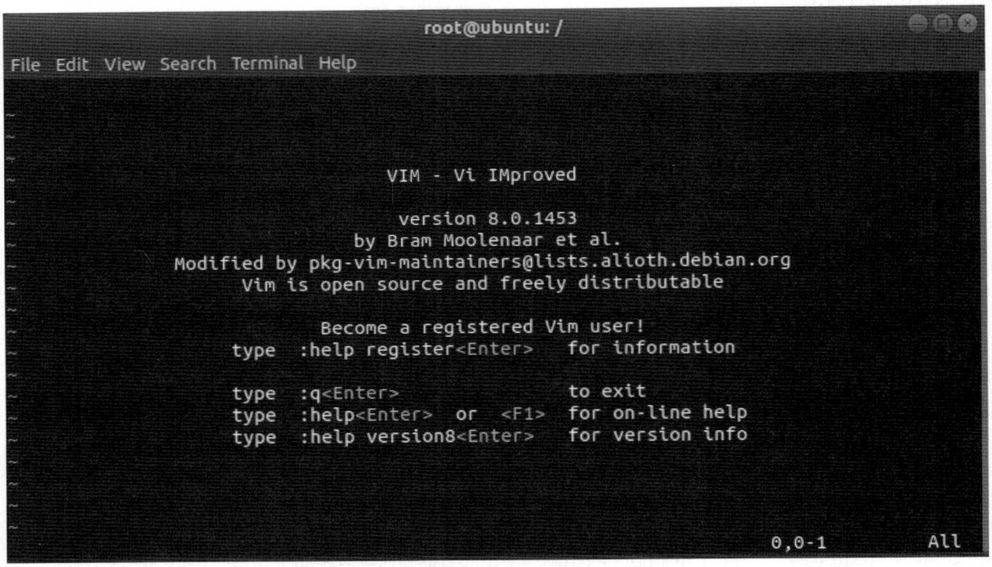

그림 3-17 vim 시작화면

파일생성은 vim 명령과 함께 파일이름을 입력한다.

```
root@ubuntu:/# vim [filename]
```

▮ 명령 모드

에디터를 실행하면 기본 상태는 명령 모드이다. 키 앞에 숫자를 입력하면 그 명령이 숫자만큼 반복되며 입력 모드에서 입력 작업 완료 후, 커서 이동이나 삭제, 복사, 붙여 넣기 등의 편집 작업 등을 할 때는 Esc키를 눌러 vi 명령 모드로 전환시킨 후에 작업을 진행한다.

(1) 커서 이동

- h : 한 문자 왼쪽으로 커서 이동

- j : 한 줄 아래쪽으로 커서 이동
- k : 한 줄 위쪽으로 커서 이동
- l : 한 문자 오른쪽으로 커서 이동
- w : 다음 단어 첫 문자로 커서 이동
- b : 이전 단어 첫 문자로 커서 이동
- Ctrl+f : 한 페이지 아래로 커서 이동
- Ctrl+b : 한 페이지 위로 커서 이동
- G : 마지막 줄로 커서 이동, 숫자 G로 눌렀을 때, 숫자에 해당되는 줄로 커서 이동
- ^ : 공백 문자가 아닌, 현재 줄의 첫 문자로 커서 이동
- 0 : 공백 문자를 포함한, 현재 줄 첫 문자로 커서 이동
- $: 현재 줄 마지막 문자로 커서 이동

(2) 삭제

- x : 현재 커서 위치 문자 삭제
- X : 현재 커서 위치 이전 문자 삭제
- dw : 현재 커서 위치 단어 삭제, 숫자 dw로 쓰면 숫자만큼의 단어가 삭제됨, 다른 삭제 명령도 마찬가지로 숫자 입력 방식이 적용됨
- db : 현재 커서 위치 이전 단어 삭제
- dd : 현재 커서 위치 줄 삭제, 숫자 dd로 쓰면 숫자만큼의 줄이 삭제됨
- d^ : 현재 줄에서 현재 커서 위치 이전 문자열 삭제
- d$: 현재 줄에서 현재 커서 위치 이후 문자열 삭제
- D : d$와 같음

(3) 복사, 붙여 넣기

- yw : 현재 커서 이후 단어 복사, 숫자 yw로 쓰면 숫자만큼의 단어가 복사됨, 다른 복사 명령에도 이와 같은 숫자 입력 방식이 적용됨
- yb : 현재 커서 이전 단어 복사
- yy : 현재 줄 복사, 숫자 yy로 쓰면 숫자만큼의 줄이 복사됨
- p : 복사된 항목을 현재 커서 위치 이후에 붙여 넣기, 삭제된 항목도 붙여 넣기 가능
- P : 복사된 항목을 현재 커서 위치 이전에 붙여 넣기, 삭제된 항목도 붙여 넣기 가능

(4) 검색

- /검색어 : 전진 검색
- ?검색어 : 후진 검색
- n : 검색 반복
- N : 반대 방향 검색 반복

(5) 되돌리기(undo)

- u : 되돌리기(undo). u키를 계속 치게되면, undo 버퍼가 빌 때까지 계속 되돌리기 할 수 있음. 유용함
- U : 라인 되돌리기
- Ctrl+r : Redo(undo undo)

▮ 입력 모드

에디터에 글자를 입력하기 위해서는 명령 모드에서 입력 모드로 모드 전환이 이루어져야 한다.

- i : 현재 커서 위치에 글자 삽입
- I : 현재 줄 처음에 삽입
- a : 현재 커서 다음 위치에 추가
- A : 현재 줄 마지막에 추가
- o : 아랫 줄에 추가
- O : 윗 줄에 추가
- s : 현재 커서 글자 지우고 입력 모드로 전환
- r : 현재 커서 글자 지우고 한 글자 입력 받아 명령 모드로 돌아감
- Esc : 입력 모드 또는 ex 명령 모드에서 vi 명령 모드로 전환

02 시스템 개발환경 준비하기

1. 개발소스 설치

개발 실습장치 EMbed-TKU를 기반으로 필요한 개발소스 및 관련 개발 자료를 설치한다. 개발 자료는 기본적으로 하드웨어와 함께 CD로 제공되며 웹사이트의 다운로드 페이지에서도 제공한다.

● Download Site : http://cdn.hybus.cloud/embed_bsp_v2.1.zip

제공되는 BSP(Board Support Package)는 개발에 필요한 하드웨어 및 소프트웨어 관련 자료이다.

※ BSP버전에 따라 디렉토리 구조가 다를 수 있습니다.

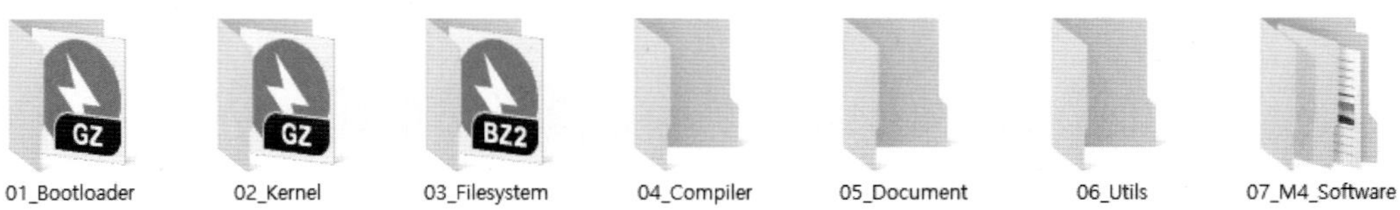

그림 3-18 EMbed BSP 배포판 V1.0

그림 3-19 EMbed BSP 배포판 V2.1

■ 개발소스 설치

제공되는 BSP에 포함되어 있는 개발소스 설치작업을 진행한다. 터미널을 실행하여 사용자 작업디렉토리(/mywork)와 하위 디렉토리를 생성한다.

```
Terminal    root@ubuntu:/

root@ubuntu:/# mkdir mywork
root@ubuntu:/# cd /mywork
root@ubuntu:/mywork# mkdir compiler
root@ubuntu:/mywork# mkdir utils
root@ubuntu:/mywork# mkdir App
root@ubuntu:/mywork# ls
App  compiler  utils
```

BSP의 OS Source 코드를 작업디렉토리(/mywork)로 이동 복사한다. 복사 방법은 아래 방법 중 한 가지를 선택하여 진행한다.

- **방법 1.** BSP CD로 복사하는 경우 : CD 삽입 → /media/ 이동 → 해당 파일 복사
- **방법 2.** 윈도우에서 가상머신 리눅스로 복사 하는 경우 : 해당 파일을 드래그앤 드롭으로 복사(Vmware tools 기능 활성화)
- **방법 3.** 리눅스에서 웹브라우저를 통해 아래 링크 주소에 접근하여 BSP 다운로드
  Download Site : http://cdn.hybus.cloud/embed_bsp_v2.1.zip

복사 파일 목록 및 디렉토리 위치 정보는 다음과 같다.

표 3-2 BSP 설치 목록

파일명	디렉토리	설명
kernel.tar.gz	/mywork	커널소스
bootloader.tar.gz	/mywork	부트로더 소스
gcc-linaro-4.9.4.tar.xz	/mywork/compiler	크로스 컴파일러

작업디렉토리 구조는 다음과 같다.

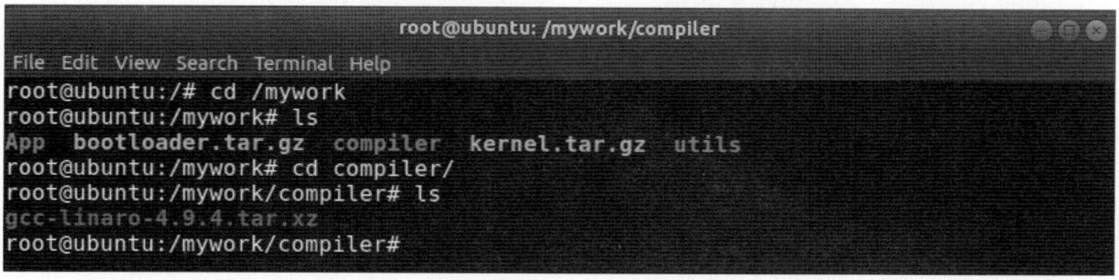

▌개발 패키지 설치

BSP 외에 컴파일 및 환경설정에 필요한 몇 가지 프로그램을 설치해보도록 한다. 설치 목록 및 방법은 다음과 같다.

표 3-3 개발 패키지

패키지	설명
update	기존 설치되어 있는 패키지들의 버전 업그레이드
u-boot-tools	u-boot 부트로더를 빌드하기 위한 도구 패키지이다.
ncurses-dev	menuconfig 사용시 필요한 라이브러리이다(bootlaoder와 kernel의 menuconfig는 기본적으로 ncurses에 기반하여 구현되어 인터페이스를 사용자에게 제공).
device-tree-compiler	디바이스 트리를 빌드하기 위하여 사용되는 패키지이다.
lzop	리눅스 커널 빌드시 zImage를 만들기 위해 필요한 패키지이다.
build-essential	소스코드 빌드시 필요한 기본 패키지(gcc, make, patch 등)이다.

Terminal root@ubuntu:/

```
root@ubuntu:/# apt-get update
root@ubuntu:/# apt-get install -y u-boot-tools ncurses-dev device-tree-
compiler lzop
```

```
root@ubuntu:/
File Edit View Search Terminal Help
root@ubuntu:/# apt-get update
Hit:1 http://us.archive.ubuntu.com/ubuntu bionic InRelease
Get:2 http://us.archive.ubuntu.com/ubuntu bionic-updates InRelease [88.7 kB]
Get:3 http://security.ubuntu.com/ubuntu bionic-security InRelease [88.7 kB]
Get:4 http://us.archive.ubuntu.com/ubuntu bionic-backports InRelease [74.6 kB]
Get:5 http://us.archive.ubuntu.com/ubuntu bionic-updates/main amd64 DEP-11 Metadata [301 kB]
Get:6 http://security.ubuntu.com/ubuntu bionic-security/main amd64 DEP-11 Metadata [38.7 kB]
Get:7 http://us.archive.ubuntu.com/ubuntu bionic-updates/universe amd64 DEP-11 Metadata [273 kB]
Get:8 http://us.archive.ubuntu.com/ubuntu bionic-updates/universe DEP-11 64x64 Icons [458 kB]
Get:9 http://security.ubuntu.com/ubuntu bionic-security/universe amd64 DEP-11 Metadata [42.1 kB]
Get:10 http://security.ubuntu.com/ubuntu bionic-security/multiverse amd64 DEP-11 Metadata [2,464 B]
Get:11 http://us.archive.ubuntu.com/ubuntu bionic-updates/multiverse amd64 DEP-11 Metadata [2,468 B]
Get:12 http://us.archive.ubuntu.com/ubuntu bionic-backports/universe amd64 DEP-11 Metadata [7,968 B]
Fetched 1,378 kB in 3s (469 kB/s)
Reading package lists... Done
root@ubuntu:/#
```

```
root@ubuntu: /
File Edit View Search Terminal Help
root@ubuntu:/#
root@ubuntu:/# apt-get install u-boot-tools ncurses-dev device-tree-compiler lzop
Reading package lists... Done
Building dependency tree
Reading state information... Done
Note, selecting 'libncurses5-dev' instead of 'ncurses-dev'
The following additional packages will be installed:
  libc-dev-bin libc6-dev libtinfo-dev linux-libc-dev manpages-dev
Suggested packages:
  glibc-doc ncurses-doc
```

... [생략]

```
Setting up libc-dev-bin (2.27-3ubuntu1) ...
Setting up manpages-dev (4.15-1) ...
Setting up libc6-dev:amd64 (2.27-3ubuntu1) ...
Setting up libncurses5-dev:amd64 (6.1-1ubuntu1.18.04) ...
Processing triggers for man-db (2.8.3-2ubuntu0.1) ...
root@ubuntu:/#
```

마지막으로 소스코드 빌드 시 필요한 기본 패키지 모음(build-essential)을 설치하도록 한다(Ubuntu 일부 하위버전의 경우 기본 설치되어 있음).

```
Terminal    root@ubuntu:/

root@ubuntu:/# apt-get install -y build-essential
```

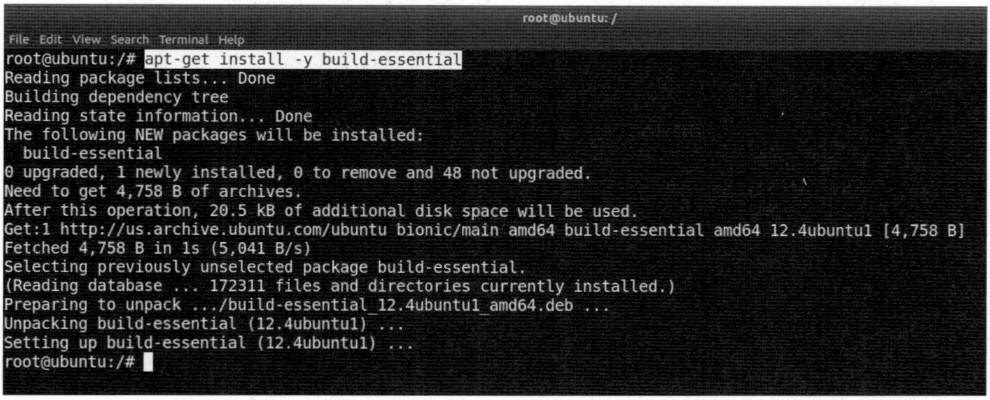

2. 크로스 컴파일러

크로스 컴파일러(Cross Compiler)는 컴파일러가 실행되는 플랫폼이 아닌 다른 플랫폼에서 실행 가능한 코드를 생성할 수 있는 컴파일러이다. 대부분의 프로그래머들은 호스트 PC라는 동일한 환경에서 프로그램을 작성하며 컴파일하고, 실행 파일을 호스트 PC에서 수행한다. 이렇게 동작하는 컴파일러와 실행 파일을 동일한 환경에서 수행한다면 이때의 컴파일러를 네이티브(native) 컴파일러라고 한다.

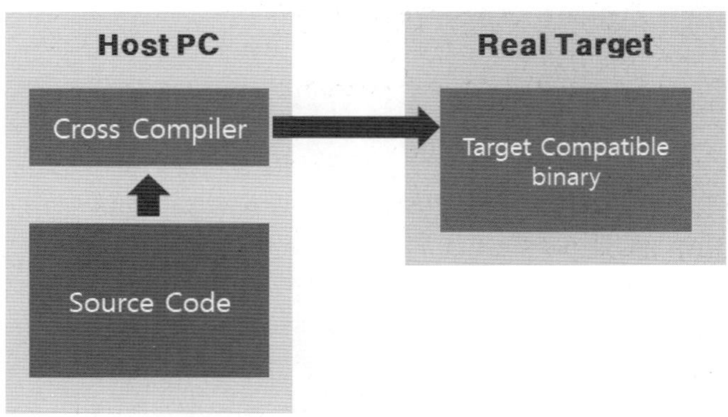

그림 3-20 크로스 컴파일러 동작과정

이와 반대로 컴파일러가 동작하는 시스템과 컴파일러에 의해서 생성된 실행 파일의 동작하는 시스템이 다를 때 이 컴파일러를 크로스(cross) 컴파일러라고 한다. Real Target (Embedded System)에 동작하는 프로그램을 작성한다면 개발에 용이한 크로스 컴파일러 환경을 구축해야 하며 개발환경은 호스트 PC일 것이고 실행 파일이 동작하는 시스템은 다른 CPU에 구성을 갖는 임베디드 시스템일 것이다.

▌크로스 컴파일러 설치

개발 플랫폼에 사용되는 컴파일러를 설치해보도록 한다. 제공되는 컴파일러파일 압축을 해제하고 디렉토리 구조를 확인한다.

Terminal root@ubuntu:/

```
root@ubuntu:/# cd /mywork/compiler/
root@ubuntu:/mywork/compiler# ls
gcc-linaro-4.9.4.tar.xz
root@ubuntu:/mywork/compiler# tar xvf gcc-linaro-4.9.4.tar.xz
```

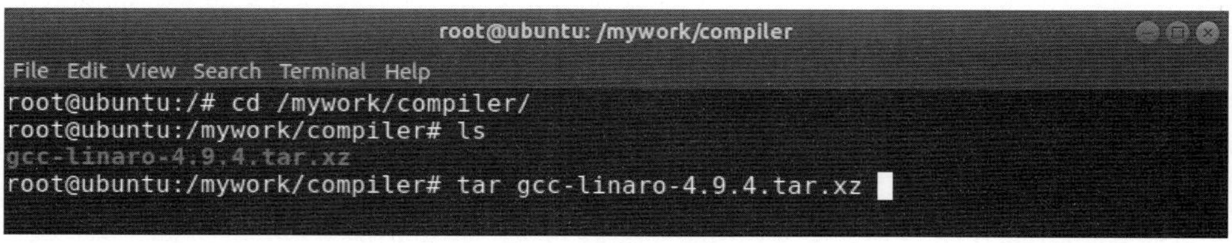

압축해제가 완료되면 /usr/디렉토리로 이동 복사한다.

Terminal root@ubuntu:/

```
root@ubuntu:/mywork/compiler# cp -rf gcc-linaro-4.9.4 /usr/
root@ubuntu:/mywork/compiler# cd /usr/gcc-linaro-4.9.4/bin/
root@ubuntu:/usr/gcc-linaro-4.9.4/bin# ls
```

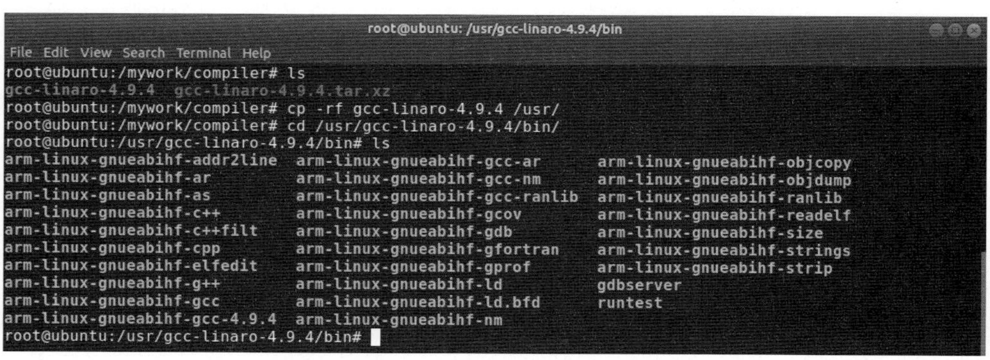

크로스 컴파일러 환경변수 설정

환경변수 파일에 이전에 설치된 크로스컴파일 환경변수를 추가한다. .bashrc 환경변수 파일은 개인용 환경설정 파일로 사용자가 시스템에 로그인하면 실행되는 변수 파일이다.

root 디렉토리로 이동하여 .bashrc 파일에 크로스컴파일 환경변수를 입력한다.

Terminal root@ubuntu:/mywork/App#

```
root@ubuntu:~# cd /root/
root@ubuntu:~# vi .bashrc
```

환경변수 추가 : export PATH=$PATH:/usr/gcc-linaro-4.9.4/bin;

Editor .bashrc

```
#if [ -f /etc/bash_completion ] && ! shopt -oq posix; then
#    . /etc/bash_completion
#fi

#EMbed Cross Compile Path
export ARCH=arm
export CROSS_COMPILE=/usr/gcc-linaro-4.9.4/bin/arm-linux-gnueabihf-
export PATH=$PATH:/usr/gcc-linaro-4.9.4/bin;
```

변수 추가가 완료되면 파일 적용을 위해 다음 명령을 입력한다.

Terminal root@ubuntu:/mywork/App#

```
root@ubuntu:~# source .bashrc
```

설치가 완료되면 컴파일러의 버전정보를 확인한다.

Terminal root@ubuntu:/

```
root@ubuntu:/# arm-linux-gnueabihf-gcc -v
```

메시지 하단에 GCC버전 정보가 나타난다. Linaro는 ARM 기반의 리눅스 오픈소스를 지향하는 엔지니어 중심의 비영리 단체로서 ARM, NXP(freescale), Semiconductor, IBM, Samsung, ST-Ericsson과 Texas Instruments이 연합하여 리눅스 open source의 통합 및 최적화를 목적으로 임베디드 솔루션 및 툴체인을 무료 배포하고 있다.

3. 개발환경 테스트

hello 컴파일

이전에 설치하였던 ARM 크로스 컴파일러를 이용하여 간단한 예제 코드를 작성하고 컴파일 해보도록 한다.

개발 앱디렉토리(/mywork/App)로 이동하여 새로운 파일(hello.c)을 생성하고 간단한 문자출력 코드를 작성한다.

Terminal root@ubuntu:/mywork/App#

```
root@ubuntu:/# cd /mywork/App/
root@ubuntu:/mywork/App# vi hello.c
```

Editor hello.c

```
#include <stdio.h>

int main()
{
        printf("Hello EMbed TKU!!\n");
        return 0;
}
```

ARM 프로세서용 크로스 컴파일러인 "arm-linux-gnueabihf-gcc" 명령어를 직접 입력하여 컴파일 해보도록 한다. 이 방법은 현재 사용되는 크로스 컴파일러의 PATH 설정이 되어 있지 않은 상태이므로 이전에 설치하였던 경로를 직접 작성해 주어야 한다.

Terminal root@ubuntu:/mywork/App#

```
root@ubuntu:/mywork/App# arm-linux-gnueabihf-gcc -o hello hello.c
```

컴파일이 완료되면 실행파일을 실행한다.

Terminal root@ubuntu:/mywork/App#

```
root@ubuntu:/mywork/App# ./hello
```

위 그림과 같이 정상적으로 컴파일이 완료되고 실행하게 되면 오류 메시지가 나타난다. 이유는 Cortex-ARM 프로세서 기반에서 실행되도록 컴파일 되었기 때문에 Host-PC 기반에서 구동하기 위해서는 타겟 보드 CPU에 맞도록 컴파일 환경을 구축해야 하기 때문이다.

file 명령어를 통해 실행파일의 정보 및 속성을 확인할 수 있다.

Terminal root@ubuntu:/mywork/App#

```
root@ubuntu:/mywork/App# file hello
hello: ELF 32-bit LSB shared object, ARM, EABI5 version 1 (SYSV) ..
```

```
root@ubuntu:/mywork/App# file hello
hello: ELF 32-bit LSB shared object, ARM, EABI5 version 1 (SYSV), dynamically linked, interpreter /
lib/ld-, for GNU/Linux 3.2.0, BuildID[sha1]=b69269b475fe83568003061e1e3cbfd606efb44f, not stripped
root@ubuntu:/mywork/App#
```

Make 기반 컴파일(Makefile)

이전 실습(hello)의 경우 한 개의 파일(hello.c)만 존재하며 복잡한 옵션이 포함되어 있지 않아 직접 명령어를 입력하였지만, 대부분의 임베디드 프로그래밍에서는 다양한 옵션과 복잡한 구조로 되어 있어 직접 명령어를 입력할 수 없다. 이 때문에 별도의 빌드도구(Makefile)를 만들어서 개발자가 원하는 다양한 기능을 포함할 수 있다.

- [MakeFile 사용 목적]
  - 각 파일에 대한 반복적 명령의 자동화로 인한 시간 절약
  - 프로그램의 종속 구조를 빠르게 파악 할 수 있으며 관리가 용이
  - 단순 반복 작업 및 재작성을 최소화

Makefile을 생성하고 기본 구조에 맞게 코드를 작성한다.

Terminal root@ubuntu:/mywork/App#

```
# vi Makefile
```

Editor Makefile

```
CC = /usr/gcc-linaro-4.9.4/bin/arm-linux-gnueabihf-gcc
CFLAGS = -Wall
all : hello
hello : hello.c
	$(CC) $(CFLAGS) hello.c -o hello

clean :
	rm -f *.bak *.o hello
```

프로그램 설명

CC	컴파일러 경로
CFLAGS	C컴파일러의 Flag

---

root@ubuntu: /mywork/App

File Edit View Search Terminal Help

```
CC = /usr/gcc-linaro-4.9.4/bin/arm-linux-gnueabihf-gcc
CFLAGS = -Wall
all : hello
hello : hello.c
	$(CC) $(CFLAGS) hello.c -o hello

clean :
	rm -f *.bak *.o hello
```

Makefile은 Target, Dependency, Command 등으로 구성되며 Target의 경우 명령이 수행되어 생성될 결과 파일을 지정한다. Dependency는 Target을 수행하기 위해 필요한 의존 관계 설정 부분이며 마지막으로 Command는 Target을 수행하기 위해서 정의된 명령이 실행되는 구문이다.

Makefile을 작성할 때 target에서 실행해야 할 명령어의 경우 키보드 [TAB]키를 이용하여 작성하도록 한다.

ex) ***[TAB]*** `rm -f *.bak *.o make_hello`

작성된 Makefile을 기반으로 컴파일을 진행한다. 정상적으로 컴파일이 완료되면 프로그램 정보를 확인한다.

Terminal root@ubuntu:/mywork/App#

```
root@ubuntu:/mywork/App# make clean
root@ubuntu:/mywork/App# make
root@ubuntu:/mywork/App# file hello
```

```
root@ubuntu: /mywork/App
File Edit View Search Terminal Help
root@ubuntu:/mywork/App# ls
hello  hello.c  Makefile
root@ubuntu:/mywork/App# vi Makefile
root@ubuntu:/mywork/App# make clean
rm -f *.bak *.o hello
root@ubuntu:/mywork/App# ls
hello.c  Makefile
root@ubuntu:/mywork/App# make
/usr/bin/arm-linux-gnueabihf-gcc -Wall hello.c -o hello
root@ubuntu:/mywork/App# ls
hello  hello.c  Makefile
root@ubuntu:/mywork/App# ./hello
bash: ./hello: cannot execute binary file: Exec format error
root@ubuntu:/mywork/App# file hello
hello: ELF 32-bit LSB shared object, ARM, EABI5 version 1 (SYSV), dynamically linked, interpreter /
lib/ld-, for GNU/Linux 3.2.0, BuildID[sha1]=b69269b475fe83568003061e1e3cbfd606efb44f, not stripped
root@ubuntu:/mywork/App#
```

CHAPTER 04
리눅스 빌드시스템 포팅

contents

01 리눅스 시스템 빌드하기

임베디드 리눅스 시스템 설치작업은 Target 보드에 맞게 수정된 시스템 파일 빌드 작업을 통해 장치에 설치를 하게 된다. 이때 빌드시스템을 적용하기 위해서는 부트로더, 커널, 파일시스템이 필요하다.

각 소스들의 파일과 디렉토리 구성을 살펴보고 빌드를 통해 실제 장치에 설치하기 위한 환경을 만들어 보도록 한다.

다음은 Build 시스템에 필요한 소스코드이다. 각 소스별로 Build 작업이 이루어지면 해당 Object 파일이 생성된다.

표 4-1 빌드시스템 파일 목록

Area	Source File Directory	object File Name
Bootloader	/mywork/bootloader	u-boot-dtb.imx
Kernel	/mywork/kernel	zImage
		imx6q-sabresd-ldo.dtb
FileSystem		filesystem.tar.bz2
Cross Compiler	/usr/gcc-linaro-4.9.4/bin	arm-linux-gnueabihf

리눅스 시스템 Build를 통해 만들어진 Object 이미지는 많은 시간과 노력이 필요하며 단순히 리눅스 시스템 설치를 위해서라면 제공되는 개발 BSP에 기본적으로 Object 이미지가 포함되어 있으므로 참고하도록 한다.

Build 시스템 환경과 각 영역별로 동작구조를 이해하기 위해서라면 본 단락을 통해 결과물을 얻어 보도록 한다.

1. 부트로더 빌드

1.1 부트로더 빌드환경

U-Boot 이미지 생성을 위한 빌드환경을 설정해보도록 한다.

▮ 부트로더 소스 압축 해제

작업 디렉토리로 이동하여 부트로더 소스 압축을 해제한다.

Terminal　root@ubuntu:/mywork#

```
root@ubuntu:/# cd /mywork/
root@ubuntu:/mywork# ls
root@ubuntu:/mywork# tar xvf bootloader.tar.gz

root@ubuntu:/mywork# cd bootloader
```

```
root@ubuntu: /mywork
File  Edit  View  Search  Terminal  Help
root@ubuntu:/# cd /mywork
root@ubuntu:/mywork# ls
App  bootloader.tar.gz  compiler  kernel  kernel.tar.gz  utils
root@ubuntu:/mywork# tar xvf bootloader.tar.gz
```

```
bootloader/.git/hooks/pre-rebase.sample
bootloader/.git/hooks/commit-msg.sample
bootloader/.git/hooks/update.sample
root@ubuntu:/mywork# cd bootloader
root@ubuntu:/mywork/bootloader# ls
api       cmd        disk     examples  Kconfig      Makefile  scripts
arch      common     doc      fs        lib          net       snapshot.commit
board     config.mk  drivers  include   Licenses     post      test
build.sh  configs    dts      Kbuild    MAINTAINERS  README    tools
root@ubuntu:/mywork/bootloader#
```

▮ 부트로더 컴파일 환경설정

U-Boot 빌드환경을 설정해보도록 한다. 만일 이전에 사용자 환경변수 파일(.bashrc)에 컴파일러 path 설정이 되었다면 생략하여도 된다.

부트로더 디렉토리로 이동하여 컴파일러 환경변수를 설정한다.

Terminal root@ubuntu:/mywork/bootloader

```
root@ubuntu:/# cd /mywork/bootloader
../# export ARCH=arm
../# export CROSS_COMPILE=/usr/gcc-linaro-4.9.4/bin/arm-linux-gnueabihf-
```

export 명령어는 환경변수를 지정 또는 변경하거나 현재 정의되어 있는 환경변수를 보여주는 명령어이다. export 명령에 의해 변경된 환경변수는 export 명령을 실행한 사용자의 로그아웃 전까지만 유효하므로 영구적으로 변경하기 위해서는 환경변수를 정의하는 설정 파일(.bashrc, .profile 등)을 직접 수정해야 한다.

export 명령을 통해 환경변수가 적용되었는지 확인한다.

Terminal root@ubuntu:/mywork/bootloader

```
root@ubuntu:/mywork/bootloader# export
declare -x ARCH="arm"
declare -x CLUTTER_IM_MODULE="xim"
declare -x COLORTERM="truecolor"
declare -x CROSS_COMPILE="/usr/gcc-linaro-4.9.4/bin/arm-linux-gnueabihf-"
declare -......
```

- ARCH="arm" : 부트로더를 빌드할 아키텍처 타입을 의미한다. 개발 플랫폼은 ARM 아키텍처 환경임으로 "arm"으로 설정한다.
- CROSS_COMPILE : 크로스 컴파일러의 위치를 의미한다.
  컴파일러 경로 : /usr/gcc-linaro-4.9.4/bin/arm-linux-gnueabihf-

1.2 부트로더 빌드

빌드 환경설정이 완료되면 Configuration작업을 통해 빌드 작업을 진행한다. Configuration작업은 개발 플랫폼에 맞는 각종 환경설정이 이루어지며 Makefile에 명시되어 있다.

다음 그림은 부트로더 빌드 과정을 나타낸 것이다.

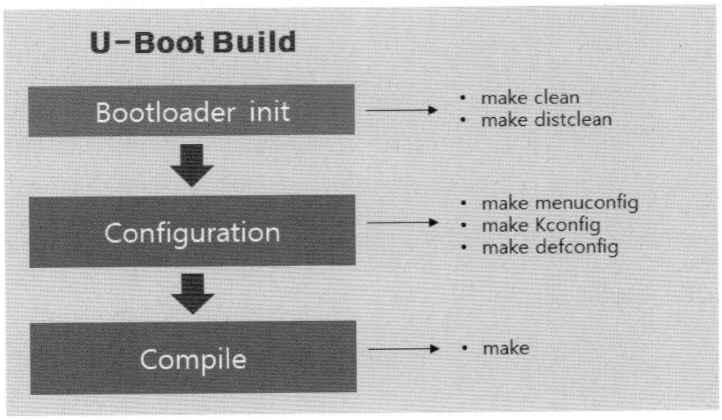

▌부트로더 Configuration

부트로더 초기화가 이루어지고 menuconfig 또는 kconfig를 이용한 설정이 완료되면 설정이 담긴 ".config" 파일이 준비된다. 이때 개발자가 이전에 이미 저장된 파일(defconfig)를 통해 적용이 가능하다.

컴파일은 각 소스트리에 존재하는 수많은 Makefile을 참조하여 최상위 디렉토리에 있는 Makefile을 통해서 컴파일이 시작되고 부트 이미지가 생성된다.

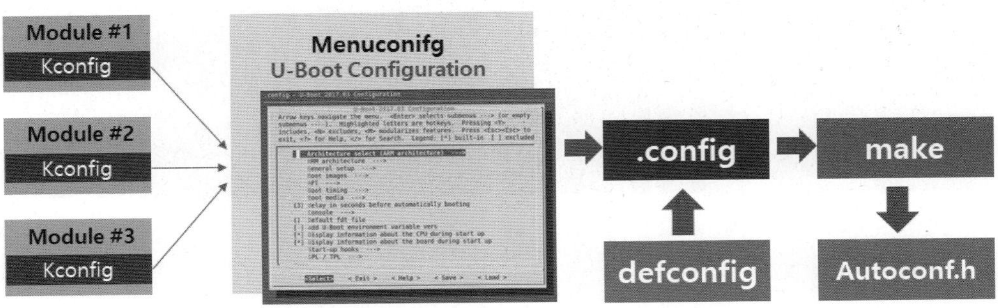

부트로더 Configuration 작업에 대한 파일정보와 동작 순서를 살펴보면 가장 먼저 각 디

렉토리에 존재하는 Kconfig를 참조하는데 부트로더 동작에 필요한 각종 디바이스 설정 및 환경설정 내용이 담겨져 있다. Kconfig 파일의 내용은 menuconfig 명령을 통해 부트로더의 환경정보의 파라미터를 구성하고 개발자 설정에 따라 .config 파일이 생성된다. 즉, 각 디렉토리에 존재하는 Kconfig의 내용을 확인하여 Configuration 작업을 통해 .config 파일이 생성되는 것이다.

defconfig(Default configure)는 Menu Configuration의 기본 값들로 이미 구성된 Config로써 주로 개발자가 Build되는 대상 아키텍처에 맞게 환경설정을 미리 해둔 것이다.

Configuration 작업이 완료되면 make를 통해 .config 파일을 참조하여 autoconf.h 파일이 생성된다. 새로운 config를 추가/삭제하고 잘 적용되었는지 확인하기 위해서는 autoconfig.h를 확인해보면 된다. 만약 autoconfig.h에 수정된 config가 반영되어 있지 않다면 Kconfig 또는 defconfig를 확인해보면 된다.

distclean

distclean은 기존에 작업하였던 object 또는 config를 삭제하고 초기화 상태로 만드는 명령이다.

Terminal root@ubuntu:/mywork/bootloader

```
root@ubuntu:/mywork/bootloader# make distclean
```

```
root@ubuntu:/mywork/bootloader# make distclean
  CLEAN   dts/../arch/arm/dts
  CLEAN   dts
  CLEAN   examples/standalone
  CLEAN   tools
  CLEAN   tools/lib tools/common
  CLEAN   u-boot-dtb.imx.log include/bmp_logo.h include/bmp_logo_data.h u-boot-nodtb.bin u-boot.lds u-boo
t.map u-boot.cfg u-boot-dtb.bin u-boot u-boot-dtb.imx.log u-boot-dtb.imx
  CLEAN   scripts/basic
  CLEAN   scripts/kconfig
  CLEAN   include/config include/generated
  CLEAN   .config include/autoconf.mk include/autoconf.mk.dep include/config.h
root@ubuntu:/mywork/bootloader#
```

menuconfig

menuconfig 명령은 부트로더에 존재하는 Kconfig를 참조하여 Configuration 내용이 GUI 화면의 스크립트 파일로 출력한다. 또한 모듈별 세부 설정내용은 최초 실행하는 경우 .config가 생성되어 있지 않기 때문에 기본 값으로 나타나며 변경된 정보를 저장하면 최상위 디렉토리에 .config 파일이 생성된다. 이후 menuconfig 작업이 이루어지게 되면 .config를 참조하여 세부설정 항목이 나타나게 된다.

menuconfig를 실행한다.

Terminal root@ubuntu:/mywork/bootloader

```
root@ubuntu:/mywork/bootloader# make menuconfig
```

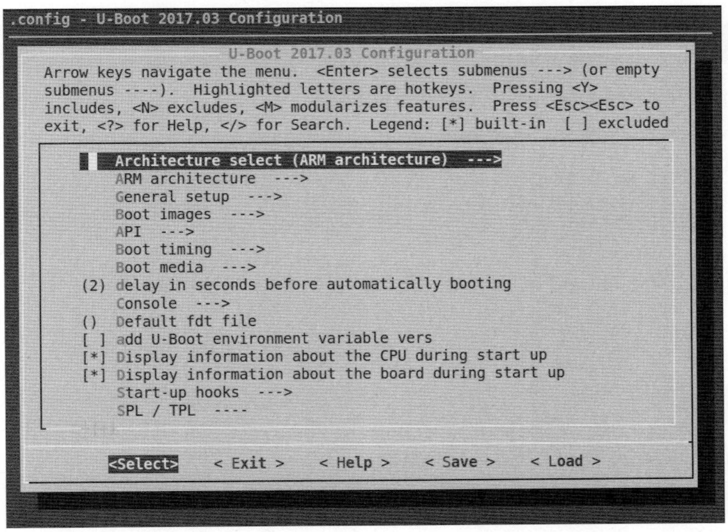

메뉴 구성 및 Key 사용방법은 다음과 같다.

표 4-2 menuconfig key 사용방법

명령키	설명
---〉	〈Enter〉 Key를 누르면 하위 메뉴로 이동
[*], 〈 * 〉	설정 선택 표시
[M], 〈M〉	모듈 선택 표시
〈Esc〉Key	상위 메뉴 이동(두 번 클릭)
〈Space〉Key	설정 선택
〈Tab〉Key	컨트롤 사이 이동
〈h〉Key	Help

■ defconfig

menuconfig를 통해 개발하고자 하는 플랫폼의 Configuration이 이루어지는데 실제 플랫폼에 맞게 부트로더를 설정하기 위해서는 많은 작업이 필요하다.

마찬가지로 개발보드의 복잡한 Configuration 작업이 필요 하는데 이를 위해 개발자가 Build되는 대상 아키텍처에 맞게 미리 환경설정을 미리 해둔 것이 defconfig이다.

해당 파일은 configs 디렉토리 내에 존재한다.

Terminal root@ubuntu:/mywork/bootloader/configs

```
root@ubuntu:/mywork/bootloader# cd configs/
root@ubuntu:/mywork/bootloader/configs# ls hybus_embedq6_defconfig
hybus_embedq6_defconfig
```

부트로더 디렉토리로 이동하여 defconfig 명령을 통해 configuration 작업을 진행한다. 설정이 정상적으로 적용되면 .config 파일이 생성된다.

Terminal root@ubuntu:/mywork/bootloader

```
root@ubuntu:/mywork/bootloader/configs# cd ..
root@ubuntu:/mywork/bootloader# make hybus_embedq6_defconfig
 HOSTCC   scripts/basic/fixdep
 HOSTCC   scripts/kconfig/conf.o
 SHIPPED scripts/kconfig/zconf.tab.c
 SHIPPED scripts/kconfig/zconf.lex.c
 SHIPPED scripts/kconfig/zconf.hash.c
 HOSTCC   scripts/kconfig/zconf.tab.o
 HOSTLD   scripts/kconfig/conf
#
# configuration written to .config
#
root@ubuntu:/mywork/bootloader# ls .config
```

```
root@ubuntu: /mywork/bootloader
File Edit View Search Terminal Help
root@ubuntu:/mywork/bootloader# cd configs/
root@ubuntu:/mywork/bootloader/configs# ls hybus_embedq6_defconfig
hybus_embedq6_defconfig
root@ubuntu:/mywork/bootloader/configs# cd ..
root@ubuntu:/mywork/bootloader# make hybus_embedq6_defconfig
  HOSTCC  scripts/basic/fixdep
  HOSTCC  scripts/kconfig/conf.o
  SHIPPED scripts/kconfig/zconf.tab.c
  SHIPPED scripts/kconfig/zconf.lex.c
  SHIPPED scripts/kconfig/zconf.hash.c
  HOSTCC  scripts/kconfig/zconf.tab.o
  HOSTLD  scripts/kconfig/conf
#
# configuration written to .config
#
root@ubuntu:/mywork/bootloader# ls .config
.config
root@ubuntu:/mywork/bootloader#
```

▮ make

마지막으로 Makefile을 참조하여 컴파일을 진행한다.

Terminal root@ubuntu:/mywork/bootloader

```
root@ubuntu:/mywork/bootloader# make
  CHK     include/config.h
  UPD     include/config.h
  CFG     u-boot.cfg
  GEN     include/autoconf.mk
  .....<생략>
  SHIPPED dts/dt.dtb
  CAT     u-boot-dtb.bin
  CFGS    board/hybus/embedq6/mx6q_4x_mt41j128.cfg.cfgtmp
  MKIMAGE u-boot-dtb.imx
  OBJCOPY u-boot.srec
  COPY    u-boot.bin
  SYM     u-boot.sym
  COPY    u-boot.dtb
  CFGCHK  u-boot.cfg
root@ubuntu:/mywork/bootloader#
```

```
root@ubuntu:/mywork/bootloader#
root@ubuntu:/mywork/bootloader# make
scripts/kconfig/conf  --silentoldconfig Kconfig
  CHK     include/config.h
  UPD     include/config.h
  CFG     u-boot.cfg
  GEN     include/autoconf.mk
  GEN     include/autoconf.mk.dep
  CHK     include/config/uboot.release
  UPD     include/config/uboot.release
  CHK     include/generated/version_autogenerated.h
  UPD     include/generated/version_autogenerated.h
```

.. 〈생략〉

```
arch/arm/dts/embed-q6.dtb: Warning (simple_bus_reg): Node /soc/ipu@02800000 simp
le-bus unit address format error, expected "2800000"
  SHIPPED dts/dt.dtb
  CAT     u-boot-dtb.bin
  CFGS    board/hybus/embedq6/mx6q_4x_mt41j128.cfg.cfgtmp
  MKIMAGE u-boot-dtb.imx
  OBJCOPY u-boot.srec
  COPY    u-boot.bin
  SYM     u-boot.sym
  COPY    u-boot.dtb
  CFGCHK  u-boot.cfg
root@ubuntu:/mywork/bootloader# _
```

▮ 바이너리 생성

정상적으로 컴파일이 완료되면 u–boot 관련 바이너리 파일이 생성된 것을 확인할 수 있다.

```
root@ubuntu: /mywork/bootloader
File  Edit  View  Search  Terminal  Help
root@ubuntu:/mywork/bootloader# ls
api        doc       Licenses         test                u-boot-dtb.imx.log
arch       drivers   MAINTAINERS      tools               u-boot.lds
board      dts       Makefile         u-boot              u-boot.map
build.sh   examples  net              u-boot.bin          u-boot-nodtb.bin
cmd        fs        post             u-boot.cfg          u-boot.srec
common     include   README           u-boot.cfg.configs  u-boot.sym
config.mk  Kbuild    scripts          u-boot.dtb
configs    Kconfig   snapshot.commit  u-boot-dtb.bin
disk       lib       System.map       u-boot-dtb.imx
root@ubuntu:/mywork/bootloader# █
```

개발보드 부트로더 설치에 필요한 바이너리 파일은 u–boot.dtb.imx 파일이다.

u–boot.dtb.imx 파일은 부트로더와 커널의 연결고리로, 기존 u–boot에 커널에 전달할 플랫폼 데이터 정보를 담고 있다.

2. 커널 빌드

2.1 커널 빌드환경

▮ 커널소스 압축 해제

작업디렉토리로 이동하여 커널소스 압축을 해제한다.

Terminal root@ubuntu:/mywork#

```
root@ubuntu:/# cd /mywork
root@ubuntu:/mywork# ls
App  bootloader  bootloader.tar.gz  compiler  kernel.tar.gz  utils
root@ubuntu:/mywork# tar xvf kernel.tar.gz
```

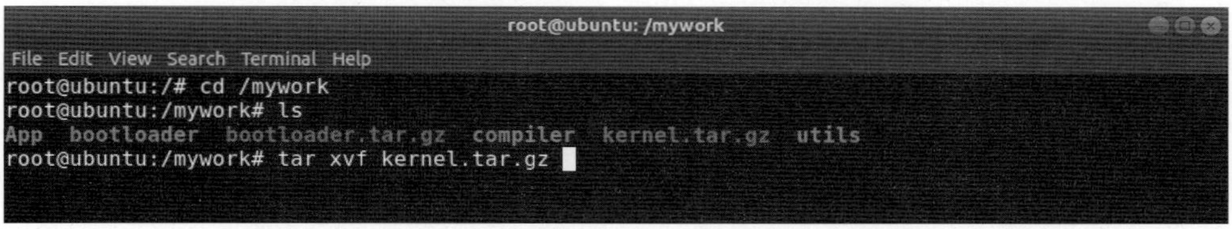

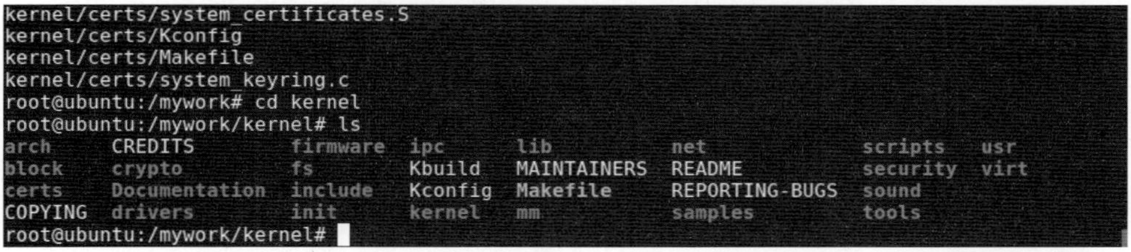

2.2 커널 빌드

빌드 환경설정이 완료되면 Configuration 작업을 통해 빌드 작업을 진행한다. Configuration 작업은 개발 플랫폼에 맞는 각종 환경설정이 이루어지며 Makefile에 명시되어 있다.

다음 그림은 커널 빌드 과정을 나타낸 것이다.

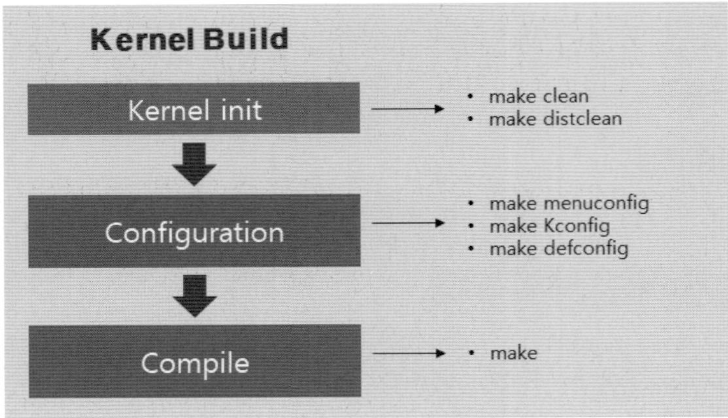

▮ 커널 Configuration

커널 초기화가 이루어지고 menuconfig 또는 kconfig를 이용한 설정이 완료되면 설정이 담긴 ".config" 파일이 준비된다. 이때 개발자가 이전에 이미 저장된 파일(defconfig)를 통해 적용이 가능하다.

컴파일은 각 소스트리에 존재하는 수많은 Makefile을 참조하여 최상위 디렉토리에 있는 Makefile을 통해서 컴파일이 시작되고 부트 이미지가 생성된다.

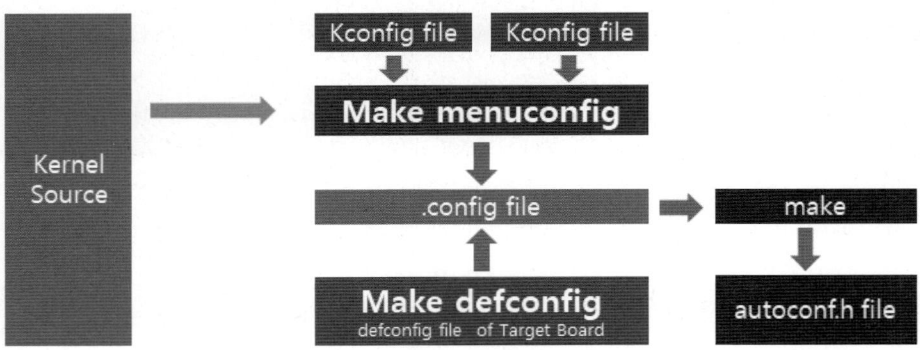

커널 Configuration 작업에 대한 파일정보와 동작 순서를 살펴보면 가장먼저 각 디렉토리에 존재하는 Kconfig를 참조하는데 커널동작에 필요한 각종 디바이스 설정 및 환경설정 내용이 담겨져 있다. Kconfig 파일의 내용은 menuconfig 명령을 통해 커널의 환경정보의 파라미터를 구성하고 개발자 설정에 따라 .config 파일이 생성된다. 즉, 각 디렉토리에 존재하는 Kconfig의 내용을 확인하여 Configuration 작업을 통해 .config 파일이 생성되는 것이다.

defconfig(Default configure)는 Menu Configuration의 기본 값들로 이미 구성된 Config로써 주로 개발자가 Build되는 대상 아키텍처에 맞게 환경설정을 미리 해둔 것이다.

Configuration 작업이 완료되면 make를 통해 .config 파일을 참조하여 autoconf.h 파일이 생성된다. 새로운 config를 추가/삭제하고 잘 적용되었는지 확인하기 위해서는 autoconfig.h를 확인해보면 된다. 만약 autoconfig.h에 수정된 config가 반영되어 있지 않다면 Kconfig 또는 defconfig를 확인해보면 된다.

distclean

distclean은 기존에 작업하였던 object 또는 config를 삭제하고 초기화 상태로 만드는 명령이다.

Terminal root@ubuntu:/mywork/kernel

```
root@ubuntu:/mywork/kernel# make distclean
```

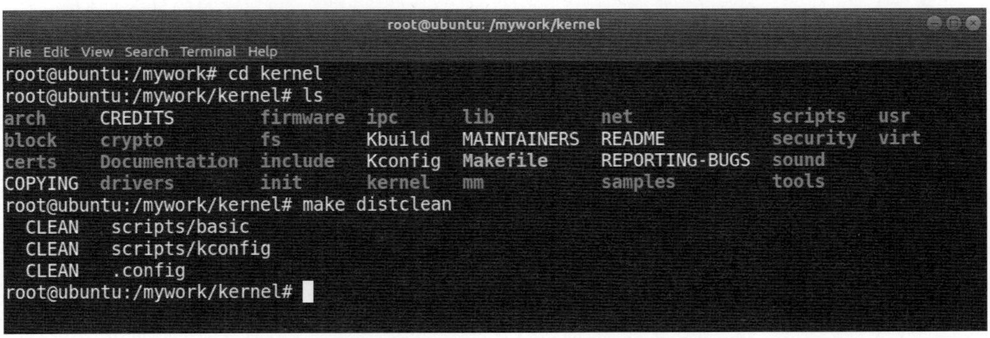

menuconfig

menuconfig 명령은 커널에 존재하는 Kconfig를 참조하여 Configuration 내용이 GUI 화면의 스크립트 파일로 출력한다. 또한 모듈별 세부 설정내용은 최초 실행하는 경우 .config가 생성되어 있지 않기 때문에 기본 값으로 나타나며 변경된 정보를 저장하면 최상위 디렉토리에 .config 파일이 생성된다. 이후 menuconfig 작업이 이루어지게 되면 .config를 참조하여 세부설정 항목이 나타나게 된다.

menuconfig를 실행한다.

Terminal root@ubuntu:/mywork/kernel

```
root@ubuntu:/mywork/kernel# make menuconfig
```

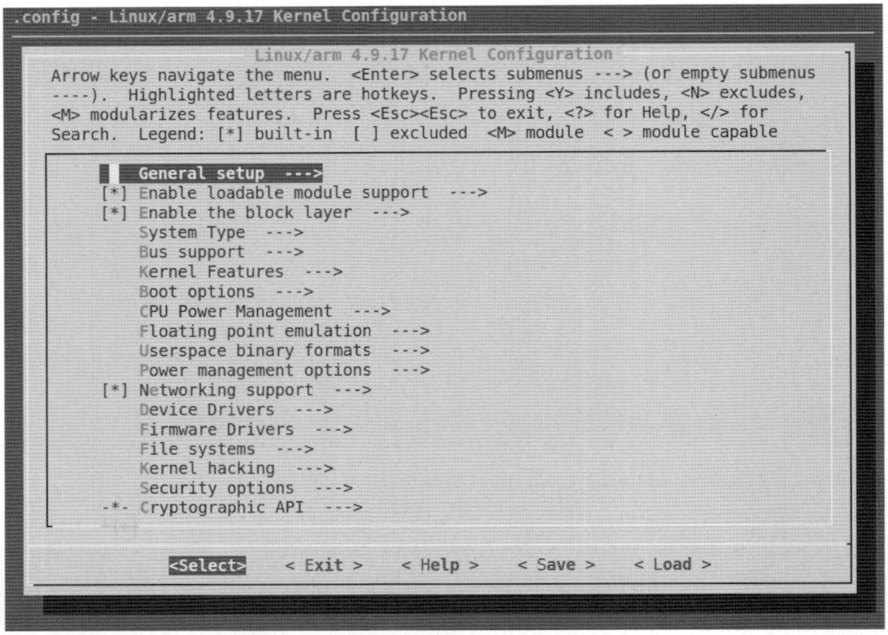

▮ defconfig

menuconfig를 통해 개발하고자 하는 플랫폼의 Configuration이 이루어지는데 실제 플랫폼에 맞게 커널을 설정하기 위해서는 많은 작업이 필요하다.

일반적으로 개발보드를 제공하는 업체에서 Build되는 대상 아키텍처에 맞게 환경설정을 미리 해둔 defconfig file을 제공한다.

해당 파일은 configs 디렉토리 내에 존재한다.

Terminal root@ubuntu:/mywork/kernel/arch/arm/configs

```
root@ubuntu:/mywork/kernel# cd arch/arm/configs/
root@ubuntu:/mywork/kernel/arch/arm/configs# ls hybus_embedq6_defconfig
hybus_embedq6_defconfig
```

※ defconfig 파일은 장치 운영체제 및 업데이트에 따라 달라질 수 있습니다.

커널 디렉토리로 이동하여 defconfig 명령을 통해 configuration 작업을 진행한다. 설정이 정상적으로 적용되면 .config 파일이 생성된다.

Terminal root@ubuntu:/mywork/kernel

```
root@ubuntu:/mywork/kernel/arch/arm/configs# cd ../../../
root@ubuntu:/mywork/kernel# make hybus_embedq6_defconfig
  HOSTCC  scripts/basic/fixdep
  HOSTCC  scripts/kconfig/conf.o
  HOSTCC  scripts/kconfig/zconf.tab.o
  HOSTLD  scripts/kconfig/conf
#
# configuration written to .config
#
root@ubuntu:/mywork/kernel# ls .config
.config
```

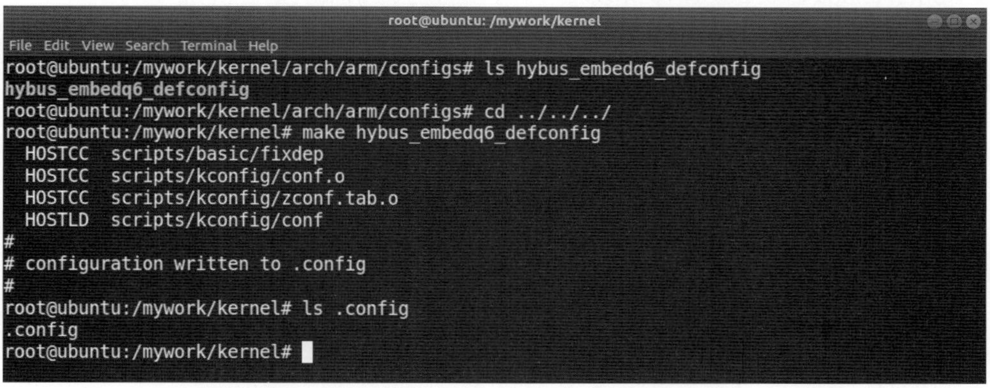

make

마지막으로 Makefile을 참조하여 컴파일을 진행한다.

Terminal root@ubuntu:/mywork/kernel

```
root@ubuntu:/mywork/kernel# make -j4
```

make 빠르게 컴파일 하는 방법

make를 사용할 때 Kernel과 같은 큰 프로젝트를 빌드하는 경우 상당 시간이 소요된다. 이때 -j<숫자> 옵션을 사용하면 입력된 숫자만큼 프로세스가 생성되어 병렬로 컴파일을 진행하게 된다. 보통 입력되는 숫자는 보통 호스트 PC의 코어 개수를 입력하게 된다.

ex) 호스트 PC의 4개일 경우(코어 4개 기준 컴파일 약 10분 소요)

```
# make -j4
```

```
root@ubuntu: /mywork/kernel
File Edit View Search Terminal Help
root@ubuntu:/mywork/kernel# make -j4
scripts/kconfig/conf  --silentoldconfig Kconfig
  CHK     include/config/kernel.release
  WRAP    arch/arm/include/generated/asm/clkdev.h
  WRAP    arch/arm/include/generated/asm/bitsperlong.h
  WRAP    arch/arm/include/generated/asm/cputime.h
  WRAP    arch/arm/include/generated/asm/current.h
  UPD     include/config/kernel.release
```

Kernel Image(zImage)

정상적으로 컴파일이 완료되면 커널 관련 바이너리 파일이 생성된 것을 확인 할 수 있다. 개발보드 퓨징에 필요한 커널 압축 이미지(zImage)는 /arch/arm/boot 디렉토리에서 확인 할 수 있다.

```
Terminal    root@ubuntu:/mywork/kernel/arch/arm/boot

root@ubuntu:/mywork/kernel# cd arch/arm/boot
root@ubuntu:/mywork/kernel/arch/arm/boot# ls
```

```
root@ubuntu: /mywork/kernel/arch/arm/boot
File Edit View Search Terminal Help
  LD [M]  fs/configfs/configfs.ko
  LD [M]  fs/fat/msdos.ko
  LD [M]  fs/isofs/isofs.ko
  LD [M]  fs/nls/nls_iso8859-15.ko
  LD [M]  fs/udf/udf.ko
  LD [M]  lib/crc-ccitt.ko
  LD [M]  lib/crc-itu-t.ko
  LD [M]  lib/crc7.ko
  LD [M]  lib/libcrc32c.ko
  LD [M]  sound/core/snd-hwdep.ko
  LD [M]  sound/core/snd-rawmidi.ko
  LD [M]  sound/usb/snd-usb-audio.ko
  LD [M]  sound/usb/snd-usbmidi-lib.ko
  AS      arch/arm/boot/compressed/piggy.o
  LD      arch/arm/boot/compressed/vmlinux
  OBJCOPY arch/arm/boot/zImage
  Kernel: arch/arm/boot/zImage is ready
root@ubuntu:/mywork/kernel# cd arch/arm/boot/
root@ubuntu:/mywork/kernel/arch/arm/boot# ls
bootp  compressed  dts  Image  install.sh  Makefile  zImage
root@ubuntu:/mywork/kernel/arch/arm/boot#
```

Device Tree Blob

커널 디바이스 트리에 필요한 바이너리 파일은 /arch/arm/boot/dts에 존재하며 imx6q-sabresd-ldo.dts 파일 빌드를 통해 imx6q-sabresd-ldo.dtb 파일이 생성되었다.

.dtb(Device Tree Blob/Binary)생성 과정은 DTS(Device Tree Script/Source)파일이 DTSI(Device Tree Source Include)를 참조하여 DTC(Device Treee Compiler)를 통해 컴파일 된다.

Terminal root@ubuntu:/mywork/kernel/arch/arm/boot/dts

```
root@ubuntu:/mywork/kernel/arch/arm/boot# cd dts/
root@ubuntu:/mywork/kernel/arch/arm/boot/dts# ls imx6q-sabresd-ldo.dtb
imx6q-sabresd-ldo.dtb
```

```
root@ubuntu: /mywork/kernel/arch/arm/boot/dts
File Edit View Search Terminal Help
root@ubuntu:/mywork/kernel/arch/arm/boot# ls
bootp  compressed  dts  Image  install.sh  Makefile  zImage
root@ubuntu:/mywork/kernel/arch/arm/boot# cd dts/
root@ubuntu:/mywork/kernel/arch/arm/boot/dts# ls imx6q-sabresd-ldo.dtb
imx6q-sabresd-ldo.dtb
root@ubuntu:/mywork/kernel/arch/arm/boot/dts#
```

디바이스 트리 관련 파일정보는 다음과 같다.

표 4-3 디바이스 트리 파일 목록

구분	File	address
Binary	imx6q-sabresd-ldo.dtb	/arch/arm/boot/dts
Source	imx6q-sabresd.dts	/arch/arm/boot/dts
Source include	imx6qdl-sabresd.dtsi	/arch/arm/boot/dts

디바이스 트리 사용 목적은 임베디드 시스템의 외부 확장장치들의 다양화로 인해 개발자로 하여금 시스템 환경설정이 복잡해지고 유지 보수하는데 많은 시간과 노력이 필요하다. 이로 인해 커널분석의 어려움과 특정보드에 맞게 제작하고 각기 다른 바이너리를 관리해야 하는 문제가 발생한다. 이를 해결하기 위해서 디바이스 트리(Device tree)구조는 각 디바이스에 대한 모든 정보를 바이너리 형태로 저장하여 장치가 부팅하게 되면 디바이스 트리 정보를 읽어오고 하드웨어 초기화시 필요한 정보들을 파싱(parsing)하게 된다.

- **디바이스 트리 소스 :** /arch/arm/boot/dts/imx6qdl-sabresd.dtsi

```
root@ubuntu: /mywork/kernel/arch/arm/boot/dts
File Edit View Search Terminal Help
&hdmi_video {
        fsl,phy_reg_vlev = <0x0294>;
        fsl,phy_reg_cksymtx = <0x800d>;
        HDMI-supply = <&reg_hdmi>;
        status = "okay";
};

&i2c1 {
        clock-frequency = <100000>;
        pinctrl-names = "default";
        pinctrl-0 = <&pinctrl_i2c1>;
        status = "okay";

        pmic: pfuze100@08 {
                compatible = "fsl,pfuze100";
                reg = <0x08>;

                regulators {
                        sw1a_reg: sw1ab {
                                regulator-min-microvolt = <300000>;
                                regulator-max-microvolt = <1875000>;
                                regulator-boot-on;
                                regulator-always-on;
                                regulator-ramp-delay = <6250>;
                        };

                        sw1c_reg: sw1c {
                                regulator-min-microvolt = <300000>;
                                regulator-max-microvolt = <1875000>;
                                                                509,1-8        35%
```

디바이스 트리의 기본 구조는 {} 범위에 노드정보가 담기게 되고 하위 구조에 sub-node(또는 child-node)가 존재한다.

각 장치별 노드에는 compatible 속성을 가지고 있으며 커널이 어떤 디바이스 드라이버를 해당 장치와 연결할 것인가를 판단하는데 사용된다. 하위 노드에는 디바이스의 주소를 표현하며 reg=〈주소길이〉 형태로 나타낸다.

디바이스 트리와 관련된 세부 설명 및 문법정보는 아래 사이트를 참고하도록 한다.

- https://www.devicetree.org/

02 리눅스 시스템 설치하기

Build 작업을 통해 만들어진 이미지를 실제 장치에 설치하기 위한 방법을 알아보도록 한다. 개발보드의 운영체제 아키텍처와 메모리구조에 따라 임베디드 시스템의 설치방법은 다양하다. 일반 호스트 PC에서 사용하는 윈도우 또는 리눅스 운영체제의 경우 USB 플래시 드라이버 설치 또는 ISO 이미지를 DVD를 이용하여 설치하는 방법이 있다. 하지만 임베디드 시스템의 경우 내부 메모리구조 및 입출력장치가 표준화 되어 있지 않기 때문에 개발보드에 따라 설치 도구 및 환경설정 내용을 제조사에서 제공한다.

임베디드 기반의 소형 PC보드 라즈베리파이의 경우도 운영체제를 설치하기 위해서 OS 이미지를 별도의 설치 Tools(Etcher)을 이용하여 운영체제를 설치할 수 있다.

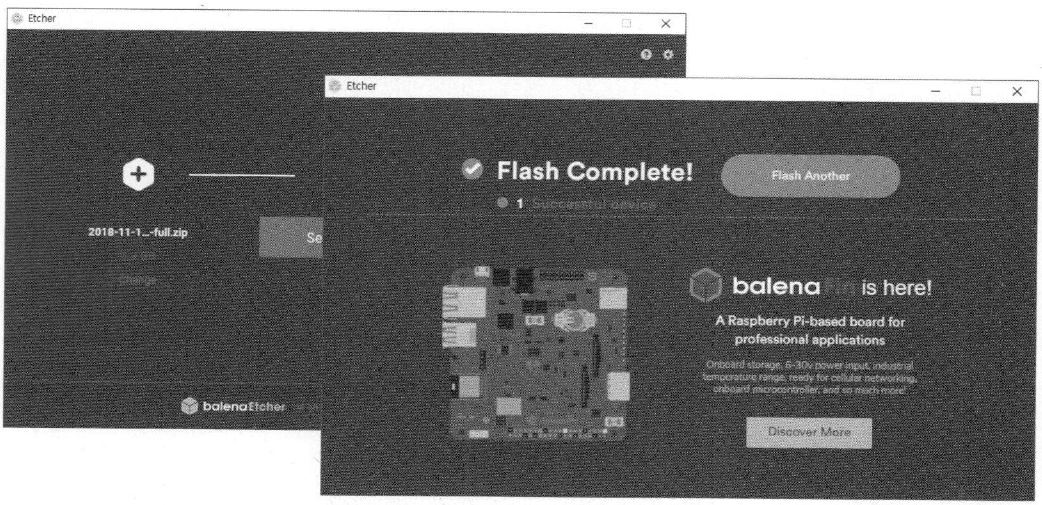

그림 4-1 Etcher을 이용한 라즈베리파이 운영체제 설치방법

1. 이미지 설치도구(MFGTools)

MFGTools(Manufacturing Tools)은 AP 개발업체 NXP에서 제공하는 이미지 설치 개발도구로 U-Boot, Kernel, File system 등을 OTG 포트를 이용하여 플래쉬하는 도구이다.

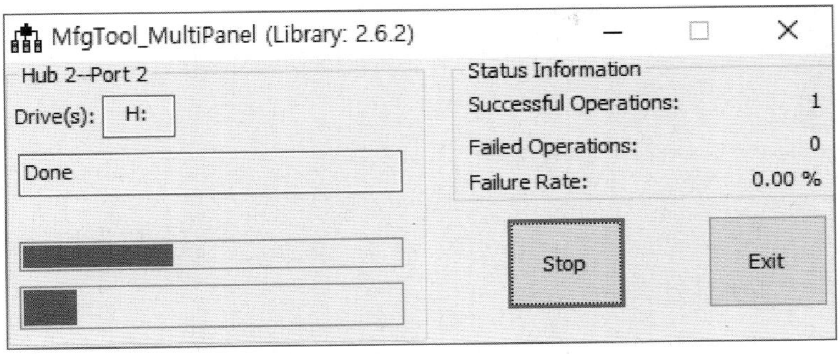

그림 4-2 MfgTools

2. 시스템 이미지 설치

빌드 된 이미지 또는 준비된 파일을 플래쉬 도구(MFGTool)를 이용하여 설치해보도록 한다.

2.1 이미지 파일 이동 복사하기

MFGtool은 Windows 7 또는 10 환경에서만 지원되므로 기존 가상머신상의 리눅스 환경에서 파일을 이동 복사한다.

아래 표를 참조하여 이전에 빌드된 이미지파일을 이동 복사한다.

표 4-4 디바이스 트리 파일 목록

구분	파일명	디렉토리
부트로더	u-boot.dtb.imx	../bootloader/
커널	zImage	../kernel/arch/arm/boot/
	imx6q-sabresd-ldo.dtb	../kernel/arch/arm/boot/dts/
파일시스템	filesystem.tar.bz2	BSP/01.OS_Source₩Linux₩Build_binary

제공되는 BSP의 MFGTools을 개발 호스트 PC(윈도우) 바탕화면으로 복사하고 이전에 준비된 이미지파일은 MFGTools 디렉토리의 다음 경로에 복사한다.

- ..\MFGTools\Profiles\Linux\OS Firmware\files**Linux**

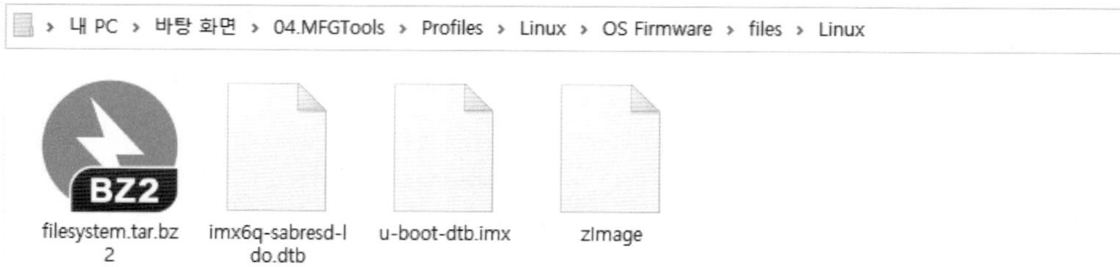

2.2 장치 연결 준비하기

MFGTool은 개발보드의 OTG 포트를 이용하여 SD카드에 이미지를 플래쉬 한다. 다음 그림과 같이 개발보드의 OTG 포트와 전원을 연결한다(Power Off 상태).

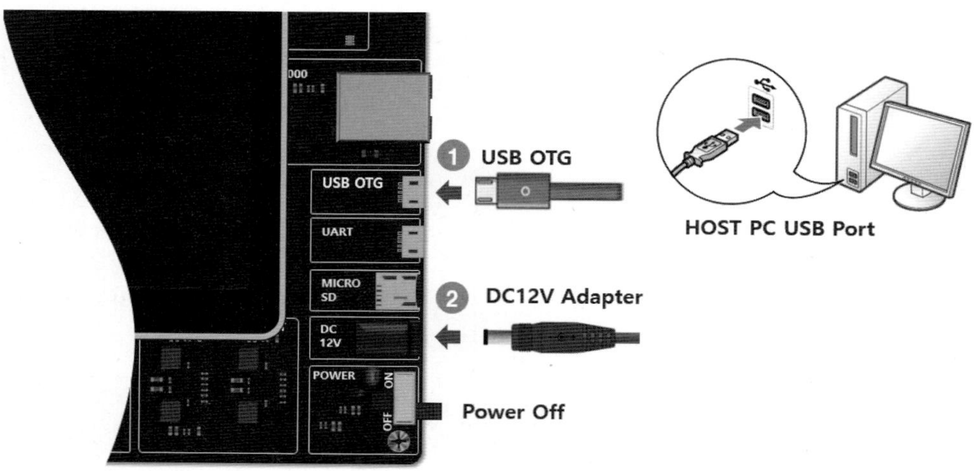

2.3 MFGTool 실행

MFGTool 디렉토리로 이동하고 개발보드의 운영체제에 맞게 설정된 스크립트 파일을 선택하고 실행한다.

- 실행파일 : MFGTools_EMbed_Linux.vbs

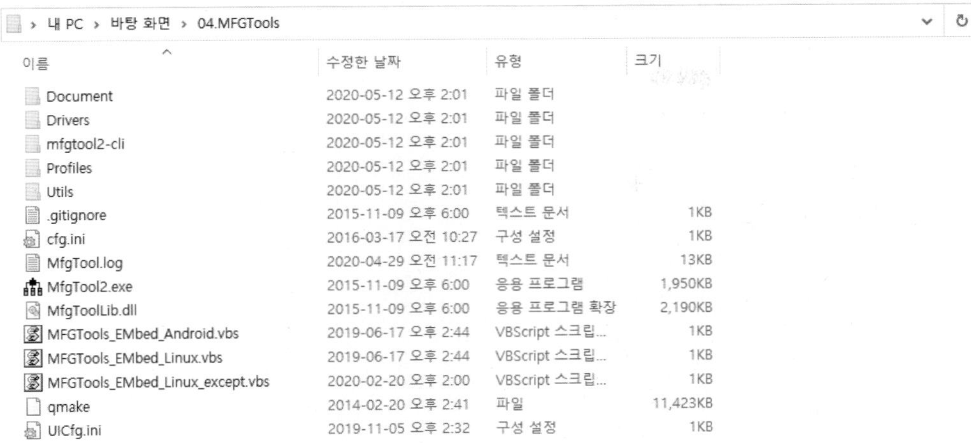

file(.vbs)	설명
MFGTools_EMbed_Android.vbs	안드로이드 eMMC 플래쉬 파일
MFGTools_EMbed_Linux.vbs	리눅스 SD 플래쉬 파일
MFGTools_EMbed_Linux_except.vbs	리눅스 SD 플래쉬 파일(파일시스템 제외)

다음은 MFGTool 실행화면이다.

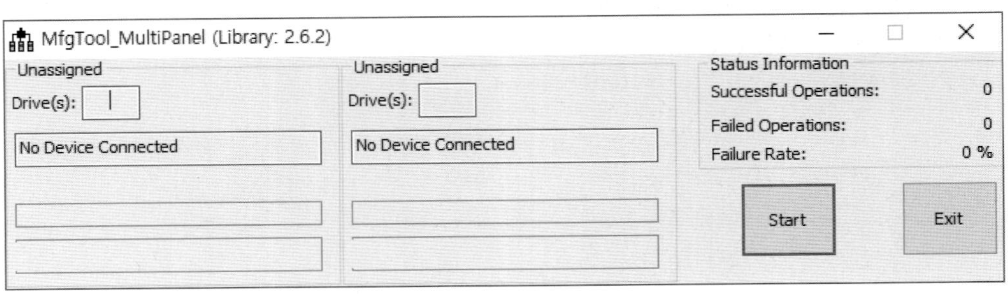

2.4 Boot Mode 실행

개발보드의 OS 설치는 부트 모드를 통해 부트 ROM에 접근하여 이미지를 플래쉬 한다. 부트모드는 개발보드의 BOOT SETUP의 **BOOT MODE** 버튼을 누른 상태에서 전원을 인가한다.

1) BOOT MODE 버튼 클릭 상태

2) POWER ON

정상적으로 부트 모드로 진입하면 USB 장치를 읽어오게 되며 다음 그림과 같이 MFGTool Drive 정보에 "HID 규격 공급업체 정의 장치"라고 표시된다.

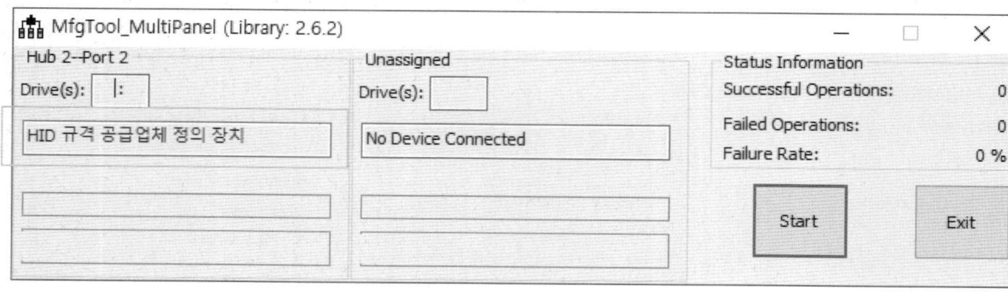

만일 장치정보를 찾지 못하거나 연결할 수 없는 경우 가상머신의 장치 연결정보를 확인한다(윈도우 기반 장치 인식으로 변경).

2.5 이미지 설치하기

MFGTool의 Start 버튼을 클릭하여 설치를 진행한다.

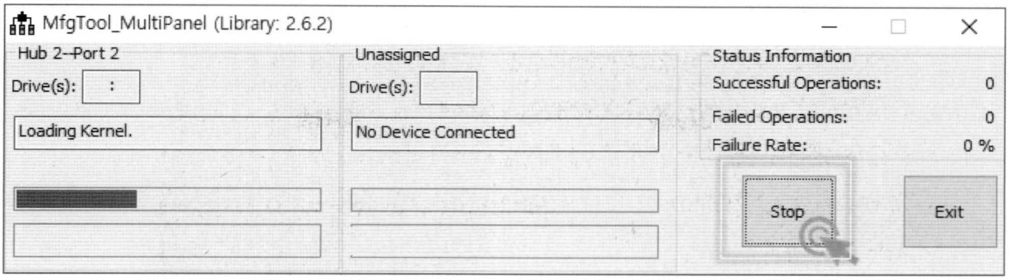

부트로더, 커널, 파일시스템 순서대로 설치가 진행되며 모든 설치가 완료되면 다음 그림과 같이 "Done" 메시지가 나타난다.

설치종료를 위해서 Stop 버튼을 누르고 Exit 버튼을 클릭한다.

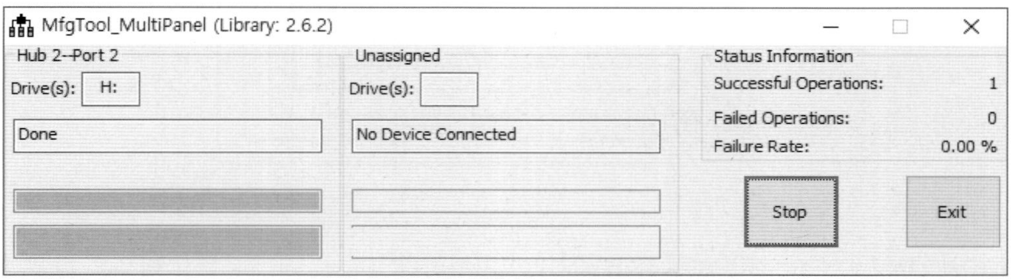

2.6 Boot Config

개발보드는 SD 장치와 eMMC 저장장치를 제공한다. SD 장치의 경우 리눅스가 설치되며 BOOT SETUP의 Boot Config 설정을 통해 SD 또는 eMMC 부팅 모드로 변경 할 수 있다.

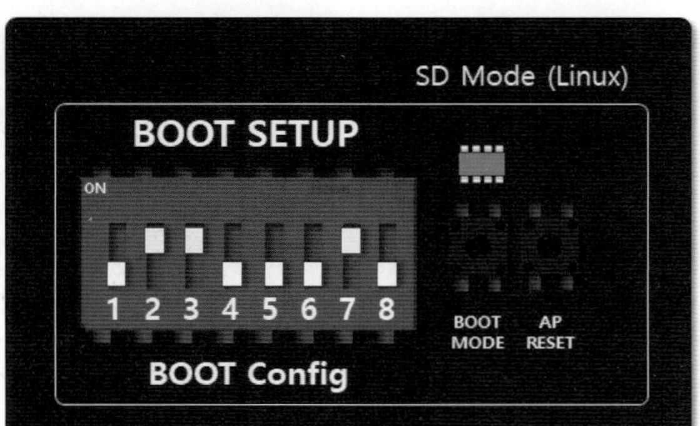

그림 4-3 SD 부팅 모드(Linux)

표 4-5 Boot Select Table

8	7	6	5	4	3	2	1
CFG1-7	CFG1-6	CFG1-5	CFG1-4	CFG2-6	CFG2-5	CFG2-4	CFG2-3
010X = SD Boot(Linux)				X1=4bit		10 = SD3 Boot 11 = SD4 Boot	
011X = eMMC(Android)				10=8bit			

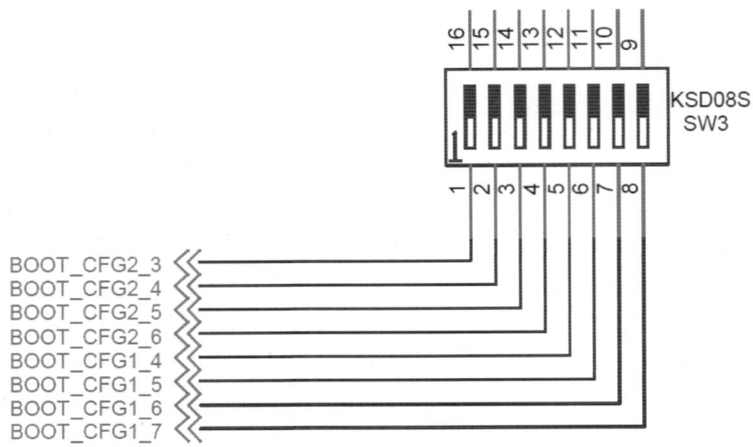

eMMC 부팅 모드의 경우 안드로이드 부팅이 가능하다. Boot config 설정 내용은 다음과 같다.

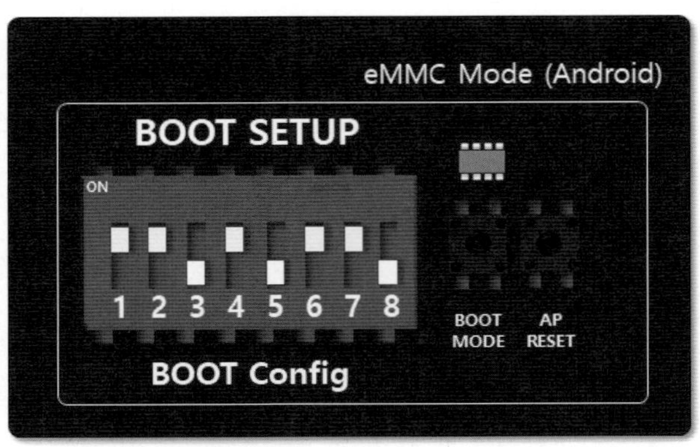

그림 4-4 eMMC 부팅 모드(Android)

AP Reset 버튼을 눌러 부팅이 완료되면 다음과 같은 화면이나 타난다.

3. 기본 동작 환경

시스템 설치가 완료되면 개발보드에서 지원하는 몇 가지 기능을 살펴보도록 한다. 터미널 프로그램을 통해 디버그 환경을 구축하고 입출력장치 제어 프로그램을 구동해보도록 한다.

3.1 시리얼 터미널 환경

개발보드의 프로그램 명령 실행 및 디버그를 위한 시리얼 터미널 환경을 구축해보도록 한다. 개발보드와 호스트 PC간 시리얼통신을 위해 케이블을 연결하고 터미널 프로그램 putty를 실행한다. putty는 장치의 시리얼 접속 뿐 아니라 Telenet, ssh 등 다양한 통신 연결을 제공하는 개발도구이다.

▮ 시리얼 케이블 연결하기

개발보드의 UART 포트와 호스트 PC의 USB 포트에 USB Cable을 연결한다.

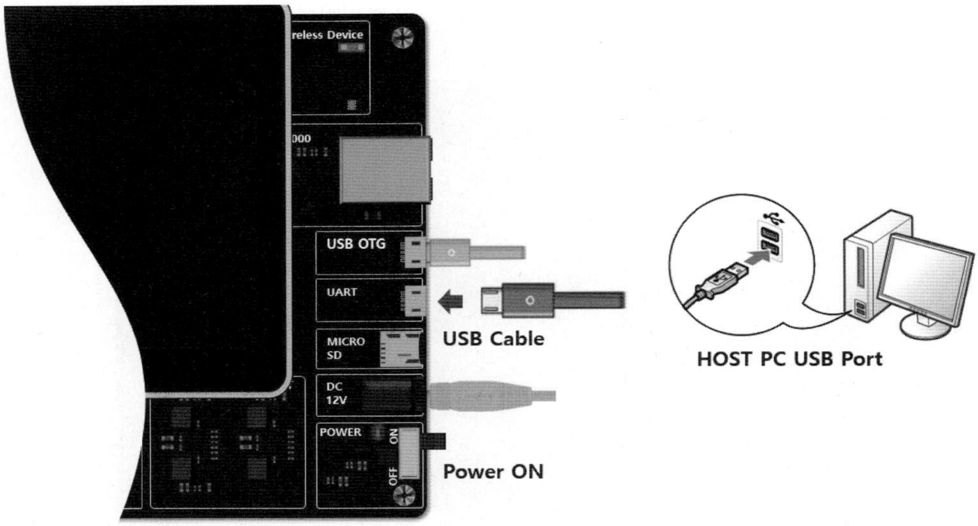

▮ 시리얼 케이블 연결하기

윈도우 장치관리자를 통해 포트(COM)정보를 확인한다.

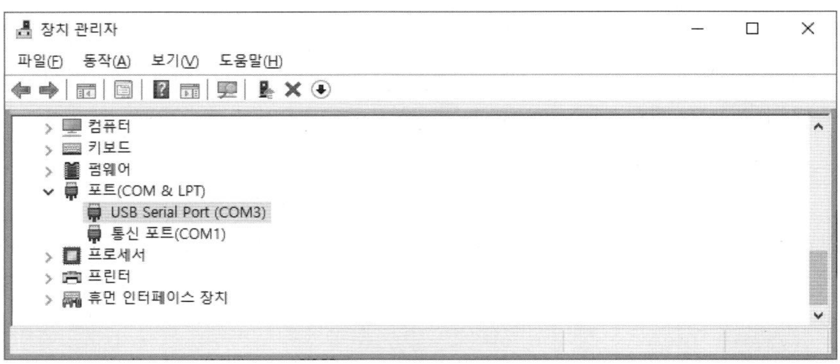

만일 장치인식 실패 또는 드라이버 설치가 필요하다면 제공되는 BSP Utils의 USB to Serial Driver 설치를 진행한다.

▮ putty 실행

BSP Utils에서 제공하는 putty.exe를 실행한다. 온라인을 통해 설치하는 경우 다음 경로에서 다운로드 받는다.

- https://www.putty.org/

다음은 putty 실행화면이다.

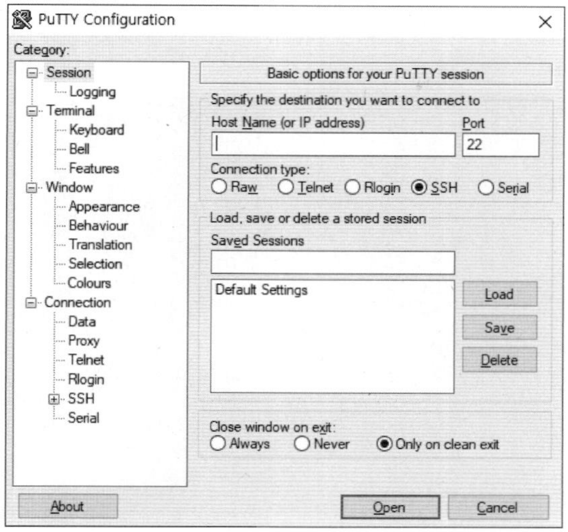

시리얼 통신을 위한 연결 Type 설정 및 시리얼포트 번호, Speed를 설정한다.

통신 포트 번호는 장치관리자를 통해 확인하며 장치환경에 따라 포트 번호는 달라질 수 있다.

- Serial line : COM[num]
- Speed : 115200
- Connection type : Serial

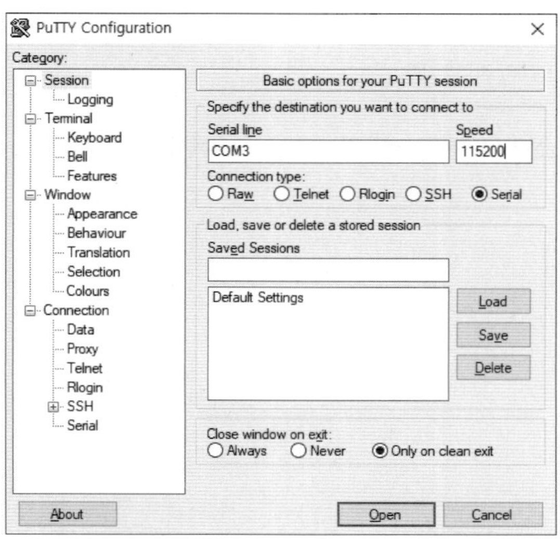

설정이 완료되면 하단의 Open 버튼을 클릭하면 다음과 같이 Shell Script 화면이 나타난다. 전원을 다시 재인가하면 시스템 부팅 정보가 나타난다.

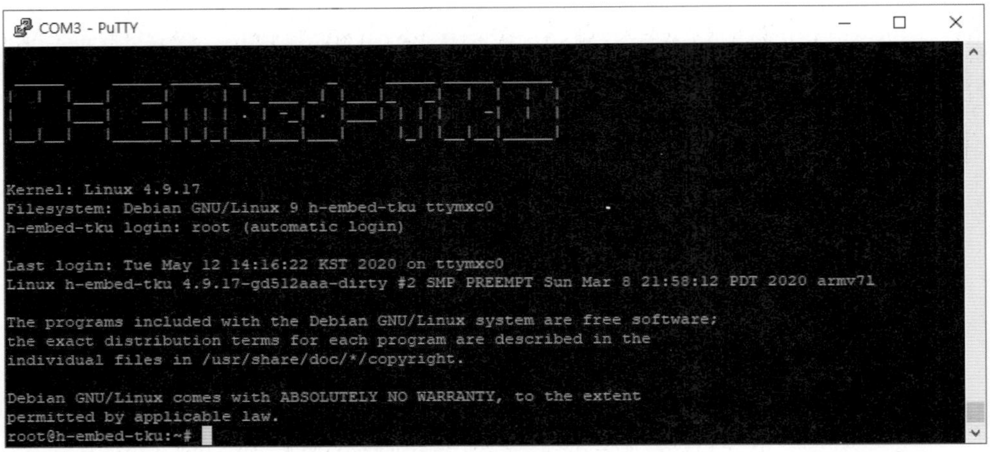

3.2 리눅스 GUI 기본 프로그램

개발보드는 다양한 입출력장치 제어 및 테스트를 위한 GUI 프로그램을 제공한다. QT 프레임워크 기반의 기본 프로그램을 동작해보도록 한다.

/usr/app디렉토리로 이동하여 데모 프로그램을 실행해보도록 한다.

Device Terminal root@h-embed-tku:/usr/app

```
root@h-embed-tku:/usr# cd /usr/app/
root@h-embed-tku:/usr/app# ls
embed-demo-m4   embed-demo-q6
root@h-embed-tku:/usr/app# ./embed-demo-q6 -qws
```

embed-demo-q6 프로그램 실행화면은 다음과 같다.

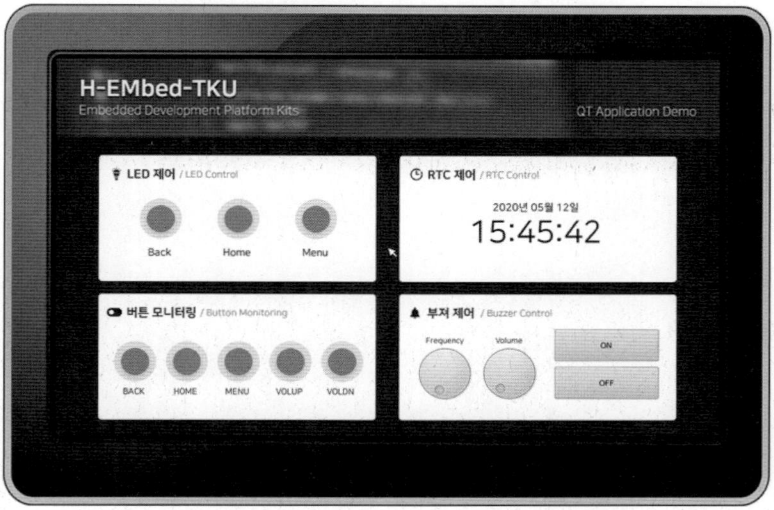

LED 제어, 버튼입력, RTC 제어, 부저제어 등 EMbed 베이스보드에 탑재되어있는 기본 입출력장치 테스트를 진행할 수 있다.

Device Terminal root@h-embed-tku:/usr/app

```
root@h-embed-tku:/usr# cd /usr/app/
root@h-embed-tku:/usr/app# ls
embed-demo-m4   embed-demo-q6
root@h-embed-tku:/usr/app# ./embed-demo-q4 -qws
```

embed-demo-m4 프로그램 실행화면은 다음과 같다.

MCU 보드(EMbed-M4)의 다양한 입출력장치를 제어하는 프로그램이다.

CHAPTER 05

리눅스 시스템 구조 이해

contents

01 부트로더 구조 이해하기

1. 부트로더 개요

부트로더는 장치의 전원이 인가되면 하드웨어를 초기화하고 운영체제의 커널을 메모리에 실행시키는 시스템 프로그램이며 플랫폼에 상주하면서 가장 낮은 레벨로 동작하는 펌웨어이다.

부트로더에서 하는 주요기능은 다음과 같다.

- 코드 / 데이터 / 스택 영역 설정 및 초기화
- 커널 로더 및 커널의 이미지 로딩
- 커널 로더의 실행

부트로더의 종류는 플랫폼과 기능에 따라 몇 가지로 구분할 수 있는데 종류 및 특징은 다음과 같다.

● LILO(Linux LOader)

LILO는 리눅스를 위한 부트로더이다. LILO는 특정한 파일시스템에 의지하지 않으며, 최대 16개의 다른 이미지를 시동 메뉴 안에서 선택할 수 있다. 루트 장치와 같은 여러 변수는 각 커널에 독립적으로 설정이 가능하다. LILO는 MBR이나 파티션의 부트섹터 안에 위치한다.

LILO가 부트섹터 안에 존재할 경우 LILO를 불러 오기 위한 링커가 MBR에 위치해야 한다. 시스템이 시작할 때 LILO가 하드 드라이브에 접근하도록 하기 위해 바이오스 드라이버만 사용할 수 있다. 이러한 까닭에 매우 오래된 바이오스의 경우, 접근할 수 있는 영역이 처음 두 개의 하드 디스크 실린더 0부터 1023까지 한정되어 있다.

나중에 나온 바이오스들의 경우 LILO는 32비트 논리 주소 어드레싱(LBA)을 사용 바이오스가 접근하는 모든 하드 디스크의 자료를 실용적으로 접근한다. LILO는 GRUB를 기본 부트로더로 사용하기 전까지 리눅스 배포판을 위한 기본 부트로더였으며 현재 LILO를 사용하지 않더라도 호환성을 위해 대부분의 리눅스 배포판에 기본적으로 내장하고 있다.

- GRUB(GNU GRUB)

GNU 프로젝트의 부트로더이다. 대부분의 OS 커널을 불러올 수 있으며, 인자를 넘겨주는 것도 가능하다. 현재 대부분의 리눅스 배포판에서 사용되는 부트로더이다. GRUB은 LILO와는 달리 설정 변경 후에 재설치가 필요없다. GRUB는 스테이지 단위로 부팅 과정이 구성되어 있으며 GRUB의 스테이지 1은 MBR에 존재한다. GRUB 설정 파일은 대개 스테이지 2에서 불리며 GRUB이 읽을 수 있는 파티션에 존재한다. 만약 설정 파일이 없다면 명령 줄로 이동된다.

- BLOB(BootLoader OBject)

BLOB는 임베디드 리눅스 상에서 LILO와 같이 선택 부팅이 가능하도록 기능을 제공한다. 일반 부트로더가 MBR에서 동작하며 운영체제를 실행할 수 있는 기능을 수행한다면 BLOB는 플래시 메모리 0블록 위치에서 작동한다.

- U-Boot(Universal Bootloaer)

PPC와 ARM에 기반을 둔 임베디드용 부트로더이다. ARM, PPC, MIPS, SH, x86 등 다양한 CPU를 지원하며 오픈소스로 제공한다.

- ARMBOOT

ARMBOOT는 StrongARM을 위한 공개 소스 펌웨어로 현존하는 부트로더 중 RedBoot의 뒤를 이어 가장 강력한 기능을 제공한다. ARMBOOT는 다중형 Flash 메모리 지원, bootp/dhcp/tftp를 사용한 부트, PCMCIA CF 부트 등을 지원한다. 하지만 기본적으로 보드 종류가 적다.

- RedBoot

RedBoot는 RedHat에서 개발한 임베디드 운영체제인 eCOS 일부를 사용해 만든 프로그램이다. RedBoot는 eCOS 하드웨어 추상화 계층 위에서 동작한다. 네트워크(bootp, dhcp, tftp)와 직렬 통신을 이용한 부팅 기능을 제공하며 Command Line 인터페이스를 제공한다. RedBoot는 ARM, 파워 PC는 물론 MIPS, SH, x86에 이르기까지 다양한 CPU에 따른 타겟 보드를 지원하므로 다중 플랫폼을 지원하는 부트로더 가운데 가장 강력하다고 볼 수 있다.

2. U-Boot 구조 이해

2.1 U-Boot 특징

H-EMbed TKU 임베디드 시스템에는 ARM에 기반에 임베디드 보드를 위한 U-Boot (Universal Boot Loader)가 탑재되어 있다.

U-Boot는 다양한 시스템에서 사용가능하고 Serial, Network, USB, Flash를 지원하는 등 다양한 기능을 가지고 있으며, 각 CPU에 대한 Evaluation Board용 Sample코드를 제공하고 있어 개발이 용이하다. 또한 각 CPU에 대한 명령어 체계가 동일하므로 다른 Platform을 적용하기가 쉽다.

U-Boot는 ARM 아키텍처 외 x86, MIPS, RISC-V 등 다른 여러 아키텍처에도 이식하여 사용할 수 있도록 설계되었다. 해당 부트로더는 현제 DENX의 Git 서버에서 소스코드가 버전 관리 되어 있으며 다음 주소를 통해 확인할 수 있다.

- U-Boot Git Repository URL: https://git.denx.de/u-boot.git

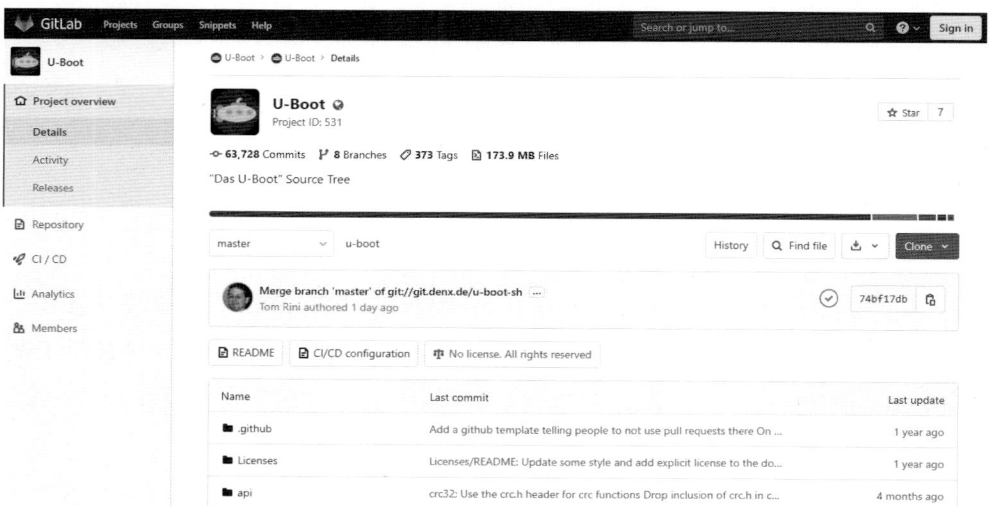

그림 5-1 U-Boot 제공 페이지

2.2 U-Boot 동작구조

U-Boot의 실행순서는 해당 장치에 전원이 인가되면 processor 초기화, 메모리 점검 및 초기화 등 하드웨어 초기화작업이 이루어지며 Auto boot 상태에서 사용자의 입력에 따라

추가적인 작업이 이루어진다. 일반적으로 커널과 시스템 다운로드 작업이 이루어진다. 다음으로 Auto Boot가 이루어지면 Kernel loading과 함께 시스템 동작이 시작된다.

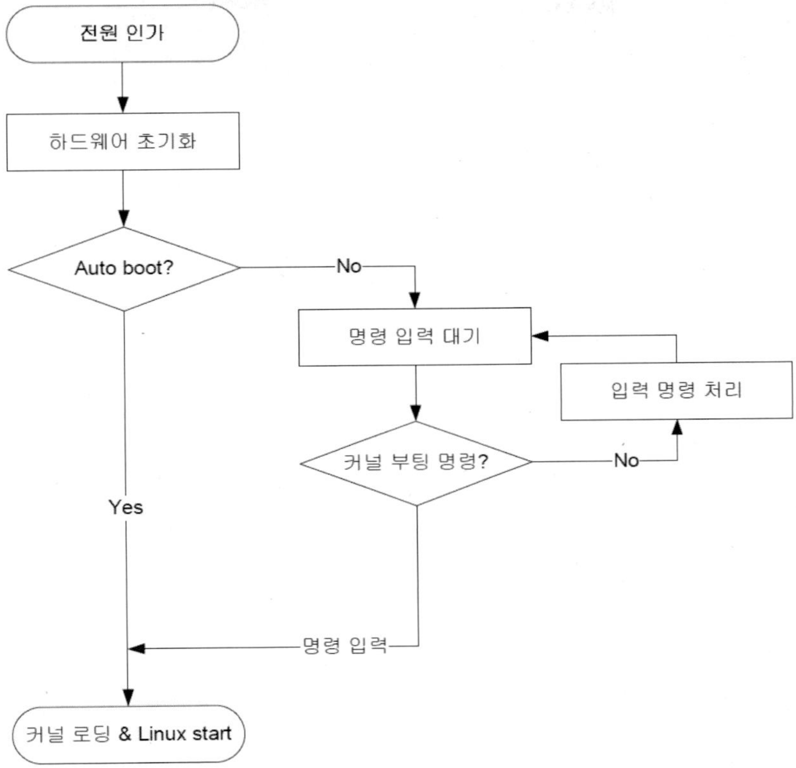

그림 5-2 U-Boot 동작 흐름

2.3 U-Boot 디렉토리 구조

부트로더 흐름 분석을 위해 제공되는 BSP 내의 U-Boot 디렉토리 정보를 확인해보도록 한다.

부트로더 디렉토리로 이동하여 파일정보를 확인한다.

Terminal root@ubuntu:/mywork#

```
root@ubuntu:/# cd /mywork/bootloader
root@ubuntu:/mywork/bootloader# ls\
```

```
root@ubuntu: /mywork/bootloader
File Edit View Search Terminal Help
root@ubuntu:/# cd /mywork/bootloader
root@ubuntu:/mywork/bootloader# ls
api       cmd       disk     examples Kconfig     Makefile scripts
arch      common    doc      fs       lib         net      snapshot.commit
board     config.mk drivers  include  Licenses    post     test
build.sh  configs   dts      Kbuild   MAINTAINERS README   tools
root@ubuntu:/mywork/bootloader#
```

U-Boot 디렉토리의 내용은 다음과 같다.

표 5-1 U-Boot 디렉토리

디렉토리	설명
/api	API 관련 코드 및 예제
/arch	arm, mips, powerpc 등 프로세서 아키텍처별 코드와 라이브러리, 시작코드(start.S) 존재
/board	board에 의존적인 파일
/common	architecture에 독립적인 파일, 부트로더 명령어
/disk	.Code for disk drive partition handling
/doc	uboot 관련 문서
/drivers	외부장치의 driver 파일들
/examples	uboot을 위한 test 실행 파일
/fs	uboot에서 지원하는 file system 관련 파일
/include	header file, /configs(각보드 설정 파일)
/lib_	architecture 관련 라이브러리 파일
/net	network 관련 파일
/post	Power On Self Test
/sd_fusing	SD를 이용한 부팅 관련 파일
/tools	Tools to build S-Record or U-Boot images, etc.
/configs	default configuration 사전에 개발보드에 맞게 기본설정을 저장해둔 파일
config.mk	MakeFile이 참조하는 빌드관련 유틸리티 정보 및 환경파일
build.sh	사용자가 쉽게 빌드 할 수 있게 만든 명령어 shell script 파일
Makefile	빌드환경 Makefile

2.4 U-Boot 동작 흐름

장치에 전원이 인가되면 가장먼저 Start.S가 시작된다. Start.S에는 여러 함수가 존재하는데 주요 특징은 메모리, 하드웨어, 캐쉬를 초기화 한다.

Start.S의 주요 내용은 다음과 같다.

- CPU 초기화(interrupt mask, Clock setting)
- Dram 초기화
- flash에 있는 코드를 작업공간인 Dram으로 relocate
- 임베디드 시스템의 기본적인 초기화 작업
- 메모리, 스택, 전역변수 초기화

Start.S는 /arch/arm/cpu/armv7 디렉토리에 존재한다.

Terminal root@ubuntu:/mywork/bootloader/arch/arm/cpu/armv7#

```
root@ubuntu:/mywork/bootloader# cd arch/arm/cpu/armv7
```

```
root@ubuntu: /mywork/bootloader/arch/arm/cpu/armv7
File Edit View Search Terminal Help
root@ubuntu:/mywork/bootloader#
root@ubuntu:/mywork/bootloader# cd arch/arm/cpu/armv
armv7/  armv7m/ armv8/
root@ubuntu:/mywork/bootloader# cd arch/arm/cpu/armv7
root@ubuntu:/mywork/bootloader/arch/arm/cpu/armv7# ls
arch_timer.c  cache_v7_asm.S  iproc-common     Makefile  nonsec_virt.S  stv0991    virt-v7.c
bcm235xx      cache_v7.c      Kconfig          mx5       psci-common.c  sunxi
bcm281xx      config.mk       kona-common      mx6       psci.S         syslib.c
bcmcygnus     cp15.c          lowlevel_init.S  mx7       s5p-common     vf610
bcmnsp        cpu.c           ls102xa          mx7ulp    start.S        virt-dt.c
root@ubuntu:/mywork/bootloader/arch/arm/cpu/armv7# ls -al start.S
-rw-rw-r-- 1 hello hello 9091 Mar 23 23:10 start.S
root@ubuntu:/mywork/bootloader/arch/arm/cpu/armv7#
```

Start.S의 주요 코드 내용은 다음과 같다.

- Exception vector table 선언
- Mode change(SVC)와 인터럽트 disable(IRQ, FIQ)
- Watchdog timer disable
- Interrupt disable by interrupt controller
- PLL setting

- Cache flush
- Disable MMU, Disable D-Cache
- U-Boot code를 ram으로 복사
- BBS 영역 Clear
- Stack pointer 초기화
- C함수로 분기

02 커널 구조 이해하기

1. 커널 개요

리눅스 커널은 시스템의 핵심을 이루는 요소로서 응용프로그램이 동작하기 위한 주요 환경을 제공한다. 커널의 역할은 사용자가 작동시키는 응용프로그램과 하드웨어간의 조정자 역할을 맡으며 동시에 수행되는 여러 응용프로그램들(즉, 프로세스들과 스레드)을 위해 메모리를 관리하며 컴퓨터 자원을 배분하는 역할을 해준다.

1.1 커널 역사

커널의 역사를 살펴보면 초기 컴퓨터에서의 커널은 필수적이지 않았으며 하드웨어 추상화나 운영체제 없이 단일 프로그램 실행환경이 일반적인 방식이었다.

이후 시스템의 확장과 프로세스의 관리가 중요해짐에 따라 단일형 커널, 마이크로 커널, 혼합형 커널, 나노커널, 엑소 커널 등 다양한 종류의 커널이 탄생하였으며 일반적으로 유닉스, 리눅스, 윈도우NT 등에서 사용되는 커널 종류는 단일형 커널(Monolithic kernel)이다.

이처럼 우리가 사용하는 리눅스 커널은 단일형 커널을 기반으로 두고 있으며 1991년 리누스 토르발스(Linus Benedict Torvalds)라는 소프트웨어 개발자가 개인용 컴퓨터를 위해 처음 고안되어 개발되었다. 이후 커널은 오픈소스 기반의 소프트웨어 개발 프로젝트로 다양하게 활용되었으며 특히 2005년 이후 스마트폰의 안드로이드 운영체제의 인기 상승과 함께 임베디드 시스템의 대중화로 다양한 분야에 사용되고 있다.

1.2 커널 버전

1991년 버전 0.01을 시작으로 버전 1.x~5.x까지 현재까지도 지속적으로 업데이트 되고 있다. 하드웨어의 발전에 따라 버전 2.x까지는 많은 기술적 변화가 있었지만 커널 3.0 이후부터는 아키텍처의 큰 변화 없이 일부기능의 업데이트가 이루어지고 있다.

다음 표는 버전 2.x 이후의 커널 정보에 대해 나열한 것이다.

표 5-2 커널 버전별 특징

커널 버전	특징
2.0.x	2.0 버전은 이전 1.x 버전과 비교하여 구조와 기능상에 많은 변화가 있었다. 대표적인 것으로 처음으로 대칭형 멀티프로세싱인 SMP를 지원하여 엔터프라이즈 급으로 성장하는 토대를 쌓았고, 모듈(module) 개념이 도입되어 커널을 바꾸지 않고도 디바이스 드라이버 등을 추가할 수 있게 되었다. 모듈과 함께 동적으로 모듈을 로드하고 언로드하게 해주는 kerneld가 등장했다. APM(Advanced Power Management)을 지원하였고, HPFS를 비롯하여 MS 윈도우즈에서 사용하는 VFAT, MS 윈도우즈에서 공유하는 파일을 마운트 할 수 있는 SMBFS(Server Message Buffer Fiile System) 등의 파일시스템이 추가되었다. 보안을 위한 IP 터널링(tunneling), 하나의 IP를 공유하여 사용하는 IP 마스쿼레이딩(masquerading), 패킷을 여러 곳으로 동시에 전송할 수 있는 MBONE(Multicast Backbone)을 위한 IP 멀티캐스트 라우팅(Multicast Routing)이 등장하였고, ISDN을 지원하였다. 이밖에 자바(Java) 이진파일을 바로 실행할 수 있고, 디스크의 사용 용량을 제한하는 쿼타(quota) 지원 등 많은 기능들이 도입되어 본격적으로 다른 운영체제와 경쟁하게 되었다.
2.4.x	현재 리눅스는 서버급에서 많이 사용되고 있는데 커널의 여러 제한을 없애고 대용량 작업을 가능하게 하여 대용량 서버에 최적화 하였다. 이런 점으로 SMP 시스템에서의 성능이 크게 향상되었고, 동시에 실행되는 프로세스가 많을 때의 스케줄링이 더 효율적으로 이루어지게 하였다. 사용자와 그룹의 개수를 32비트로 늘려 40억 명이 넘는 사용자를 수용할 수 있고, 물리적인 메모리를 64GB까지 사용할 수 있다. 16개의 이더넷 카드와 10개의 IDE 컨트롤러를 사용할 수 있으며, IA-32에서 하나의 파일의 크기가 2GB로 제한되던 것도 없어졌다. 생성할 수 있는 프로세스의 숫자를 무한대로 늘릴 수도 있다. • 하드웨어 지원 : 장치들을 체계적으로 관리하는 디바이스 파일시스템(device filesystem; DevFS)이 도입되어 장치를 다루는 방법이 바뀌었다. 장치의 이름과 위치가 바뀌고, 디바이스 드라이버를 로드할 때 장치 이름이 /dev에 등록되도록 하여, 이전처럼 /dev 밑에 모든 장치들의 목록이 나오는 것이 아니라 현재 사용할 수 있는 장치들만 나오도록 하였다. 자원 관리 서브시스템의 변화와 함께 완전한 플러그앤플

2.4.x	레이(plug and play)를 지원한다. 인텔에서 새로 발표하는 IA-64와 임베디드 시스템(embedded system)에서 많이 사용하고 있는 SH(Super Hitachi) CPU 지원이 추가되었다. • 블럭 장치들 : 가장 주목할만한 변화는 엔터프라이즈급의 기능으로 디스크 볼륨(volume)을 자유자재로 관리할 수 있는 LVM(Logical Volume Manager)이 추가된 것이다. 그리고 블럭 디바이스를 위한 API가 바뀌어서 디바이스 드라이버들이 수정되었다. IDE 컨트롤러를 10개까지 지원하며, PCI IDE 컨트롤러, IDE 플로피, IDE 테잎, DVD 등을 지원한다. • 문자 장치들 : USB 키보드, 마우스, 프린터, 스캐너 등 USB 장치들을 지원하고, 병렬 포트에서 UDMA(Ultra Direct Memory Access)를 지원한다. • 네트워킹 : IP 파이어월(firewall) 부분이 이전의 IP 체인(chains)에서 패킷 필터링(packet filtering)과 네트워크 주소 변환(Network Address Translation; NAT)을 이용하는 것으로 바뀌었고, SMP에서의 성능이 향상되었다.
2.6.x	임베디드 시스템용 리눅스뿐만 아니라 엔터프라이즈 서버용 리눅스로 많은 업데이트가 이루어졌다. 하이엔드 머신을 위해 새로운 기능들은 퍼포먼스 향상, 확장성, SMP 머신에 대한 NUMA 지원을 목표로 하였다. 새로운 아키텍처와 프로세서 타입이 추가되었으며 오디오와 멀티미디어용 드라이버 세트가 추가되었다. 2.6커널의 주요기능은 고급 커널 코어 덤핑, 빠른 Mutex 지원, I/O 서브시스템 향상 등이 있다.
3.x	• abt 지원 • 64비트 프로세서의 64비트 레지스터 지원 • Xen을 위한 storage backend추가 • 네트워크 코드 최적화 • wireless LAN chips지원 • 최신의 그래픽 카드 지원 • Wi-Fi 드라이버 지원 • DRM/KMS 드라이버 지원 • HDMI 오디오 출력지원 • Device Tree 적용(3.1)
4.x	• 2015년 4월 정식 배포 • 기존 3.x버전 안정화 버전(Stable release version) • Live Patch(리부팅없이 커널패치기능) • 러스터(Linux&Cluster) 파일시스템 제거(4.18) • 네트워크 보안, 로드 밸런싱, 성능 모니터링 기능 확장
5.x	• 2019년 3월 버전 5.0이 정식 배포(우분투 리눅스 19.04 적용) • NXP i.MX8 SoC와 Layerscape LX2160A, 인텔 Gen11 그래픽, NVIDIA Turing GPU, Xavier 디스플레이 지원 등 • ARM big.LITTLE Energy Aware Scheduling 지원

1.3 커널 주요 기능

커널은 시스템에 존재하는 자원을 효율적으로 관리하는 자원관리자로 프로세서, 프로세스, 메모리 등을 관리한다. 프로세서 관리는 시스템의 처리 속도를 최적화 하기 위한 목적으로 이식되어 있는 운영체제에 맞춰 각 프로세서를 효율적으로 할당하고 수행하도록 관리한다.

프로세스 관리는 스케줄러를 이용하여 다중 프로세스가 동작 할 수 있도록 각각의 태스크를 생성하고 제거하며 외부환경과 프로세스 연결 및 관리를 한다.

메모리 관리는 각각의 프로세스가 독립적인 공간에서 수행할 수 있도록 가상주소를 제공하고 물리적인 한계를 극복할 수 있는 기능을 제공한다.

커널의 주요 기능은 다음과 같다.

- 프로세스와 스레드
- 시스템 호출, 문맥교환, 인터럽트 처리
- 주요 커널 함수
- 프로세서 스케줄링
- 메모리 관리
- 인터럽트 처리
- 리눅스의 부팅 과정
- 시그널 처리
- 커널 동기화

2. 커널 디렉토리 구조

커널 디렉토리 구조를 알아보기 위해 제공되는 BSP 내의 커널소스를 설치하고 해당 디렉토리 정보를 확인해보도록 한다.

개발 디렉토리(/mywork)로 이동하여 부트로더 압축을 해제하고 주요 디렉토리와 파일정보를 확인한다.

Terminal root@ubuntu:/mywork#

```
root@ubuntu:/# cd /mywork/
root@ubuntu:/mywork# ls
root@ubuntu:/mywork# tar zxvf kernel.tar.gz

root@ubuntu:/mywork# cd kernle
```

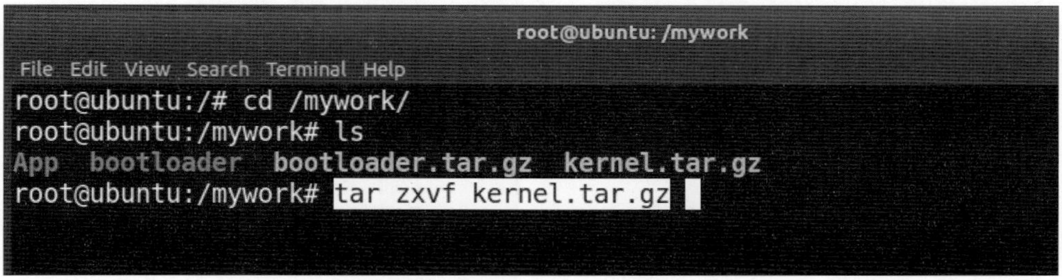

커널소스 트리 정보는 다음 그림과 같다.

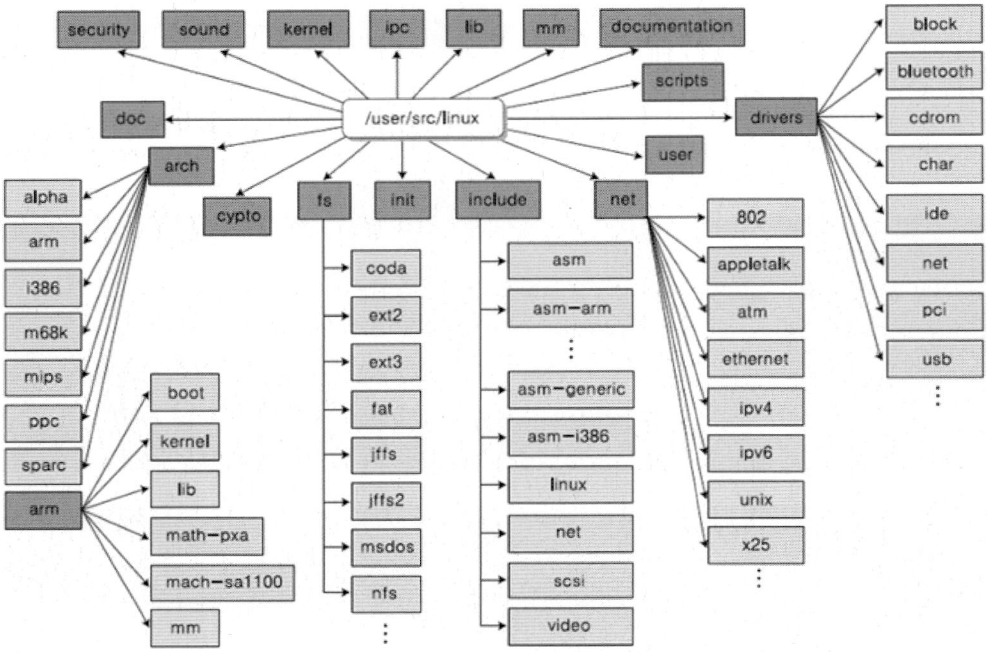

그림 5-3 커널소스 트리 정보

커널의 주요 디렉토리와 파일정보들을 알아보도록 한다.

/arch

모든 아키텍처 및 CPU에 종속적인 커널 코드를 포함하고 있다. 이 디렉토리는 CPU의 타입에 따라 하위 디렉토리로 다시 구분된다. 대표적인 하위 디렉토리에는 인텔 처리기를 구현한 arch/x86 디렉토리, 64비트 알파 AXP 아키텍처를 구현한 arch/alpha 디렉토리, 저전력 고성능의 32비트 ARM 처리기를 구현한 arch/ppc 디렉토리 등이 있다. arch/x86 디렉토리는 다시 5개의 하위 디렉토리로 구분되어 진다.

arch/arm/boot 디렉토리에는 시스템의 초기화 때 사용하는 부트스트랩 코드가 구현되어 있으며, 커널소스를 컴파일하면 그 결과로 만들어지는 Linux 커널인 vmlinuz 파일도 여기에 생성된다. 한편 arch/arm/kernel에는 테스트 관리자 중에서 문맥 교환이나 쓰레드 관리같은 하드웨어 종속적인 부분이 구현되어 있으며, arch/arm/mm에는 메모리 관리자 중에서 페이지 부재 결함처리 같은 하드웨어 종속적인 부분이 구현되어 있다. arch/arm/

lib에는 커널이 사용하는 라이브러리 함수가 구현되어 있다.

리눅스는 아키텍처 종류에 상관없이 동일한 서비스를 제공하지만, 그 밑에서는 아키텍처마다 별도로 제어가 필요한 부분이 존재한다. CPU, MMU, 그리고 온보드(on board) 상태인 디바이스를 위한 로우레벨(low-level)드라이버를 말한다.

개발보드와 관련한 아키텍처 파일들은 /arch/arm/mach-imx에 존재한다.

Terminal root@ubuntu:/mywork/kernel/arch/arm#

```
root@ubuntu:/mywork/kernel# cd arch/arm/mach-imx/
```

```
root@ubuntu: /mywork/kernel/arch/arm/mach-imx
File  Edit  View  Search  Terminal  Help
root@ubuntu:/mywork/kernel# cd arch/arm/mach-imx/
root@ubuntu:/mywork/kernel/arch/arm/mach-imx# ls
3ds_debugboard.c      imx6sll_low_power_idle.S   mach-pcm037.c
3ds_debugboard.h      imx6sl_low_power_idle.S    mach-pcm037_eet.c
anatop.c              imx6sx_low_power_idle.S    mach-pcm043.c
avic.c                imx6ull_low_power_idle.S   mach-qong.c
board-mx31lilly.h     imx6ul_low_power_idle.S    mach-vf610.c
board-mx31lite.h      imx7d_low_power_idle.S     mach-vpr200.c
board-mx31moboard.h   iomux-imx31.c              Makefile
busfreq_ddr3.c        iomux-mx21.h               Makefile.boot
busfreq-imx.c         iomux-mx27.h               mmdc.c
busfreq_lpddr2.c      iomux-mx2x.h               mm-imx21.c
common.c              iomux-mx35.h               mm-imx27.c
common.h              iomux-mx3.h                mm-imx3.c
cpu.c                 iomux-v1.c                 mu.c
```

▌/include

커널 코드를 빌드하는데 필요한 대부분의 헤더 파일들이 구현된 디렉토리이다. 헤더 파일 중에서 하드웨어 독립적인 부분은 include/linux 하위 디렉토리에 구현되어 있으며, 하드웨어 종속적인 부분은 처리기 이름으로 구성된 하위 디렉토리에 구성되어 있다.

▌/kernel

타이머, fork, 리소스관리 관련코드, 인터럽트 처리, 시스템 콜 관련 파일이 있다. 프로세스가 실행되기 위해서는 CPU 자원을 분배받아야 한다. 동시에 여러 개의 프로세스가 동작 중일 때에는 정해진 정책에 의해 공평하게 자원을 분배받아야 한다. 또한 프로세스가 생성되고 전이되는 과정을 관리해 주어야한다. 바로 이런 작업을 수행하는 서비스 시스템을 말한다.

Terminal root@ubuntu:/mywork/kernel/kernel

```
root@ubuntu:/mywork/kernel# cd kernel
```

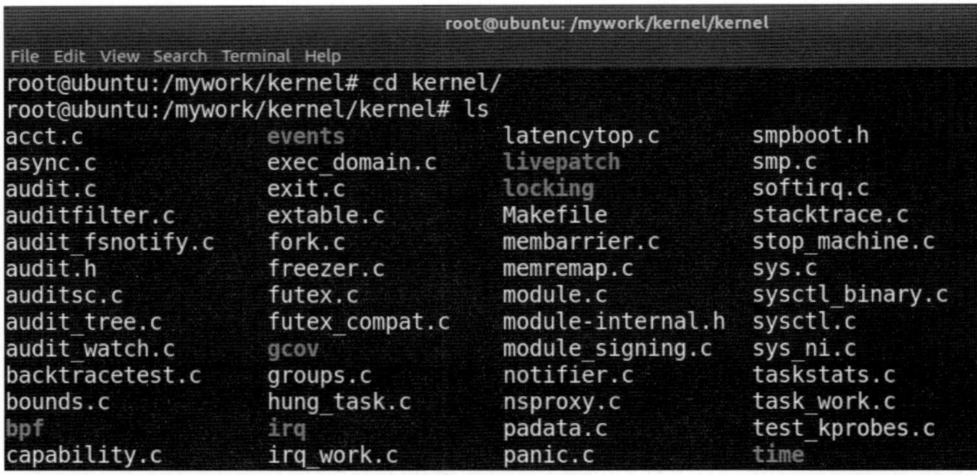

/fs

Linux에서 지원하는 다양한 파일시스템들과 open(), read(), write() 등의 시스템 호출이 구현된 디렉토리이다. 현재 Linux에는 15~16개의 파일시스템이 구현되어 있으며 계속 새로운 파일시스템이 개발 중이다. 각 파일시스템은 이 디렉토리의 하위 디렉토리에 구현되어 있는데, 대표적인 파일시스템으로는 ex2, ex3, ext4, nfs, ufs, msdos, ntfs, proc, coda 등이 있다. 한편 다양한 파일시스템들을 사용자가 일관된 인터페이스로 접근할 수 있도록 하기 위하여 Linux는 시스템 호출과 각 파일시스템 사이에 추상화된 한 층을 넣었으며, 이것이 VFS이다.

/mm

CPU만큼 중요한 시스템 자원은 메모리다. 메모리 관리 서브시스템은 메모리의 할당, 해제, 공유에 대한 관리를 담당한다. 가상메모리, 태스크마다 할당되는 메모리 객체관리, 커널 메모리 할당자 등의 기능이 구현되어 있다. 한편 페이지 부재 결함 처리나 주소 변환 같은 하드웨어 종속적인 메모리 관리 부분은 arch/arm/mm 디렉토리에 구현되어 있다.

■ /init

커널의 초기화 코드를 가지고 있다. 즉, 커널의 메인 시작 함수가 구현된 디렉토리이다. 커널이 어떻게 동작하는지 분석하기 위해 가장 중요한 부분이라고 할 수 있다.

■ /lib

커널의 라이브러리 코드를 가지고 있다. 개발보드 아키텍처에 종속적인 라이브러리 코드는 arch/arm/lib/에 있다.

■ /net

커널의 네트워크 관련 코드가 구현되어 있는 곳으로 각 통신 규약은 이 디렉토리의 하위 디렉토리에 구현되어 있으며, 다양한 통신 프로토콜의 추상화 층이며 사용자 인터페이스를 제공하는 소켓은 net/디렉토리에 구현되어 있다.

■ /drivers

모든 시스템의 디바이스 드라이버가 구현된 디렉토리이다. 디바이스 드라이버란 디스크, 터미널, 네트워크 카드 등 주변장치를 추상화 시키고 관리하는 커널 구성요소이다. Linux에서 디바이스 드라이버는 크게 블록 디바이스 드라이버, 문자 디바이스 드라이버, 네트워크 디바이스 드라이버로 구분된다. 버퍼 캐쉬를 통해 접근되며 임의 접근이 가능한 블록 디바이스 드라이버는 driver/block이라는 이름의 하위 디렉토리에 구현되어 있다. 임베디드 시스템에는 많은 주변기기들이 다양한 방식(I2C, SCSI, EIDE)으로 통신한다. 디바이스 드라이버는 이러한 High-level의 디바이스들을 위한 코드를 말한다. 리눅스 커널의 절반 이상이 디바이스 드라이버 코드이며, 최신 디바이스는 보통 리눅스에 가장 먼저 포팅된다.

Terminal root@ubuntu:/mywork/kernel/drivers

```
root@ubuntu:/mywork/kernel# cd drivers
```

```
root@ubuntu: /mywork/kernel/drivers
File  Edit  View  Search  Terminal  Help
root@ubuntu:/mywork/kernel# cd drivers/
root@ubuntu:/mywork/kernel/drivers# ls
accessibility  crypto    hwmon       Makefile  of         regulator   thunderbolt
acpi           dax       hwspinlock  mcb       oprofile   remoteproc  tty
amba           dca       hwtracing   md        parisc     reset       uio
android        devfreq   i2c         media     parport    rpmsg       usb
ata            dio       ide         memory    pci        rtc         uwb
atm            dma       idle        memstick  pcmcia     s390        vfio
auxdisplay     dma-buf   iio         message   perf       sbus        vhost
base           edac      infiniband  mfd       phy        scsi        video
bcma           eisa      input       misc      pinctrl    sfi         virt
block          extcon    iommu       mmc       platform   sh          virtio
bluetooth      firewire  ipack       mtd       pnp        sn          vlynq
bus            firmware  irqchip     mxc       power      soc         vme
cdrom          fmc       isdn        net       powercap   spi         w1
char           fpga      Kconfig     nfc       pps        spmi        watchdog
clk            gpio      leds        ntb       ps3        ssb         xen
clocksource    gpu       lguest      nubus     ptp        staging     zorro
connector      hid       lightnvm    nvdimm    pwm        target
cpufreq        hsi       macintosh   nvme      rapidio    tc
cpuidle        hv        mailbox     nvmem     ras        thermal
root@ubuntu:/mywork/kernel/drivers#
```

■ /scripts

커널을 설정하는데 사용되는 스크립트를 가지고 있다.

■ /ipc

커널의 프로세스간 통신 코드를 가지고 있는 부분으로 유닉스에서 지원하는 메시지 큐, 파이프, 공유 메모리, 세마포어, 소켓 등과 관련된 코드가 존재한다.

3. 커널 구조 이해

3.1 커널 동작 구조

커널 동작 구조는 디바이스, 메모리, 프로세서 등 하드웨어 위에 커널(Kernel)이 존재하며 하드웨어를 추상화 시켜 사용자 레벨 프로세스들에게 서비스를 제공한다. 서비스 제공방법은 시스템 호출 인터페이스를 통해 커널 영역의 각종 관리자의 함수를 호출한다.

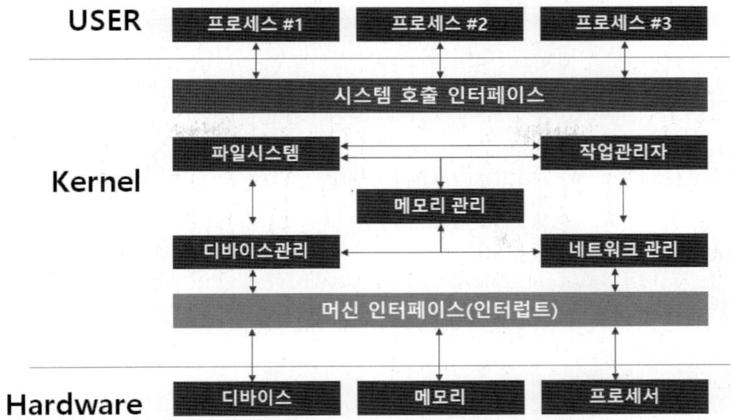

그림 5-4 커널의 구조

- **프로세스** : 리눅스 시스템의 프로세스(Process)란 일반적으로 현재 실행 중인 프로그램을 말하며, task_struct구조체로 관리한다. 실행 중인 프로그램을 의미하는 프로세스는 구현 방식에 따라 유닉스의 전통적인 데이터 영역을 별도로 가지는 프로세스와 그 이후에 등장한 데이터 영역 공유의 스레드(thread)로 구분되며, 리눅스 커널 안에서 이들은 모두 자원을 차지하기 위해 서로 경쟁하는 프로세스로 관리한다. 즉, 프로세스와 스레드는 메모리 영역 할당이나 생성 및 실행 관리 API에 차이가 있지만 모두 현재 수행되고 있는 프로그램이라 할 수 있다.
- **시스템 호출 인터페이스** : 시스템 콜은 응용프로그램이 커널에게 어떤 처리를 요청하고 처리할 수 있도록 하기 위한 유일한 수단이다. 프로그램에서 보면 시스템 콜은 마법의 라이브러리 함수처럼 보이며 시스템 콜이 발생하면 응용프로그램의 실행을 일시적으로 중단하고 리눅스 커널 코드를 실행한다. 리눅스 커널에서 시스템 콜 처리는 프로세스 콘텍트(Process Context)의 연장으로 실행된다.
- **커널** : 프로세스 관리, 메모리 관리, IPC, 파일 시스템, 네트워킹, 디바이스 드라이버 등
- **하드웨어** : CPU, RAM, HDD, 네트워크 장치, 기타 주변장치 등

3.2 커널 시작 함수(start_kernel)

커널의 메인 시작 함수는 start_kernel() 함수이다. start_kernel() 함수는 수많은 주요 함수들을 호출하면서 시스템 부팅이 이루어진다. 하지만 start_kernel() 함수가 호출되기

전에 메모리에 저장된 커널 이미지를 불러와서 압축해제와 파일구성 등 몇가지 작업이 초기에 수행된다. 이번 실습에서는 커널을 시작하기 위한 단계와 start_kernel() 함수가 호출되면서 동작하는 주요 함수에 대해 알아보도록 한다.

커널 이미지(zImage)를 해제하기 위해 몇 가지 준비단계가 이루어진다.

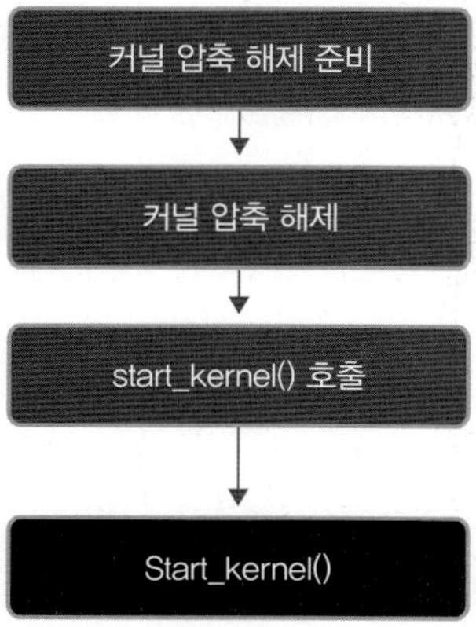

zImage 압축을 해제하기 위한 준비단계로 프로세서 버전에 맞는 프로세서 타입 테이블로부터 캐시 on/off 플러시 등을 수행하고, MMU를 위한 16KB 페이지 디렉토리 구성

zImage의 압축을 해제

프로세서 및 장치의 정보와 부트로더로부터 넘겨온 정보의 유효성을 검사하고 MMU를 활성화하는 단계를 거쳐 커널의 시작인 start_kernel() 함수를 호출

- **start 레이블**

커널의 압축해제 준비 단계로는 인터럽트 비활성화, 동적 메모리할당, BSS영역 초기화, 페이지 디렉토리 초기화, 캐시 켜기 등을 수행한다.

압축을 해제하기 위한 중비 중 가장 중점을 두는 부분은 zImage의 압축 해제 위치를 기준으로 페이지 디렉토리를 위한 공간을 구성하고, 레지스터에 페이지 디렉토리의 위치를 저장하는 것이다.

부트로더에 의해서 장치 및 소프트웨어에 대한 기본적인 초기화가 이루어진 이후에 가장 먼저 실행되는 것은 head.S에 있는 start 레이블에 있는 코드들이다. start 레이블에서는 부트로더로부터 아키텍처 ID와 atags 정보를 각각의 레지스터에 저장한다. 또한 인터럽트 비활성화 및 레지스터를 초기화한다.

Terminal root@ubuntu:/mywork/kernel/arch/arm/boot/compressed

```
root@ubuntu:/mywork/kernel# cd arch/arm/boot/compressed/
```

```
root@ubuntu: /mywork/kernel/arch/arm/boot/compressed
File Edit View Search Terminal Help
root@ubuntu:/mywork/kernel# cd arch/arm/boot/compressed/
root@ubuntu:/mywork/kernel/arch/arm/boot/compressed# ls
atags_to_fdt.c  decompress.c  head-sa1100.S   libfdt_env.h  misc.c    vmlinux.lds.S
big-endian.S    efi-header.S  head-sharpsl.S  ll_char_wr.S  piggy.S
debug.S         head.S        head-xscale.S   Makefile      string.c
root@ubuntu:/mywork/kernel/arch/arm/boot/compressed#
```

● BSS 영역 초기화

압축된 커널인 zImage의 압축을 해제하기 위한 준비 단계로 BSS 영역을 초기화해주고 캐시 활성화 및 동적 메모리 영역을 설정한다. BSS 영역을 0으로 초기화하며, BSS 영역은 초기화되지 않은 전역 데이터를 위한 공간이다. BSS 영역은 __bss_start와 _end 사이의 영역이며, 링커 스크립트 파일에 의해서 그 값이 결정된다. BSS 영역 초기화와 동적 메모리 영역 설정 등을 해주었다면 커널 압축 해제를 위한 마지막 단계로 cache on을 수행한다. cache_on을 호출하여 캐시를 활성화하고, 압축된 커널을 풀기위한 동적메모리 공간의 시작주소와 끝 주소를 레지스터 r1,r2에 구한다.

압축해제를 위한 준비 조건인 BSS 영역 초기화, 동적 메모리 영역 설정, 캐시 켜기 등을 해주고 준비가 완료되면 zImage의 압축을 해제하고, 커널 초기화를 위한 설정을 한다.

start_kernel() 함수를 호출하기 위한 마지막 단계로 자신의 프로세서 정보와 장치정보를 저장한 구조체의 위치를 찾고 부트로더로부터 넘겨온 atag 정보의 유효성을 확인한다.

자신의 프로세서 정보와 장치 정보가 잘못 됐다면 즉시 종료하게 되며 이 모든 정보가 유효할 경우 페이지 테이블의 MMU 플래그를 설정한 후 MMU를 활성화하는 단계를 거쳐 최종적으로 C코드로 작성된 커널의 시작인 start_kernel() 함수가 호출된다.

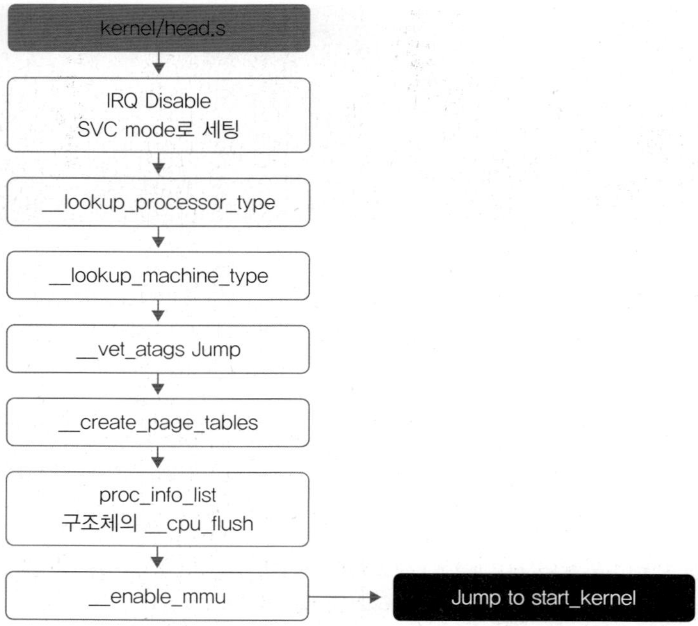

- BSS 세그먼트 클리어
- Processor ID/Machine Type 메모리 저장
- atage 포인터 값 메모리 저장
- start_kernel() 함수로 분기

start_kernel() 함수는 플랫폼과 CPU에 종속적인 초기화, 다양한 서브시스템의 초기화, 디바이스 드라이버 초기화 등을 수행한다. 또한 부트 타임에 사용할 메모리 할당자를 구성한 후 초기화가 어느 정도 이루어지면 커널의 메모리 할당자를 구성한다.

start_kernel() 함수는 init 프로세스와 커널 스레드들을 생성하고 난 후 자신은 idle 프로세스가 된다.

Terminal root@ubuntu:/mywork/kernel/init/main.c

```
root@ubuntu:/mywork/kernel# cd init/
```

```
static void __init mm_init(void)
{
        /*
         * page_ext requires contiguous pages,
         * bigger than MAX_ORDER unless SPARSEMEM.
         */
        page_ext_init_flatmem();
        mem_init();
        kmem_cache_init();
        percpu_init_late();
        pgtable_init();
        vmalloc_init();
        ioremap_huge_init();
}

asmlinkage __visible void __init start_kernel(void)
{
        char *command_line;
        char *after_dashes;

        set_task_stack_end_magic(&init_task);
        smp_setup_processor_id();
        debug_objects_early_init();

        /*
         * Set up the the initial canary ASAP:
         */
        boot_init_stack_canary();
```

start_kernel에서 이루어지는 주요 역할은 다음과 같다.

- Architecture에 특수한(혹은 의존적인) 설정
- Paging 시스템에 대한 초기화
- Exception(혹은 trap)에 대한 초기화
- Interrupt에 대한 초기화
- Scheduler의 초기화
- Timer의 초기화
- Console의 초기화
- Module들의 초기화
- Cache와 buffer의 초기화
- 메모리 시스템의 초기화
- 파일 시스템의 초기화
- init 시스템 프로세스의 생성

다음 그림은 start_kernel함수의 전체 수행흐름을 나타낸 그림이다.

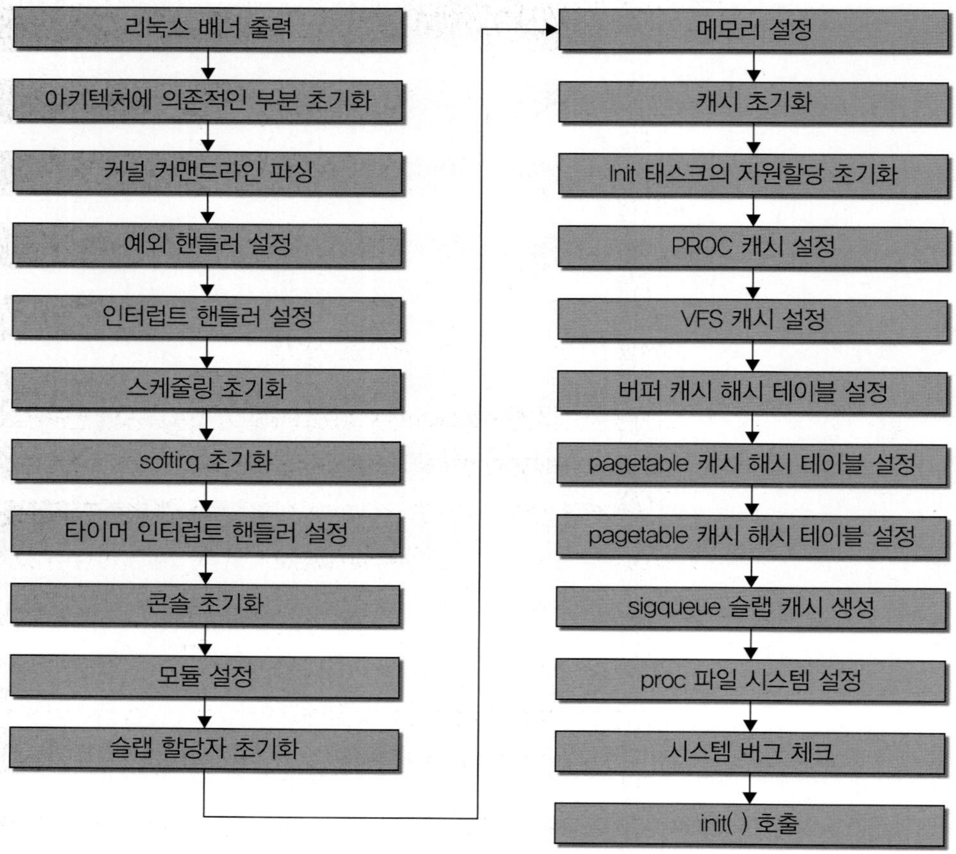

그림 5-5 Start_kenel()함수 수행 흐름도

3.3 커널 프로그램 실행 모드

▮ 커널 프로그램 실행 모드

리눅스 커널은 시스템의 중요한 자원을 관리하기 때문에 사용자가 프로그램을 실행할 때 프로그램 간에 충돌 및 실행에 문제가 발생하지 않도록 커널 모드(Kernel mode)와 사용자 모드(User mode)를 제공한다.

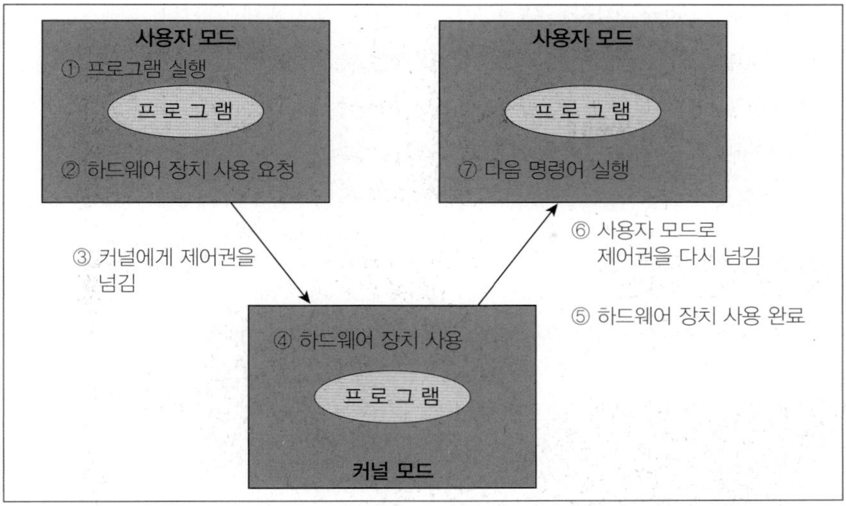

그림 5-6 커널 프로그램 모드 수행도

커널 모드는 모든 자원(디바이스, 메모리, 프로세서 등)에 접근 및 명령을 할 수 있으며 사용자 모드는 시스템 데이터에 제한된 접근만이 허용되며 하드웨어를 직접적으로 제어할 수 없다.

만일 사용자 모드에서 시스템 서비스를 호출하면 커널 모드로 전환되며 이때 시스템 데이터 구조체제에 접근하기 위해 특별한 프로세서 인스트럭션이 사용된다. 인스트럭션을 통해 시스템 서비스가 요청되었음을 알게되며 스레드가 시스템 함수에 건넨 인자를 검증한 후 시스템 내의 함수를 실행한다.

사용자 모드 상태에서 프로그램이 실행되고 있을 때 하드웨어 장치를 사용해야 하는 경우 커널 모드로 제어권이 넘어가게 되며 하드웨어 사용이 완료되면 다시 프로그램은 사용자 모드로 제어권이 넘어가게 된다.

4. 커널 시스템 호출

4.1 시스템 호출 개요

운영체제는 사용자에게 컴퓨터 시스템의 사용에 대한 편의성과 시스템의 모든 자원에 대한 효율적 운영을 제공하는 컴퓨터 하드웨어와 사용자 사이의 인터페이스라 할 수 있다. 특히 컴퓨팅 자원을 효율적으로 관리하기 위해 허용하지 않은 사용자의 침범을 방지해 프로그램의 독립적인 수행을 보장한다. 따라서 원활한 운영체제의 역할 수행을 위해서는 시스템 소프트웨어를 응용 소프트웨어로부터 보호할 수 있는 메커니즘이 필요하다.

특권 모드와 사용자 모드

리눅스는 컴퓨팅 시스템 자원을 사용자 공간과 커널 공간으로 나눈다. 사용자 공간과 커널 공간은 권한 레벨을 설정함으로써 구분한다. 서로 다른 공간에 대한 접근은 시스템 호출(system call)이라는 관문을 경유하게 제한함으로써 컴퓨팅 자원을 보호하고 커널 수행을 안전하게 유지한다. 사용자 모드에서 특권 모드로 권한 레벨을 바꾸지 않으면 커널의 내부 기능을 사용할 수 없다. 이 경우 보호 오류를 발생시켜 커널 영역에 대한 침범을 차단한다.

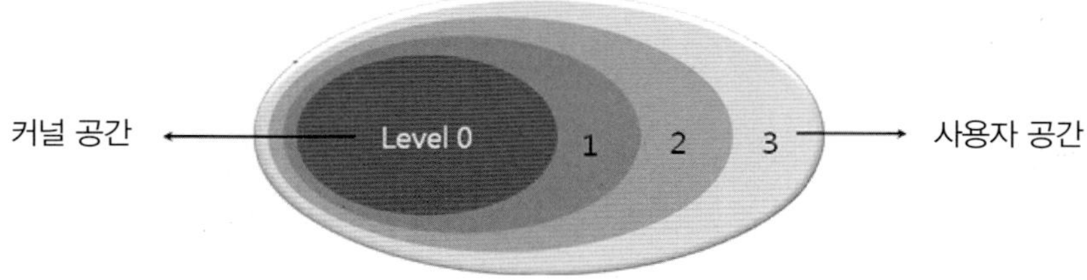

프로세서는 각 권한 레벨에 따라 사용할 메모리 영역을 설정할 수 있다. 프로세서는 4개의 권한 레벨을 제공하지만 운영체제는 일반적으로 2개의 영역만 사용한다. 레벨 0은 커널 공간으로 설정하고 레벨 3은 사용자 공간으로 지정한다. 나머지 레벨 1과 2는 아직 사용하지 않고 있다.

이와 같은 특권 모드, 즉 보호 모드에 보호된 자원을 접근하려면 시스템 호출 혹은 인터럽트에 의하여 권한 레벨을 변경해야 한다.

시스템 호출은 사용자 영역에서 커널 영역의 자원을 사용하기 위하여 사용하는 함수를 말한다. 시스템 호출은 사용자 프로세스와 커널 간의 인터페이스다. 단순히 커널 영역으로 들어가는 것이 아니라 특권 레벨로 변경하는 것이다. 시스템 호출은 소프트웨어적인 인터럽트 인트랩을 발생시킨다. 따라서 시스템 호출도 일종의 인터럽트다.

리눅스에서 지원하는 시스템 호출은 운영체제의 역할에 따라 다음과 같이 분류할 수 있다. 특히 디바이스 드라이버 관련 시스템 호출은 가상 파일 시스템을 통하므로 파일시스템과 관련된다.

- 프로세스 관리 : fork(), execve(), getpid(), signal() 등
- 파일 시스템 : open(), read(), write(), close() 등
- 메모리 관리 : brk() 등
- 네트워크 관리 : socket(), bind(), connect() 등
- 기타 시스템 정보나 제어 : time() 등

4.2 시스템 호출 동작과정

리눅스는 사용자 프로그램이 커널에 대한 서비스를 요청할 경우 이에 대한 서비스를 할 수 있는 잘 정의된 제한된 종류의 함수인 시스템 호출을 제공한다. 따라서 사용자가 운영체제의 기능 혹은 모듈을 활용하려면 반드시 시스템 호출을 이용해야 한다. 사용자 모드에서 시스템 호출을 수행하면 시스템 모드로 전환되며, 커널에서 시스템 호출을 종료하면 사용자 모드로 다시 돌아온다. 사용자 프로세스가 표준 라이브러리를 사용해 커널에 접근하는 것도 내부적으로 시스템 호출을 사용하는 것이다. 따라서 시스템 호출 처리 과정을 알아보기 전에 사용자 프로그램의 번역 과정을 이해해야 한다.

■ 사용자 프로그램 번역 과정

C 언어로 작성된 원시 프로그램(source program)은 컴파일러에 의하여 기계어로 구성된 목적 파일(object file)로 변환된다.

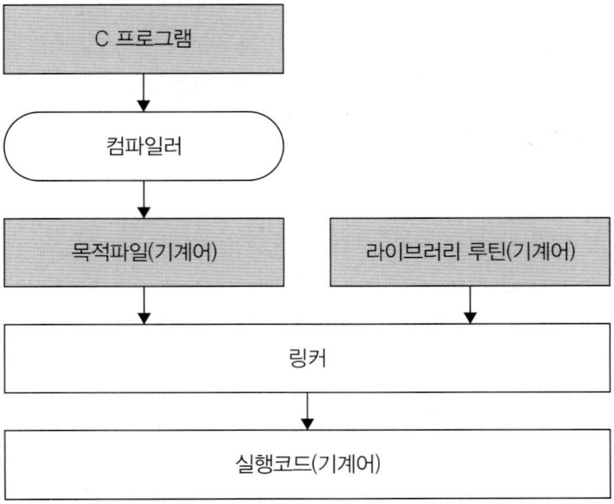

그림 5-7 사용자 프로그램 번역 과정

리눅스 시스템의 목적 파일에는 일반적으로 기계어 코드로 구성된 텍스트 세그먼트(text segment), 프로그램의 실행에 필요한 데이터 세그먼트(data segment), 목적 파일을 구성하는 각 부분의 크기 및 위치 정보를 포함하는 목적 헤더 파일이 있다.

이 외에도 두 가지의 중요한 파일인 재배치 정보와 심볼 테이블을 포함한다. 재배치 정보는 이 프로그램이 메모리에 적재될 때 절대 주소에 의존하는 명령어와 데이터를 표시한다. 심볼 테이블은 외부 참조와 같이 아직 정의되지 않은 레이블을 포함한다. 목적 파일에 미해결된 레이블의 주소를 기계어로 구성된 라이브러리 루틴과 링커를 이용해 연결함으로써 실행 가능한 파일이 생성된다.

컴파일된 목적 파일은 일반적으로 실행할 수 있는 코드가 아니다. 목적 파일 내부에 커널에 접근하기 위한 시스템 호출 관련 정보가 모두 해결되지 않았기 때문이다. 예를 들어, hello.c라는 C 프로그램의 경우 printf()함수를 사용해 표준 출력 장치라는 컴퓨팅 자원을 사용한다. printf() 함수는 이를 위해 write()와 같은 시스템 호출 함수를 사용해야 한다. hello.c라는 원시 파일로부터 컴파일된 목적 파일은 printf()라는 라이브러리 루틴에 대한 정보가 없으며, write()라는 시스템 호출을 위한 커널의 서비스 지점도 모른다. 컴파일된 목적 파일에 해결되지 않은 외부 참조는 링커에 의해 해결된다. 링커는 라이브러리 루틴 내에 printf() 함수에서 필요한 write()와 같은 시스템 호출을 사용할 수 있는 실행 파일을 생성한다.

▮ 시스템 호출 처리과정

리눅스의 시스템 호출 함수 중 하나인 fork()가 사용자 모드와 커널 모드 사이에서 어떤 과정을 통해 커널 함수 fork()에 접근해 처리되는지 살펴보자. 다음 그림은 시스템 호출과 리눅스 아키텍처의 관계를 나타낸다.

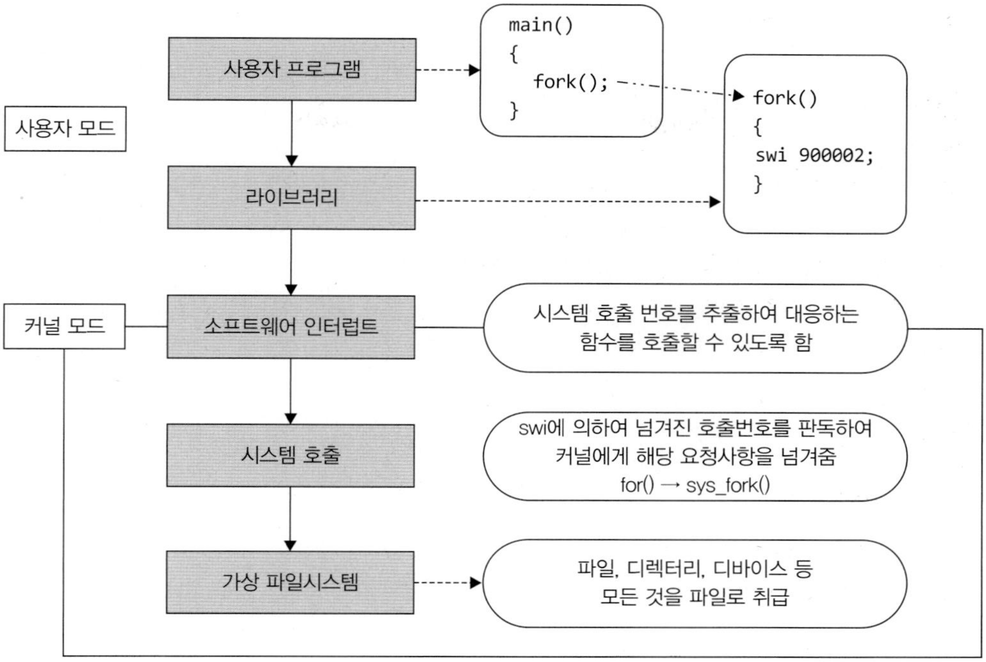

그림 5-8 fork() 호출과정

① 사용자 프로그램 내부에는 fork()라는 시스템 호출 함수가 구현되어 있지 않기 때문에 이를 사용하려면 fork() 함수 정보가 있는 〈linux〉/include/linux/unistd.h라는 헤더 파일을 포함(include)시켜야 한다. 또한 링커로 라이브러리에서 대응하는 함수와 연결해야 한다.

② 라이브러리 내부의 fork() 함수에는 "swi 900002"라는 어셈블리가 존재한다. swi는 소프트웨어 인터럽트(software interrupt)를, 900002는 시스템 호출 번호다. 소프트웨어 인터럽트를 통해 사용자 모드에서 커널 모드로 전환되어 커널 자원을 접근할 수 있게 된다. 시스템 호출 번호를 포함하는 테이블의 시작점이 900000이기 때문에 fork() 시스템 호출 번호는 2이며 등록된 시스템 호출 함수 중 3번째에 위치한다.

③ 소프트웨어 인터럽트에 의해 넘겨진 호출 번호 2에 해당하는 시스템 호출 함수 sys_fork()가 불려진다. 일반적으로 표준 라이브러리에 있는 일반 함수(예를 들면 printf())는 내부에서 시스템 호출 함수를 사용하고 있음을 유의하라. 즉, 라이브러리는 사용자 수준의 코드인 일반 함수와 시스템 호출로 구성되어 있다.

④ 궁극적으로 가상 파일시스템을 통해 커널 자원인 파일, 디렉토리, 디바이스 등을 하나

의 파일처럼 접근하게 된다.

시스템 호출 함수와 어셈블리

시스템 호출 함수 내부를 살펴보면 어셈플리를 사용하고 있음을 알 수 있다. 일반 고급프로그래밍 언어는 메모리를 대상으로 하지만 어셈블리 프로그래밍 언어는 메모리뿐만 아니라 레지스터를 대상으로 한다. 사용자 프로그램은 사용자 모드에서 실행되지만 시스템 호출 함수는 커널 모드에서 실행된다. 따라서 시스템 호출 함수를 프로세스 모드를 변경할 수 있어야 한다. 프로세스 모드의 변경은 레지스터의 내용을 변경해야 한다. ARM 아키텍처의 경우 상태 레지스터의 일부 비트를 변경해야 한다. 따라서 시스템 호출 함수는 레지스터의 내용을 변경하는 코드를 포함하므로 어셈블리 언어를 사용해야 한다.

시스템 호출 유형

시스템 호출은 프로세스 제어, 파일 조작, 장치 조작, 정보 유지보수, 통신과 보호 등 다섯 가지의 중요한 범주로 나눌 수 있다. 각 유형에 따른 특징을 살펴보도록 한다.

● 프로세스 제어(Process Control)

- 끝내기(end), 중지(abort)
- 적재(load), 실행(execute)
- 프로세스 생성(create process)
- 프로세스 속성 획득과 설정(get process attribute and set process attribute)
- 시간 대기(wait time)
- 사건 대기(wait event)
- 사건을 알림(signal event)
- 메모리 할당 및 해제 : malloc, free

● 파일 조작(File Manipulation)

- 파일 생성(create file), 파일 삭제(delete file)
- 열기(open), 닫기(close)
- 읽기(read), 쓰기(write), 위치 변경(reposition)
- 파일 속성 획득 및 설정(get file attribute and set file attribute)

- **장치 관리(Devide Management)**
  - 장치를 요구(request devices), 장치를 방출(release device)
  - 읽기, 쓰기, 위치 변경
  - 장치 속성 획득, 장치 속성 설정
  - 장치의 논리적 부착(attach) 또는 분리(detach)
- **정보 유지(Information Maintenance)**
  - 시간과 날짜의 설정과 획득(time)
  - 시스템 데이터의 설정과 획득(date)
  - 프로세스 파일, 장치 속성의 획득 및 설정
- **통신(Communication)**
  - 통신 연결의 생성, 제거
  - 메시지의 송신, 수신
  - 상태 정보 전달
  - 원격 장치의 부착 및 분리

4.3 시스템 호출 장치 제어 실습

리눅스 운영체제는 커널 영역과 사용자 영역이 분리되어 구동된다. 하드웨어의 직접제어와 같이 시스템(하드웨어)에 직접적으로 영향을 주는 모든 행위들은 커널 영역에서 실행되도록 설계되어 있다. 사용자 영역에서는 커널 모드와 반대로 직접적으로 하드웨어에 접근이 불가하도록 되어 있으며 커널에서 제공하는 인터페이스를 통해서만 접근할 수 있다.

커널을 수정하여 사용자 시스템 호출 예제 프로그램을 만들어보도록 한다. 시스템 콜을 생성하기 위해 수정해야할 파일은 다음과 같다.

표 5-3 시스템 콜 관련 파일

파일 이름	내용
include/linux/syscalls.h	시스템 콜 함수들이 선언되어있는 헤더 파일
arch/arm/kernel/calls.S	ARM 아키텍처의 시스템 콜 테이블 파일
kernel/mycall.c	만들어볼 시스템 콜 함수의 소스코드 파일
kernel/Makefile	만든 시스템 콜의 오브젝트 파일을 커널 빌드 시 포함시키기 위해 수정될 파일

■ 시스템 호출 함수

가장 먼저 시스템 콜 함수의 프로토타입을 선언해주어야 한다. 시스템 콜의 프로토타입은 커널 디렉토리 include/linux에 위치하여 있는 syscalls.h 해더 파일에 정의 되어있다.

Terminal　root@ubuntu:/mywork/kernel/include/linux

```
root@ubuntu:/mywork/kernel# cd include/linux/
root@ubuntu:/mywork/kernel/include/linux# vi syscalls.h
```

Editor　syscall.h

```
asmlinkage long sys_pkey_alloc(unsigned long flags, unsigned long init_val);
asmlinkage long sys_pkey_free(int pkey);
asmlinkage long sys_mycall(int enable);

#endif
```

함수의 이름은 sys_mycall으로 할 것이며 이 호출을 통해 LED를 제어할 것이므로 LED 점등의 유무를 체크하기 위해 int 형의 enable 파라미터를 하나 추가할 것 이다.

■ 시스템 호출 테이블

해당 함수를 시스템 콜 테이블에다 추가한다. 테이블은 각 아키텍처마다 다른 경로에 위치하여 있으며 ARM 아키텍처는 커널 버전 4.9.17 기준으로 arch/arm/kernel/calls.S에 위치하여 있다.

Terminal　root@ubuntu:/mywork/kernel/arch/arm/kernel

```
root@ubuntu:/mywork/kernel# cd arch/arm/kernel/
root@ubuntu:/mywork/kernel/arch/arm/kernel# vi calls.S
```

Editor　calls.S

```
                CALL(sys_pkey_mprotect)
/* 395 */       CALL(sys_pkey_alloc)
                CALL(sys_pkey_free)
                CALL(sys_mycall)
```

```
#ifndef syscalls_counted
.equ syscalls_padding, ((NR_syscalls + 3) & ~3) - NR_syscalls
```

calls.S 에 표시된 주석을 보면 알 수 있듯이 CALL 메크로가 호출된 순서대로 시스템 콜 함수의 번호가 매겨지게 된다. 우리가 만들 sys_mycall은 맨 마지막에 위치하여있고, 주석을 기준으로 397번으로 등록되는 것을 확인할 수 있다.

프로토타입 선언 및 시스템 콜 등록이 완료되었으며 함수 기능을 구현해보도록 한다.

함수 기능 구현

/kernel 디렉토리로 이동하여 mycall.c 파일을 생성하고 LED 장치와 관련된 함수를 정의한다.

Terminal root@ubuntu:/mywork/kernel/kernel

```
root@ubuntu:/mywork/kernel# cd kernel/
root@ubuntu:/mywork/kernel/kernel# vi mycall.c
```

Editor mycall.c

```
/*
 * Custom System Call Example Source
 */

#include <linux/unistd.h>
#include <linux/errno.h>
#include <linux/kernel.h>
#include <linux/sched.h>
#include <linux/gpio.h>

#define LED_BACK 21

asmlinkage long sys_mycall(int enable)
{
        /* Request GPIO */
        gpio_request(LED_BACK, "led_back");
```

```

	/* Set GPIO output */
	gpio_direction_output(LED_BACK, 0);

	/* Compare parameter */
	if (enable == 1) {
		/* LED on */
		gpio_set_value(LED_BACK, 1);
	} else {
		/* LED off */
		gpio_set_value(LED_BACK, 0);
	}

	/* Free GPIO */
	gpio_free(LED_BACK);
	return 0;
}
```

코드의 동작은 해당 시스템 콜을 통해 enable 파라미터가 1이 입력되면 BACK 버튼에 위치한 LED를 점등하고 0이 입력되면 점멸한다.

Makefile

마지막으로 mycall.c 컴파일을 위한 Makefile을 수정하여 해당 소스코드 파일이 커널에 포함되도록 수정한다.

Terminal root@ubuntu:/mywork/kernel/kernel

```
root@ubuntu:/mywork/kernel/kernel# vi Makefile
```

Editor mycall.c

```

obj-y     = fork.o exec_domain.o panic.o \
	    cpu.o exit.o softirq.o resource.o \
	    sysctl.o sysctl_binary.o capability.o ptrace.o user.o \
	    signal.o sys.o kmod.o workqueue.o pid.o task_work.o \
	    extable.o params.o \
```

```
            kthread.o sys_ni.o nsproxy.o \
            notifier.o ksysfs.o cred.o reboot.o \
            async.o range.o smpboot.o ucount.o mycall.o

obj-$(CONFIG_MULTIUSER) += groups.o
```

▮ 커널 빌드 및 장치 업로드

시스템 호출 함수 적용이 완료되면 빌드작업을 통해 커널 이미지 설치를 진행한다. 빌드 및 설치방법은 “Chapter4 리눅스 빌드시스템 포팅”을 참고하도록 한다.

▮ 시스템 호출 테스트 프로그램

시스템 호출 함수가 적용된 커널을 기반으로 개발보드에 테스트 프로그램을 작성해보도록 한다.

Device Terminal root@h-embed-tku:~

```
root@h-embed-tku:~# vi syscall_test.c
```

Editor syscall_test.c

```
#include <stdio.h>
#include <unistd.h>

#define __NR_mycall 397

int main(void)
{
        printf(“Program Start!\n”);

        while (1)
        {
                printf(“LED ON!\n”);
                syscall(__NR_mycall, 1);
                sleep(1);

                printf(“LED OFF!\n”);
```

```
                syscall(__NR_mycall, 0);
                sleep(1);
        }

        return 0;
}
```

코드 작성이 완료되면 다음과 같이 컴파일을 진행하고 실행한다.

Device Terminal root@h-embed-tku:~

```
root@h-embed-tku:~# gcc -o syscall_test syscall_test.c
root@h-embed-tku:~# ./syscall_test
```

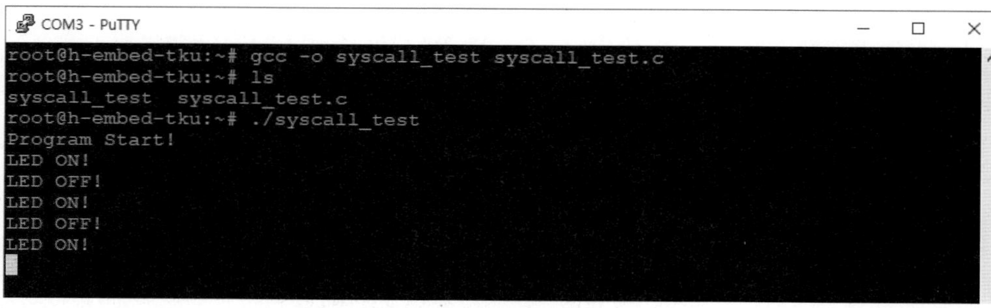

시스템 호출 함수를 이용하여 LED가 1초 단위로 Blink되는 것을 확인할 수 있다.

5. 디바이스 드라이버

5.1 디바이스 드라이버 개요

디바이스(device)란 하드 디스크(Hard Disk), 프린터(Printer), 스캐너(Scanner), 네트워크 어댑터(Network Adaptor), Touch Screen, LCD 디스플레이, Audio 등과 같이 컴퓨터 시스템 이외의 다른 주변장치를 말한다. 이런 주변장치 즉, 디바이스를 구동하기 위해서는 당연히 디바이스 구동 프로그램인 디바이스 드라이버 프로그램이 있어야 한다. 디바이스 드라이버 프로그램은 리눅스 OS가 자체적으로 지원하는 것도 있지만, 대부분 디바이스에 맞는 드라이버 프로그램을 찾아서 인스톨 시켜야 한다.

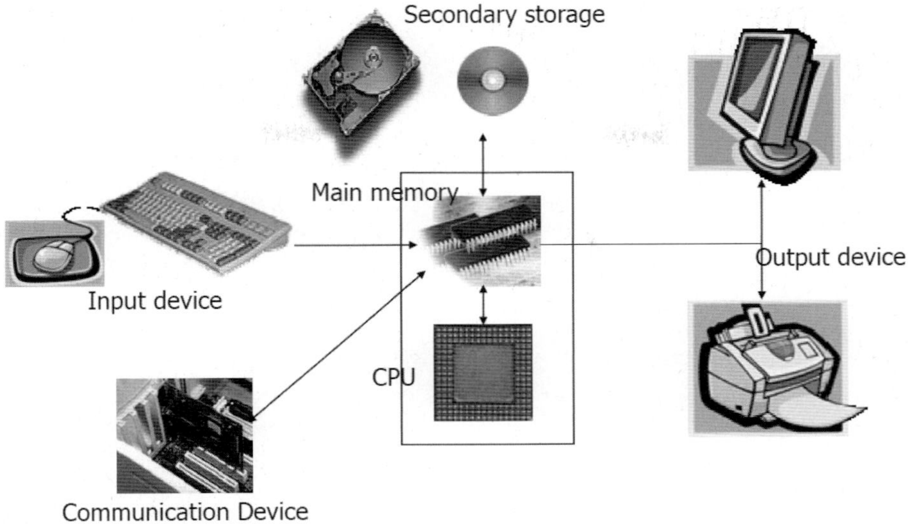

그림 5-9 디바이스 종류

디바이스 드라이버의 주요 기능은 다음과 같다.

- 디바이스와 시스템 사이에 데이터를 주고받기 위한 인터페이스(Interface)
- 표준적으로 동일한 서비스 제공을 목적
- 커널의 일부분으로 내장
- 서브루틴과 데이터의 집합체
- 디바이스의 고유한 특성을 내포

임베디드 리눅스 시스템에서 디바이스를 다루는 방법은 디바이스에 대해서 하나의 파일처럼 파일을 통해 액세스가 가능하도록 하고 있다. 따라서 사용자는 파일에 대한 연산만 주의하면 된다. 하나의 디바이스는 임베디드 리눅스 시스템에서 주번호(Major Number)와 부번호(Minor Number)로서 표현된다. 그리고 리눅스에서 디바이스 드라이버의 종류는 문자 디바이스(Character Device), 블록 디바이스(Block Device), 그리고 네트워크 디바이스(Network Device)로 나뉜다.

- 문자 디바이스는 자료의 순차성을 지닌 장치로서 버퍼 캐쉬를 사용하지 않는다. 즉, 버퍼를 통하지 않고 데이터를 바로 읽고 쓸 수 있는 장치를 말한다. 디바이스의 Raw 데이터를 사용자에게 제공하며 종류로는 터미널, 콘솔, 키보드, 사운드카드, 스캐너, 프린터, 직렬/병렬, 마우스 등이 있다.

- 블록 디바이스는 버퍼 캐쉬를 통해 Random Access가 가능한 장치이다. 데이터를 블록단위로 입출력하여, 파일시스템을 구축할 수 있다. 그 종류로는 하드디스크, 플로피디스크, 램디스크, CD-ROM 등이 있다.
- 네트워크 디바이스는 기본적으로 네트워크 통신을 통해 네트워크 패킷을 송수신할 수 있는 장치를 말한다. 그 예로는 이더넷, PPP, Slip, ATM 등이 있다.

5.2 디바이스 드라이버 종류

디바이스 드라이버는 문자 디바이스 드라이버, 블록 디바이스 드라이버, 네트워크 디바이스 드라이버로 구분이 된다.

■ 문자 디바이스 드라이버

문자 디바이스(Character Device)는 데이터 자료의 순차성을 지닌 장치로서 버퍼 캐쉬(buffer cache)를 사용하지 않는다. 즉, 버퍼를 통하지 않고 데이터를 바로 읽고 쓸 수 있는 장치를 말한다. 문자 디바이스의 종류로는 Terminal, Console, Touch Screen, Keyboard, Sound Card, Scanner, Printer, Serial/Parallel, Mouse, Joystick 등이 있다.

● 주번호(Major Number)와 부번호(Minor Number)

문자 디바이스는 파일시스템의 이름(또는 노드)를 통해 액세스(access) 되며, 대개 이들의 디바이스는 /dev 디렉토리 하에 있다. 블록 디바이스, 네트워크 디바이스도 마찬가지이다. 파일시스템에 디바이스 노드를 만들려면 mknod 명령을 사용해야 하며, 디바이스 파일을 만들려면 슈퍼유저로 접근해야 한다.

이 mknod 명령은 디바이스 이름과 디바이스 종류, 주번호(Major Number), 부번호(Minor Number) 등 세개의 추가 인자를 반드시 필요로 한다. 주번호는 커널에서 디바이스 드라이버를 구분하는 데 사용된다. 부번호는 디바이스 드라이버 내에서 필요한 경우 장치를 구분하기 위해서 사용된다. 즉, 하나의 디바이스 드라이버가 여러 개의 디바이스를 제어할 수 있다. 당연히 새로운 디바이스 드라이버는 새로운 주번호(Major Number)를 가져야 한다. Documentation/devices.txt에 모든 장치의 주번호(Major Number)가 정의되어 있다.

```
$ mknod  /dev/hda1  b  127  1
$ ls -al  /dev/hda1
$ brw-rw----  1  root  disk  3  1  Mar  25  12:00  /dev/hda1
```

아래에서 /dev/hda1은 디바이스 이름이고, b는 블록 디바이스임을 의미한다. c이면 문자 디바이스임을 의미한다. 127은 주번호(major number)를 의미하고, 1은 부번호(minor number)을 뜻한다. 부번호 값은 0–255 사이의 값을 가져야 한다.

리눅스 커널이 디바이스 드라이버를 호출할 때마다 드라이버에게는 어떤 디바이스가 대응되는지 알려준다. 주번호(Major Number)와 부번호(Minor Number)는 결합되어 하나의 디바이스를 식별하기 위해서 사용되며, 결합된 디바이스 번호는 inode 구조체의 i_rdev 필드에 있다. 각 드라이버 함수는 inode 구조체 포인터를 인자로 받아들인다. 각 드라이버 함수는 inode i_rdev를 조사하여 디바이스 번호를 추출할 수 있다.

dev_t(kernel/include/linux/types.h)는 디바이스 장치의 주번호(Major Number)와 부번호(Minor Number)를 표현하는 자료구조이다.

〈include/linux/kdev_t.h〉에 찾을 수 있는 다음의 매크로들을 사용할 수 있다.

Terminal root@ubuntu:/mywork/kernel/include/linux

```
root@ubuntu:/mywork/kernel/include/linux# vi kdev_t.h
```

```
#ifndef _LINUX_KDEV_T_H
#define _LINUX_KDEV_T_H

#include <uapi/linux/kdev_t.h>

#define MINORBITS       20
#define MINORMASK       ((1U << MINORBITS) - 1)

#define MAJOR(dev)      ((unsigned int) ((dev) >> MINORBITS))
#define MINOR(dev)      ((unsigned int) ((dev) & MINORMASK))
#define MKDEV(ma,mi)    (((ma) << MINORBITS) | (mi))
```

- MAJOR( ) : kdev_t에서 주번호(Major Number)를 추출하는 매크로
- MINOR( ) : kdev_t에서 부번호(Minor Number)를 추출하는 매크로
- MKDEV(int ma, int mi) : 주번호와 부번호를 가지고 kdev_t를 만든다.

● 문자 디바이스 등록과 해제

임베디드 리눅스 시스템에 새로운 디바이스 드라이버(Device Driver)를 추가하는 것은 하나의 주번호(Major Number)를 이 드라이버에 할당함을 의미한다. 주번호의 할당은 드라이버 초기화시에 include/linux/fs.h에 정의된 다음의 디바이스 등록 함수를 호출함으로서 이루어진다.

Terminal root@ubuntu:/mywork/kernel/include/linux

```
root@ubuntu:/mywork/kernel/include/linux# vi fs.h
```

```
/* Marks the bottom of the first segment of free char majors */
#define CHRDEV_MAJOR_DYN_END 234
extern int alloc_chrdev_region(dev_t *, unsigned, unsigned, const char *);
extern int register_chrdev_region(dev_t, unsigned, const char *);
extern int __register_chrdev(unsigned int major, unsigned int baseminor,
                             unsigned int count, const char *name,
                             const struct file_operations *fops);
extern void __unregister_chrdev(unsigned int major, unsigned int baseminor,
                                unsigned int count, const char *name);
extern void unregister_chrdev_region(dev_t, unsigned);
extern void chrdev_show(struct seq_file *,off_t);
```

디바이스 장치의 등록 함수 인자로서 major은 등록할 주번호(Major Number)이며, 만일 “0”이면 사용하지 않는 주번호 중에서 선택하여 동적으로 할당된다. name은 디바이스 장치의 이름이며 /proc/devices에 나타나 있다.

Device Terminal root@h-embed-tku:/proc

```
root@h-embed-tku:/proc# cat devices
```

```
root@h-embed-tku:/proc# cat devices
Character devices:
  1 mem
  4 /dev/vc/0
  4 tty
  5 /dev/tty
  5 /dev/console
  5 /dev/ptmx
  7 vcs
 10 misc
 13 input
 29 fb
 81 video4linux
 89 i2c
 90 mtd
```

리눅스 시스템에서 모듈을 삭제할 때에는 주번호도 제거하여야 한다.

cleanup_module에서 호출하는 디바이스 장치 해제 함수인 다음의 함수를 사용하면 된다.

```
int unregister_chrdev(unsigned int major,  const char *name)
```

함수 인자로는 제거하고자 하는 주번호(Major Number)와 디바이스 이름(Deviced Name)이다. 커널은 이 디바이스 이름과 주번호 할당시 등록한 이름을 비교한다. 이름이 서로 다르거나 또는 지정된 드라이버가 없거나 주번호 경계를 벗어난 값에 대해서는 에러 코드인 EINVAL을 리턴한다.

● **파일 연산(File Operations)**

사용자 프로그램과 디바이스 드라이버는 파일 인터페이스(file interface)를 통해 액세스 된다. 디바이스 드라이버는 자신이 커널에 등록할 때 register_chrdev() 함수를 사용하며, 등록 함수의 인자로서 file_operations 구조체를 사용하고 있다.

File_operations 구조체는 /linux/fs.h에 정의된 파일 함수 포인터 테이블이다. 먼저 파일을 나타내는 file 구조체를 살펴보면 다음과 같다.

Terminal root@ubuntu:/mywork/kernel/include/linux

```
root@ubuntu:/mywork/kernel/include/linux# vi fs.h
```

root@ubuntu: /mywork/kernel/include/linux

File Edit View Search Terminal Help

```
struct file_operations {
        struct module *owner;
        loff_t (*llseek) (struct file *, loff_t, int);
        ssize_t (*read) (struct file *, char __user *, size_t, loff_t *);
        ssize_t (*write) (struct file *, const char __user *, size_t, loff_t *);
        ssize_t (*read_iter) (struct kiocb *, struct iov_iter *);
        ssize_t (*write_iter) (struct kiocb *, struct iov_iter *);
        int (*iterate) (struct file *, struct dir_context *);
        int (*iterate_shared) (struct file *, struct dir_context *);
        unsigned int (*poll) (struct file *, struct poll_table_struct *);
        long (*unlocked_ioctl) (struct file *, unsigned int, unsigned long);
        long (*compat_ioctl) (struct file *, unsigned int, unsigned long);
        int (*mmap) (struct file *, struct vm_area_struct *);
        int (*open) (struct inode *, struct file *);
        int (*flush) (struct file *, fl_owner_t id);
        int (*release) (struct inode *, struct file *);
        int (*fsync) (struct file *, loff_t, loff_t, int datasync);
        int (*fasync) (int, struct file *, int);
        int (*lock) (struct file *, int, struct file_lock *);
```

- loff_t (*lseek) (struct file *, loff_t, int)
  파일에서 현재 읽고(read), 쓰는(write) 위치를 이동한다.
- ssize_t (*read) (struct file *, char *, size_t, loff_t *)
  디바이스 장치에서 데이터를 읽어 들인다.
- ssize_t (*write) (struct file *, const char *, size_t, loff_t *)
  디바이스 장치에 데이터를 쓴다.
- int (*readdir) (struct file *, void *, filldir_t)
  디바이스 장치에서는 사용하지 않고 디렉토리에서만 사용하는 함수이다.
- unsigned int (*poll) (struct file *, struct poll_table_struct *)
  현 프로세스를 대기 큐에 넣는다.
- int (*ioctl) (struct inode *, struct file *, unsigned int, unsigned long);
  디바이스에 종속적인 명령을 만드는 데 사용한다.
- int (*mmap) (struct file *, struct vm_area_struct *)
  디바이스 장치의 메모리를 프로세스의 메모리에 매핑 시키는데 사용한다.
- int (*open) (struct inode *, struct file *)
  디바이스 장치를 오픈한다.
- int (*release) (struct inode *, struct file *)
  디바이스 장치를 종료한다.
- int (*fsync) (struct file *, struct dentry *)
  디바이스 장치를 flush한다.
- int (*fasync) (int, struct file *, int)
  비동기 통지(Asynchronous notification)를 알려주는 FLAG인 FASYNC flag에 변화가 있는 디바이스를 확인하기 위해 사용한다.
- int (*check_media_change) (kdev_t dev)
  플로피 디스크처럼 사용도중에 Media가 변경될 수 있는 블록 디바이스 드라이버에서 사용한다.
- int (*revalidate) (kdev_t dev)
  제거 가능한 블록 디바이스에서 버퍼 캐쉬(buffer cache)관리 위해 사용한다.

- int (*lock) (struct file *, int, struct file_lock *)
  파일에 lock를 걸기 위해서 사용한다.

블록 디바이스 드라이버(Block Device Driver)

블록 디바이스(Block Device)는 버퍼 캐쉬(buffer cache)를 통해 Random Access가 가능한 장치이다. 데이터를 버퍼 캐쉬를 통해 블록(Block) 단위로 입출력하며, 파일시스템을 구축할 수 있다. 그 종류로는 Hard Disk, Floppy Disk, RAM Disk, CD-ROM 등이 있다.

블록 디바이스는 문자 디바이스와 같이 외부 사용자 응용프로그램과는 파일 인터페이스를 통해 액세스 되며, 파일 연산(file operations)를 제공한다. 블록 디바이스 드라이버는 주번호(Major Number)로 구별되며, 문자 디바이스 드라이버와는 별개로 관리되므로 문자 디바이스 드라이버와는 주번호가 중첩되어도 관계없다. 파일시스템은 버퍼 캐쉬(buffer cache)를 통해서 블록 디바이스에 액세스 된다. 버퍼 캐쉬를 통한 작업은 일반적인 read/write 동작과는 다르기 때문에 파일 연산의 read/write와 별도로 버퍼 캐쉬를 통한 read/write를 수행하기 위하여 추가적인 구조체 blk_dev_struct{ }가 존재한다. 이 구조체 내에서는 버퍼 캐쉬를 통해 실질적인 read/write를 수행하는 reguest_fn( ) 함수를 구현해야 한다. 또한, 블록의 크기, 섹터(sector)의 크기, 전체 크기 등을 따로 블록 장치를 관리하는 전역 변수에 설정해 관리해야 한다.

● 블록 디바이스 등록과 해제

임베디드 리눅스 시스템에서 문자 디바이스 드라이버처럼 블록 디바이스 드라이버는 커널에서 주번호(Major Number)로 식별한다. 블록 디바이스 드라이버를 등록하고 해제하기 위해 사용하는 함수는 다음과 같다.

```
#ifdef CONFIG_BLOCK
extern int register_blkdev(unsigned int, const char *);
extern void unregister_blkdev(unsigned int, const char *);
extern struct block_device *bdget(dev_t);
extern struct block_device *bdgrab(struct block_device *bdev);
extern void bd_set_size(struct block_device *, loff_t size);
extern void bd_forget(struct inode *inode);
extern void bdput(struct block_device *);
extern void invalidate_bdev(struct block_device *);
extern void iterate_bdevs(void (*)(struct block_device *, void *), void *);
extern int sync_blockdev(struct block_device *bdev);
extern void kill_bdev(struct block_device *);
extern struct super_block *freeze_bdev(struct block_device *);
extern void emergency_thaw_all(void);
extern int thaw_bdev(struct block_device *bdev, struct super_block *sb);
extern int fsync_bdev(struct block_device *);
```

문자 디바이스 드라이버에서와 마찬가지로 블록 디바이스 장치의 등록 함수 인자는 major로서 등록할 주번호(Major Number)이며, 만일 "0"이면 사용하지 않는 주번호 중에서 선택하여 동적으로 할당된다. name은 블록 디바이스 장치의 이름이다. fops는 블록 디바이스 장치에 대한 파일 연산 함수이다. 리턴 값은 에러 코드이며 리턴 값으로 "0"이나 양수의 값이면 성공적으로 수행되었음을 나타내고, 음수 값이면 에러가 발생했음을 나타낸다.

다음 그림은 블록 디바이스 드라이버 모듈과 커널 사이의 관계를 나타내었다.

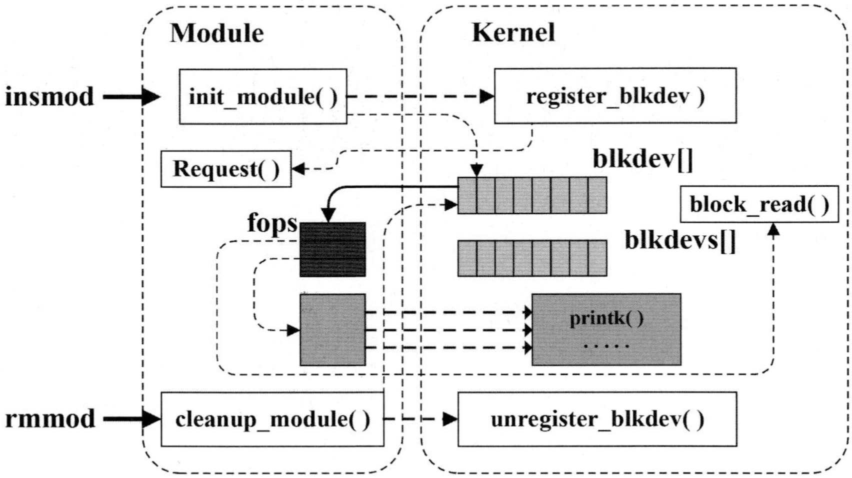

그림 5-10 블록 디바이스 드라이버 모듈과 커널

● **파일 연산(File Operation)**

사용자 프로그램과 블록 디바이스 드라이버는 파일 인터페이스를 통해 액세스된다. 그러나 블록 디바이스 드라이버의 파일 연산은 문자 디바이스 드라이버와 조금 차이가 있다. read/write/fsync 함수는 따로 구현할 필요가 없으며, 일반적으로 block_read(), block_write(), block_fsync() 함수를 그대로 사용한다. 그리고 open, release 함수도 문자 디바이스 드라이버에서와 마찬가지로 구현한다. 그러나 ioctl에서는 많이 다르다. 대부분의 블록 디바이스 드라이버가 지원할 것으로 예상되는 수많은 공통 ioctl 명령이 있으며, 따라서 이들의 대부분은 반드시 지원해 주어야 한다. 내용으로는 먼저 장치의 크기를 섹터의 개수로 리턴하는 BLKGETSIZE, 버퍼 캐쉬를 flush하는 BLKFLSBUF, 얼마나 미리 읽기(read-ahead)를 할 것인지 미리 읽기 값을 획득하는 BLKRAGET, 미리 읽기 값을 세트하는 BLKRASET, 블록 디바이스 장치의 읽기 전용 FLAG을 얻어오는 BLKROGET, 변경하는 BLKROSET, 파티션이 있는 장치에서 파티션 테이블을 다시 읽어

오는 BLKRRPART, 하드 디스크의 구조를 읽어오는 HDIO_GETGEO가 있다.

그리고 check_media_change는 미디어(media)가 변경될 수 있는 블록 디바이스 장치의 경우 미디어가 변경되었는지 여부를 조사하는 데 사용된다. 미디어가 변경된 경우 "1"을, 변경되지 않은 경우 "0"을 리턴한다. Revalidate는 미디어가 변경된 경우 호출되는 함수이다.

네트워크 디바이스 드라이버(Network Device Driver)

네트워크 디바이스(Network Device)는 기본적으로 네트워크 통신을 통해 네트워크 패킷을 송수신할 수 있는 장치를 말한다. 그 예로는 Ethernet, PPP, Slip, ATM, ISDN NIC(Network Interface Card) 등이 있다. 이 장치들을 위해 네트워크 디바이스 드라이버가 필요하다. 많은 네트워크 디바이스들을 위한 디바이스 드라이버가 있을 수 있다.

다음 그림은 네트워크 디바이스 드라이버의 구조에 대해 설명한다.

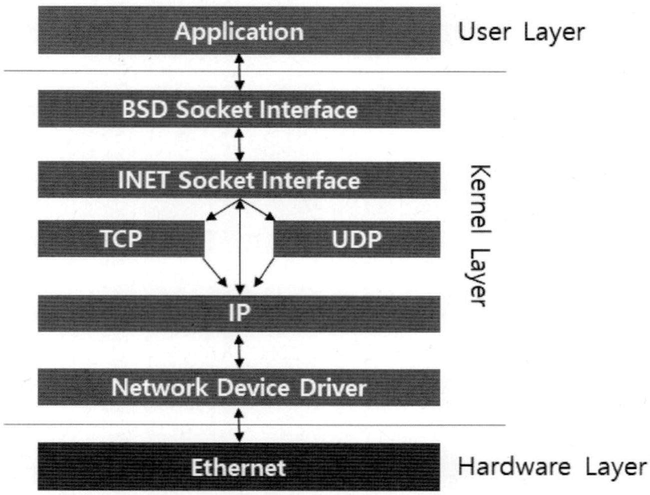

그림 5-11 네트워크 디바이스 드라이버 구조

● 소켓(Socket)

네트워크를 소켓이라는 단일한 인터페이스로 묶어서 사용한다. 그렇게 함으로써 통신의 요소를 가상화한다. Network을 초기화하여 다양한 통신 수단을 사용할 수 있다. Network의 초기화는 통신이라는 것을 file system의 체제로 초기화는 것이다. 그리고 하나의 연결이란 하나의 file을 등록하고 초기화하여 file descriptor에 연결한 후 file operation을 규정하는 행위와 같다. 이것은 init_module()과 open()의 과정으로 볼 수 있으며 소켓에서는 이를 socket()과 bind()함으로써 수행한다.

- **어소시에이션(Association)**

소켓 프로그램에 있어서 로컬 Host에서 실행되는 프로세스와 원격 Host에서 실행되는 프로세스간에 데이터를 교환하기 위해 요구되는 정보이다.

프로토콜 식별자, 로컬 인터넷 주소, 로컬 포트 번호, 원격 인터넷 주소, 원격 포트 번호로 구성된다.

- **파일시스템과 소켓의 관계**

File System에서는 file을 식별하기 위해서 file descriptor를 사용한다.

Socket은 하나의 connection(or association)을 식별하기 위한 수단이다. 이것은 구조체로 존재한다. 전체 16byte로 구성되어 있다. 프로토콜 식별자(2), 포트 번호(2), 인터넷 주소(4), 사용안함(0)으로 구성된다. File system에는 file descriptor와 연결되고, TCP/IP에서는 port 번호와 IP에 할당된다.

File System과 Socket과의 관계는 사용자에게 간편함을 제공하기 위하여 connection을 하나의 file descriptor와 연결한다. 그러므로 사용자는 통신을 일반 file처럼 사용할 수 있는 것이다. 소켓의 socket과 bind를 통하여 생성된다.

5.3 디바이스 드라이버 제작하기

개발보드의 LED 장치를 제어할 수 있는 Character Device 모듈을 제작해보도록 한다.

드라이버 모듈 제작

작업디렉토리 내의 App 폴더로 이동하여 Driver폴더를 생성하고 LED 제어를 위한 모듈 파일을 생성한다.

Terminal root@ubuntu:/mywork/App/driver

```
root@ubuntu:/mywork# cd App/
root@ubuntu:/mywork/App# mkdir driver
root@ubuntu:/mywork/App# cd driver/
root@ubuntu:/mywork/App/driver# vi led.c
```

Editor led.c

```
#include <linux/kernel.h>
#include <linux/module.h>
#include <linux/fs.h>
#include <linux/gpio.h>
#include <asm/uaccess.h>

#define NAME “embed_led”
#define LED_BACK 21
#define MAX_SIZE 1024

char temp[MAX_SIZE];
static int major;

static ssize_t drv_write(struct file *file, const char *buf, size_t len, loff_t *off)
{
        int ret = copy_from_user(temp, buf, MAX_SIZE);

        gpio_request(LED_BACK, “led_back”);
        gpio_direction_output(LED_BACK, 0);

        if (temp[0] == ‘1’) {
                printk(KERN_INFO “LED ON!\n”);
                gpio_set_value(LED_BACK, 1);
        } else {
                printk(KERN_INFO “LED OFF!\n”);
                gpio_set_value(LED_BACK, 0);
        }

        gpio_free(LED_BACK);
        return len;
}

static const struct file_operations fops = {
        .owner = THIS_MODULE,
        .write = drv_write,
};
```

```

static int drv_init(void)
{
        printk(KERN_INFO "LED Driver Initialized!\n");
        major = register_chrdev(0, NAME, &fops);
        return 0;
}

static void drv_exit(void)
{
        unregister_chrdev(major, NAME);
}

MODULE_LICENSE("GPL");
module_init(drv_init);
module_exit(drv_exit);
```

Makefile

모듈 컴파일을 위한 Makefile을 제작한다.

Terminal root@ubuntu:/mywork/App/driver

```
root@ubuntu:/mywork/App/driver# vi Makefile
```

Editor Makefile

```
PWD := $(shell pwd)
obj-m += led.o

all:
    make ARCH=arm CROSS_COMPILE=$(CROSS) -C $(KERNEL) SUBDIRS=$(PWD) modules
clean:
    make -C $(KERNEL) SUBDIRS=$(PWD) clean
```

```
PWD := $(shell pwd)
obj-m += led.o

all:
	make ARCH=arm CROSS_COMPILE=$(CROSS) -C $(KERNEL) SUBDIRS=$(PWD) modules
clean:
	make -C $(KERNEL) SUBDIRS=$(PWD) clean
```

▮ 모듈 컴파일

make 명령과 함께 커널 경로와 크로스 컴파일러의 정보를 입력하여 모듈을 컴파일한다.

Editor Makefile

```
../driver# make KERNEL=/mywork/kernel CROSS=arm-linux-gnueabihf-
```

▮ 모듈 적재하기

정상적으로 컴파일이 완료되면 다음과 같이 led.ko 모듈파일이 생성된다.

```
  CC [M]  /mywork/App/driver/led.o
/mywork/App/driver/led.c: In function 'drv_write':
/mywork/App/driver/led.c:16:6: warning: unused variable 'ret' [-Wunused-variable]
  int ret = copy_from_user(temp, buf, MAX_SIZE);
      ^
  Building modules, stage 2.
  MODPOST 1 modules
  CC      /mywork/App/driver/led.mod.o
  LD [M]  /mywork/App/driver/led.ko
make[1]: Leaving directory '/mywork/kernel'
root@ubuntu:/mywork/App/driver# ls
led.c  led.ko  led.mod.c  led.mod.o  led.o  Makefile  modules.order  Module.symvers
root@ubuntu:/mywork/App/driver#
```

led.ko 파일을 개발보드로 전송하여 insmod 명령을 통해 커널에 적재하도록 한다.

Device Terminal root@h-embed-tku:/

```
root@h-embed-tku:/# insmod led.ko
```

```
COM3:115200baud - Tera Term VT
File  Edit  Setup  Control  Window  KanjiCode  Help
root@h-embed-tku:/# ls
bin  etc   led.ko  lost+found  root  sbin  sys  usr
dev  home  lib     proc        run   srv   tmp  var
root@h-embed-tku:/# insmod led.ko
root@h-embed-tku:/#
```

※ 호스트 PC에서 개발보드로 파일 전송방법은 Utils에서 제공하는 teraterm을 이용하여 ZMODEM으로 전송하는 것이다.

모듈 적재가 완료되면 dmesg 명령을 통해 모듈함수가 출력되는지 확인한다.

Device Terminal   root@h-embed-tku:/

```
root@h-embed-tku:/# dmesg | tail
```

```
COM3:115200baud - Tera Term VT
File  Edit  Setup  Control  Window  KanjiCode  Help
root@h-embed-tku:/# ls
bin  etc   led.ko  lost+found  root  sbin  sys  usr
dev  home  lib     proc        run   srv   tmp  var
root@h-embed-tku:/# insmod led.ko
root@h-embed-tku:/# dmesg | tail
[    8.230873] VFS: Mounted root (ext3 filesystem) on device 179:34.
[    8.241978] devtmpfs: mounted
[    8.247103] Freeing unused kernel memory: 1024K (80e00000 - 80f00000)
[    9.464965] systemd-journald[230]: Received request to flush runtime jou
rnal from PID 1
[   37.761104] IPv6: ADDRCONF(NETDEV_UP): eth0: link is not ready
[   37.861508] Micrel KSZ9031 Gigabit PHY 2188000.ethernet:01: attached PHY
 driver [Micrel KSZ9031 Gigabit PHY] (mii_bus:phy_addr=2188000.ethernet:01,
 irq=-1)
[   37.899978] IPv6: ADDRCONF(NETDEV_UP): eth0: link is not ready
[  380.756707] random: crng init done
[ 2025.871757] led: loading out-of-tree module taints kernel.
[ 2025.872410] LED Driver Initialized!
root@h-embed-tku:/#
```

노드 생성

정상적으로 디바이스 모듈 적재가 완료되면 사용자가 접근하기 위한 파일 노드 생성작업이 필요하다. mknod를 통해서 장치 파일을 생성해보도록 한다.

먼저 mknod 장치파일 생성을 위해서 major number와 minor number를 등록한다. major와 minor는 장치구분을 위한 id 값이다.

major number는 다음과 같이 모듈에 적재되어 있는 devices를 통해 확인한다.

Device Terminal root@h-embed-tku:/

```
root@h-embed-tku:/# cat /proc/devices | grep embed_led
244 embed_led
```

mknod 명령을 통해 /dev 디렉토리 내부에 embed_led라는 장치파일을 생성한다.

Device Terminal root@h-embed-tku:/

```
root@h-embed-tku:/# mknod /dev/embed_led c 244 0
root@h-embed-tku:/# ls /dev/ | grep embed_led
embed_led
```

mknod	/dev	/embed_led	c	244 0
명령어	생성디렉토리	장치파일	Character Device	major/minor num

장치 제어

echo 명령어로 생성된 장치 파일에 데이터를 입력하여 제어해보도록 한다.

Device Terminal root@h-embed-tku:/

```
root@h-embed-tku:/# echo 1 > /dev/embed_led
root@h-embed-tku:/# echo 0 > /dev/embed_led
root@h-embed-tku:/# dmesg | tail
```

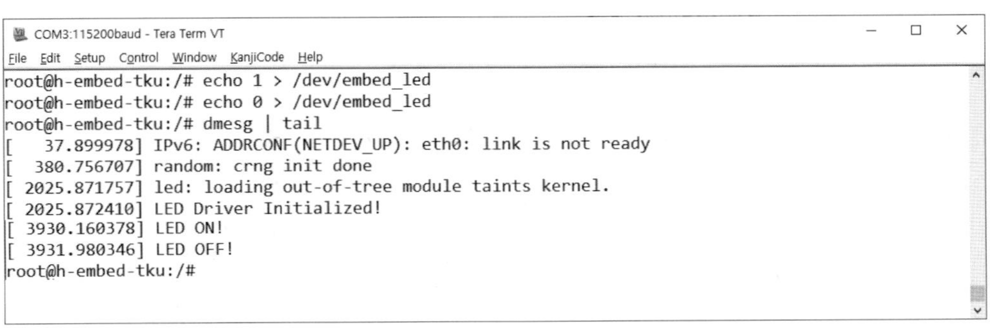

1을 입력하면 LED가 점등하고 반대로 0을 입력하면 LED가 점멸한다. dmesg를 통해 모듈이 정상적으로 동작하고 있는 것을 확인할 수 있다.

CHAPTER 06
리눅스 응용 프로그래밍

contents

01 부트로더 입출력장치 제어

디바이스 제어 방식에는 일반적으로 4가지 방식이 있다. 첫 번째로 OS가 없는 펌웨어(Firmware) 단계에서 주변장치의 물리주소를 직접 접근하는 방식, 두 번째로 커널이 부팅된 후 메모리 디바이스의 파일 오퍼레이션 함수를 이용하여 사용자 애플리케이션에서 가상 메모리 번지를 매핑 하여 사용하는 방식이 있다. 세 번째로 각각의 Device에 대한 디바이스 드라이버를 만들고 응용프로그램에서 I/O 디바이스를 오픈하여 사용하는 방식이 있으며 마지막으로 커널에서 직접 I/O를 제어하는 시스템 함수를 만드는 방식이 있다.

본 실습에서는 OS가 없는 펌웨어 단계에서 명령어 생성 및 직접 장치들을 제어한다. 즉 부트로더에서 동작하기 위한 장치의 물리주소에 접근하여 직접 제어하는 방식을 설명하였다.

1. 부트로더 명령어 추가

1.1 부트로더 명령어

장치에 전원이 인가되면 가장 먼저 프로세서 및 메모리 초기화가 이루어지고 네트워크 및 시리얼 장치 등의 디바이스 초기화가 이루어진다. 이후 커널이미지 로딩을 위한 자동 부팅(autoboot)이 이루어지는데 이전에 사용자 키(아무키나 입력)를 입력하면 부트로더 명령 프롬프트(Prompt) 상태로 이동할 수 있다.

'Hit any key to stop autoboot' 메시지가 출력되면 Enter 키를 입력하여 부트로더 명령 프롬프트로 이동한다. 다음으로 기본 부트로더에서 지원하는 명령어 정보를 살펴보기 위해서 다음과 같이 help 명령어를 입력한다.

```
Hit any key to stop autoboot:  0
=> help
```

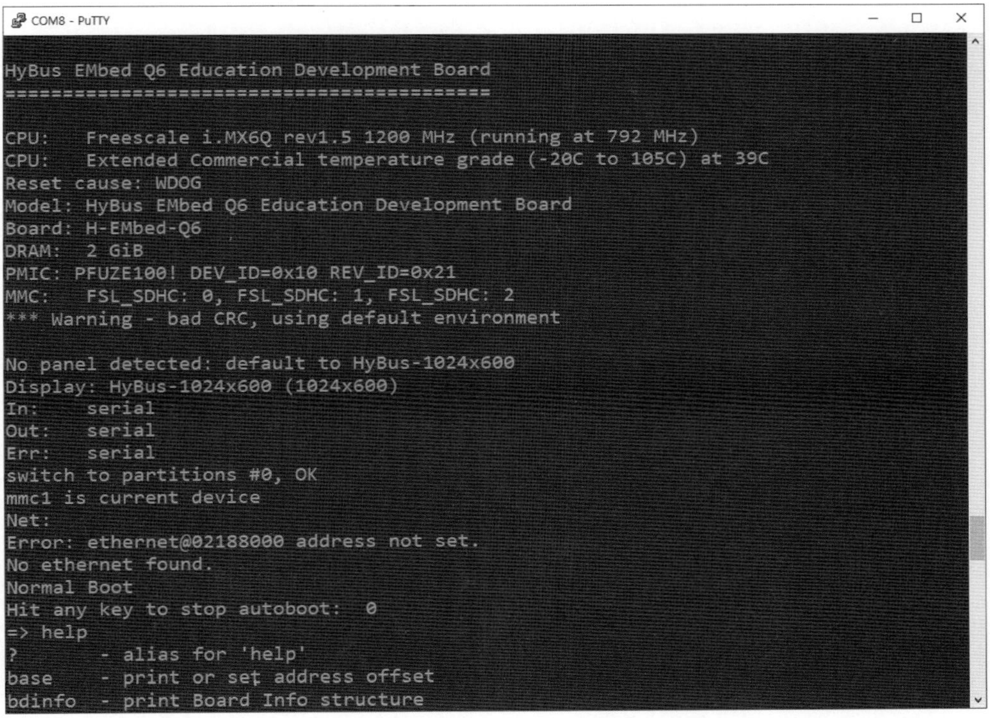

1.2 부트로더 명령어 추가하기

기본으로 제공하는 부트로더 명령어 외에 "Hello Boot"를 출력하는 명령어를 추가해보도록 한다. 부트로더 소스코드의 common 디렉토리로 이동하여 새로운 명령 파일(cmd_hello.c)을 생성하고 출력될 문구와 명령 기본 코드를 입력한다.

부트로더 소스의 cmd 디렉토리로 이동하여 "cmd_hello.c" 파일을 생성한다.

Terminal root@ubuntu:/mywork/bootloader/cmd

```
root@ubuntu:/mywork# cd bootloader/cmd/
root@ubuntu:/mywork/bootloader/cmd# vi cmd_hello.c
```

Editor cmd_hello.c

```
1  #include <common.h>
2  #include <command.h>
3
4  static int boot_hello(cmd_tbl_t *cmdtp, int flag, int argc, char * const argv[])
5  {
6          printf(“Hello World!!\n”);
7          return 0;
8  }
9
10 U_BOOT_CMD(
11                 hellotest,
12                 CONFIG_SYS_MAXARGS,
13                 1,
14                 boot_hello,
15                 “Bootloader Command test\n”,
16                 “using hello\n”
17         );
```

프로그램 설명

4 `static int boot_hello(cmd_tbl_t *cmdtp, int flag, int argc, char * const argv[])`
명령어가 실행될 때 호출되는 함수 구현

10 `U_BOOT_CMD(name, maxargs,rep, cmd, usage, help)`
uboot에서 사용하는 command들의 정보가 들어가는 섹션의 이름으로 uboot에서 제공하는 command의 대한 정보는 이 영역에 위치하게 된다.

---

common 디렉토리에 존재하는 Makefile을 열어 다음 내용을 추가한다.

Terminal root@ubuntu:/mywork/bootloader/cmd

```
root@ubuntu:/mywork/bootloader/cmd# vi Makefile
```

Editor cmd_hello.c

```
....

# bootloader command test
obj-y += cmd_hello.o
....
```

root@ubuntu: /mywork/bootloader/cmd

File Edit View Search Terminal Help

```

# bootloader command test
obj-y += cmd_hello.o

# command
obj-$(CONFIG_CMD_AES) += aes.o
obj-$(CONFIG_CMD_AMBAPP) += ambapp.o
```

1.3 명령어 실행하기

부트로더 명령어 추가가 완료되면 빌드작업을 통해 이미지 설치를 진행한다. 빌드 및 설치 방법은 "Chapter4. 리눅스 빌드시스템 포팅"을 참고하도록 한다.

수정 된 빌드 이미지를 개발보드에 설치하고 부트로더 명령 프롬프트로 이동한다. 그리고 help명령을 입력하게 되면 "hellotest" 명령어가 추가된 것을 볼 수 있다.

```
fatsize - determine a file's size
fdt     - flattened device tree utility commands
fstype  - Look up a filesystem type
fuse    - Fuse sub-system
go      - start application at address 'addr'
gpio    - query and control gpio pins
hello   - Print hello world
hellotest- Bootloader Command test

help    - print command description/usage
i2c     - I2C sub-system
```

hellotest명령을 입력 하게 되면 "Hello Wrold!!"라는 결과가 나타난다.

Device Terminal Bootloader Prompt

```
=> hellotest
Hello World!!
```

```
tftpboot- boot image via network using TFTP protocol
true     - do nothing, successfully
ums      - Use the UMS [USB Mass Storage]
usb      - USB sub-system
usbboot - boot from USB device
version - print monitor, compiler and linker version
=> hellotest
Hello World!!
=> 
```

2. 부트로더 디바이스 제어

2.1 부트로더 디바이스 접근 구조

▌기본으로 제공하는 부트로더 명령

부트로더는 Target 보드의 프로세서 메모리 초기화와 함께 원하는 기능대로 GPIO를 설정하며 Flash 메모리에 저장되어 있는 각각의 이미지를 RAM에 복사한다. 또한 커널이 정상적으로 동작하기 위한 루틴들이 수행되도록 각종 디바이스를 초기화 한다.

시스템을 동작하게 되면 입력될 명령어를 수행하기 위한 대기모드로 약 3초간의 시간이 지연된다. 만일 대기모드상태에서 사용자의 입력이 발생되면 command_mod()로 진입하고 아무런 입력이 발생되지 않으면 autoboot_mode로 진입하여 커널을 호출한다. command_mode()에서는 MMU가 비활성화 되어 주변장치의 인터페이스 주소 값을 사용하여 디바이스에 접근하게 된다.

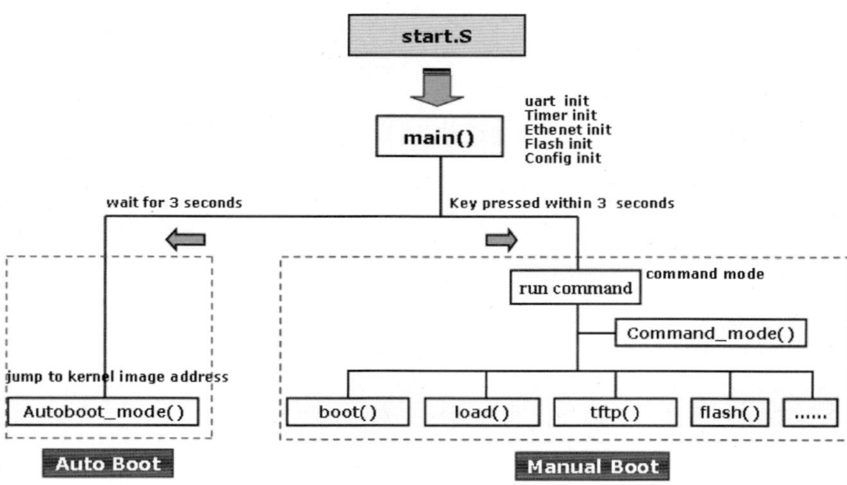

그림 6-1 부트로더 동작구조

2.2 디바이스 제어 명령어 추가하기

cmd 디렉토리로 이동하여 led 제어 명령파일을 생성 한다.

Terminal root@ubuntu:/mywork/bootloader/cmd

```
root@ubuntu:/mywork/bootloader/cmd# vi blink_led.c
```

Editor blink_led.c

```
#include <common.h>
#include <command.h>
#include <asm/gpio.h>
#include <linux/delay.h>

#define LED_BACK 21
#define LED_HOME 16
#define LED_MENU 20

void blink_on(unsigned int gpio);
void blink_off(unsigned int gpio);

static int do_blink(cmd_tbl_t *cmdtp, int flag, int argc, char * const argv[])
{
        unsigned int gpio;

        // Allocate GPIO variable
        gpio = LED_BACK;

        // Request GPIO with label
        gpio_request(gpio, “led”);

        // Set GPIO output, and set value 0
        gpio_direction_output(gpio, 0);

        printf(“Blink command start! \n”);

        // LED on, LED off
        blink_on(gpio);
```

```
        mdelay(1000);
        blink_off(gpio);
        mdelay(1000);
        blink_on(gpio);
        mdelay(1000);
        blink_off(gpio);

        return 0;
}

void blink_on(unsigned int gpio)
{
        printf("LED on!\n");
        gpio_set_value(gpio, 1);
}

void blink_off(unsigned int gpio)
{
        printf("LED off!\n");
        gpio_set_value(gpio, 0);
}

U_BOOT_CMD(
        blink_led,
        CONFIG_SYS_MAXARGS,
        1,
        do_blink,
        "BACK LED Blink Control",
        ""
);
```

common 디렉토리에 존재하는 Makefile을 열어 다음 내용을 추가한다.

Terminal　root@ubuntu:/mywork/bootloader/cmd

```
root@ubuntu:/mywork/bootloader/cmd# vi Makefile
```

Editor cmd_hello.c

```
....
obj-y += blink_led.o
....
```

```
root@ubuntu: /mywork/bootloader/cmd
File Edit View Search Terminal Help
obj-y += hello.o
obj-y += blink.o

# bootloader command test
obj-y += cmd_hello.o
obj-y += blink_led.o

# command
obj-$(CONFIG_CMD_AES) += aes.o
```

2.3 장치제어 명령어 실행하기

코드 수정이 완료되면 빌드작업을 통해 이미지 설치를 진행한다. 빌드 및 설치방법은 "Chapter4. 리눅스 빌드시스템 포팅"을 참고하도록 한다.

수정 된 빌드 이미지를 개발보드에 설치하고 부트로더 명령 프롬프트로 이동한다. 그리고 help 명령을 입력하게 되면 "blink_led" 명령어가 추가된 것을 볼 수 있다.

```
Hit any key to stop autoboot:  0
=> help
?       - alias for 'help'
base    - print or set address offset
bdinfo  - print Board Info structure
blink   - Blink LEDs
blink_led- BACK LED Blink Control
bmode   - sd2|sd3|emmc|normal|usb|sata|ecspi1:0|ecspi1:1|ecspi1:2|ecspi1:3|esdhc
```

led_blink 명령을 입력하게 되면 장치의 BACK LED가 2번 Blink 동작하는 것을 볼 수 있다.

Device Terminal | Bootloader Prompt

```
=> blink_led
Blink command start!
LED on!
LED off!
LED on!
LED off!
=>
```

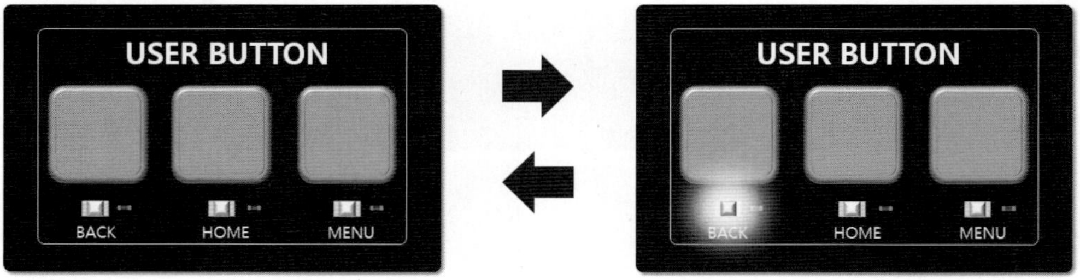

02 입출력장치 제어하기

개발보드에 기본 포함되어 있는 입출력장치 제어 실습을 진행한다. 각각의 입출력 인터페이스를 활용하여 GPIO LED 출력, GPIO Key 입력, PWM Buzzer 제어, RTC 등의 실습을 진행한다.

1. LED 제어 실습

개발보드의 LED 장치를 제어하는 방법에 대하여 알아보도록 한다. 일반적으로 입출력장치는 GPIO(General Purpose Input Output) 인터페이스를 사용한다.

GPIO는 다용도로 사용 가능한 입출력장치를 의미하는데 사용자가 하드웨어의 특정 핀의 상태를 직접 제어할 수 있은 인터페이스이다. 출력 모드를 이용하여 LED나 특정 회로에 직접 제어를 할 수 있고 반대로 입력 모드를 사용하면 버튼과 같이 입력 회로를 구성하여 사용할 수도 있다.

리눅스에서 GPIO를 컨트롤 하는 방법은 커널 계층에서는 직접 프로세서의 레지스터를 통해 제어하는 방법, 그리고 리눅스에서 제공하는 GPIO 추상화 인터페이스를 기반으로 함수를 호출하여 제어하는 방법 등이 있다. 하지만 유저 계층에서는 보안상 이를 직접 제어할 수 있는 권한이 없기 때문에 sysfs라 불리는 가상 파일시스템을 통해 유저 계층의 사용자가 별도로 사용할 수 있도록 인터페이스가 구성되어 있다.

본 실습에서는 개발보드의 USER BUTTON 파트에 포함되어 있는 BACK LED 제어 실습을 진행해 보도록 한다.

1.1 LED 장치 회로

LED 장치를 제어하기 위해서는 가장 먼저 프로세서에 연결된 하드웨어 인터페이스 정보 및 할당되어져 있는 핀 정보가 필요하다. 개발보드의 USER BUTTON 파트에 포함되어 있는 BACK LED 회로 정보를 살펴보도록 한다.

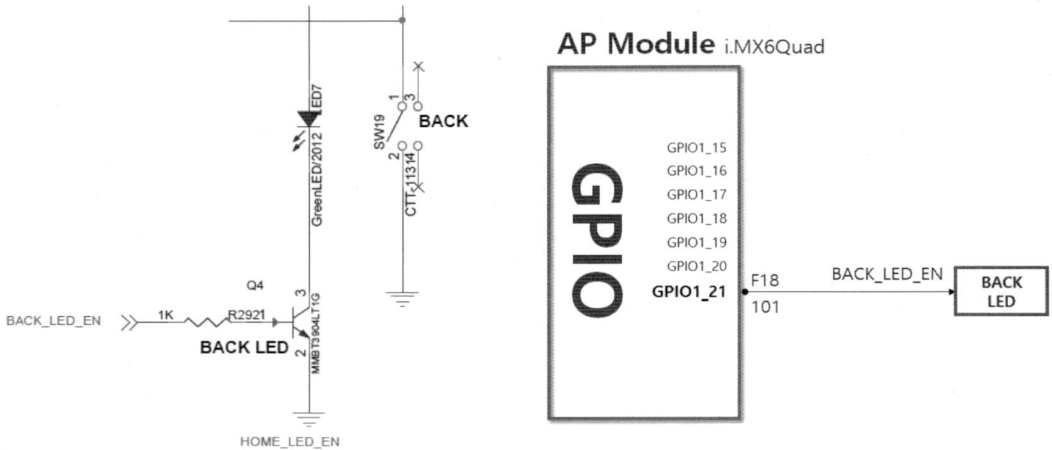

제어하고자 하는 LED 장치는 BACK LED이며 AP의 GPIO1_21(GPIO〈BANK〉_NUMBER)에 연결되어 있다. GPIO 인터페이스를 거쳐 BACK_LED_EN 신호를 통해 트랜지스터를 제어하여 LED가 구동되는 구조이다.

리눅스에서 사용되는 GPIO 번호 정보는 다음 수식을 통해 알아낼 수 있다.

```
Linux GPIO Number = (GPIO bank - 1) * 32 + (nr)
```

BACK LED는 GPIO1_21 정보를 가지고 있으며 GPIO bank와 nr(IO Number)정보를 수식에 대입하여 계산하면 '(1-1)*32+21 = 21', 즉 21번의 Linux GPIO 번호 값을 알아낼 수 있다.

1.2 sysfs 인터페이스 활용

sysfs는 리눅스 커널이 제공하는 가상 파일시스템의 하나로서, 가상 파일을 통해 다양한 커널 하위 시스템, 하드웨어 장치, 또 커널 장치 모델에서 사용자 공간에 이르는 관련 장치 드라이버에 대한 정보를 내보낸다. 다양한 장치와 커널 하위 시스템의 정보를 제공하는 일뿐 아니라, 내보낸 가상 파일들은 이들의 구성에도 사용된다.

sysfs 인터페이스를 활용하여 LED 장치 제어방법을 알아보도록 한다.

sysfs configuration

커널시스템 빌드환경에 sysfs 인터페이스 built-in 정보를 확인한다. 커널소스 디렉토리로 이동하여 configuration 명령을 입력한다.

Terminal root@ubuntu:/mywork/kernel

```
root@ubuntu:/mywork/kernel# make menuconfig
```

menuconfig 스크립트 화면에서 다음 경로로 이동한다.

```
Device Drivers  ---> [*] GPIO Support
```

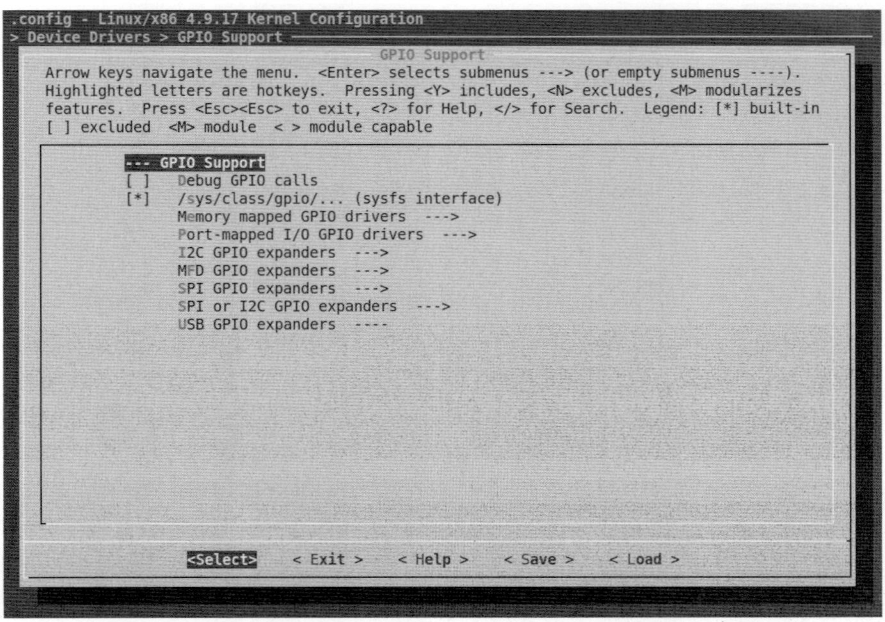

/sys/class/gpio/..(sysfs interface)가 기본 선택되어 있는 것을 볼 수 있으며 개발보드에는 해당 커널 이미지로 설치가 완료되었다.

sysfs 인터페이스 적용여부는 개발보드의 /sys/class/gpio 디렉토리가 생성된 것으로 확인할 수 있다.

Device Terminal root@h-embed-tku:/sys/class/gpio

```
root@h-embed-tku:/# cd /sys/class/gpio
```

▮ GPIO sysfs 생성하기

GPIO LED 장치제어를 위해서 새로운 가상파일을 생성한다. GPIO21번(BACK LED) 노드를 생성하기 위해서 echo 명령을 통해 다음과 같이 입력한다.

Device Terminal root@h-embed-tku:/sys/class/gpio

```
root@h-embed-tku:/sys/class/gpio# echo 21 > /sys/class/gpio/export
root@h-embed-tku:/sys/class/gpio# ls
export  gpiochip0    gpiochip160  gpiochip32  gpiochip96
gpio21  gpiochip128  gpiochip192  gpiochip64  unexport
```

echo명령은 환경변수 파일(export)에 GPIO 번호(21번)를 write하는 작업을 의미한다. 명령 입력 후 해당 디렉토리 정보를 살펴보면 "GPIO21" 디렉토리가 생성된 것을 확인할 수 있다.

GPIO 제어하기

이전에 생성된 GPIO21 디렉토리로 이동하여 파일정보를 확인한다. GPIO 입출력 설정에 필요한 direction과 데이터 입출력 설정을 위한 value를 확인할 수 있다.

Device Terminal root@h-embed-tku:/sys/class/gpio/gpio21

```
root@h-embed-tku:/sys/class/gpio# cd gpio21
root@h-embed-tku:/sys/class/gpio/gpio21# ls
active_low  device  direction  edge  power  subsystem  uevent  value
```

COM8 - PuTTY

```
root@h-embed-tku:/sys/class/gpio# ls
export  gpiochip0    gpiochip160  gpiochip32  gpiochip96
gpio21  gpiochip128  gpiochip192  gpiochip64  unexport
root@h-embed-tku:/sys/class/gpio# cd gpio21
root@h-embed-tku:/sys/class/gpio/gpio21# ls
active_low  device  direction  edge  power  subsystem  uevent  value
root@h-embed-tku:/sys/class/gpio/gpio21#
```

GPIO21 장치를 LED 출력으로 사용하기 위해서 출력(out)모드로 설정하고 cat 명령을 통해 변경 정보를 확인한다.

- **GPIO21 출력(out) 모드**

Device Terminal root@h-embed-tku:/sys/class/gpio/gpio21

```
root@h-embed-tku:/sys/class/gpio/gpio21# echo "out" > direction
root@h-embed-tku:/sys/class/gpio/gpio21# cat direction
out
```

direction 정보를 출력으로 설정하면 해당 GPIO가 출력 모드로 설정되고 초기화가 이루어져 LED가 점등되는 것을 확인할 수 있다.

데이터 입력 설정을 위한 value 정보를 변경한다. 현재 value 값을 확인하고 echo 명령을 사용하여 value 파일에 1을 입력한다.

● GPIO21 데이터 1 입력

Device Terminal root@h-embed-tku:/sys/class/gpio/gpio21

```
root@h-embed-tku:/sys/class/gpio/gpio21# cat value
0
root@h-embed-tku:/sys/class/gpio/gpio21# echo “1” > value
root@h-embed-tku:/sys/class/gpio/gpio21# cat value
1
```

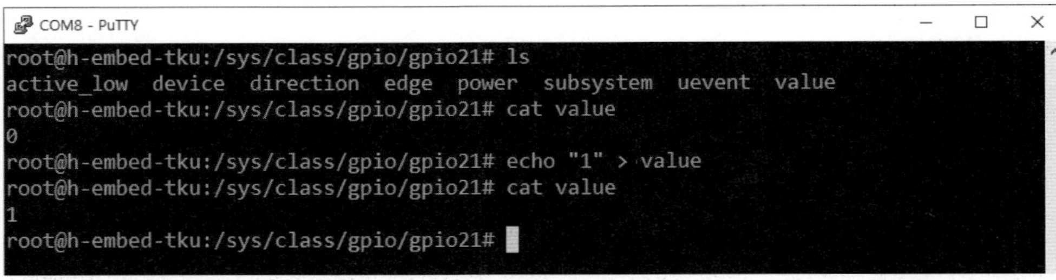

BACK LED가 정상적으로 점등되는 것을 볼 수 있다.

1.3 LED 제어 프로그램

이전에 실습하였던 sysfs 인터페이스를 활용하여 USER BUTTON 파트에 포함되어 있는 총 3개의 LED(BACK, HOME, MENU)를 제어하는 응용프로그램을 작성해보도록 한다.

작업 디렉토리(mywork)로 이동하여 gpio_led.c 파일을 생성하고 다음과 같이 코드를 작성한다.

Device Terminal root@h-embed-tku:/mywork

```
root@h-embed-tku:/# cd mywork/
root@h-embed-tku:/mywork# vi gpio_led.c
```

Editor gpio_led.c

```
#include <stdio.h>
#include <stdlib.h>
#include <unistd.h>
#include <fcntl.h>
```

```
#include <errno.h>

#define GPIO(BANK, IO) (BANK-1)*32+IO
#define SYSFS_GPIO_DIR “/sys/class/gpio”
#define MAX_BUF 64

#define LED_BACK GPIO(1, 21)
#define LED_HOME GPIO(1, 16)
#define LED_MENU GPIO(1, 20)

#define DELAY 50000

int gpio_export(unsigned int gpio);
int gpio_unexport(unsigned int gpio);
int gpio_set_dir(unsigned int gpio, int value);
int gpio_set_value(unsigned int gpio, int value);

int gpio_export(unsigned int gpio) {
        int fd, len;
        char buf[MAX_BUF];

        fd = open(SYSFS_GPIO_DIR “/export”, O_WRONLY);
        if (fd < 0) {
                printf(“gpio/export\n”);
                return 1;
        }

        len = snprintf(buf, sizeof(buf), “%d”, gpio);
        write(fd, buf, len);
        close(fd);

        return 0;
}

int gpio_unexport(unsigned int gpio) {
        int fd, len;
        char buf[MAX_BUF];

```

```
        fd = open(SYSFS_GPIO_DIR “/unexport”, O_WRONLY);
        if (fd < 0) {
                printf(“gpio/unexport\n”);
                return 1;
        }

        len = snprintf(buf, sizeof(buf), “%d”, gpio);
        write(fd, buf, len);
        close(fd);

        return 0;
}

int gpio_set_dir(unsigned int gpio, int dir) {
        int fd;
        char buf[MAX_BUF];

        snprintf(buf, sizeof(buf), SYSFS_GPIO_DIR “/gpio%d/direction”, gpio);
        fd = open(buf, O_WRONLY);
        if (fd < 0) {
                printf(“gpio/direction\n”);
                return 1;
        }

        if (dir)
                write(fd, “out\n”, 4);
        else
                write(fd, “in\n”, 3);

        close(fd);
        return 0;
}

int gpio_set_value(unsigned int gpio, int value) {
        int fd;
        char buf[MAX_BUF];

```

```
        snprintf(buf, sizeof(buf), SYSFS_GPIO_DIR “/gpio%d/value”, gpio);
        fd = open(buf, O_WRONLY);
        if (fd < 0) {
                printf(“gpio/set-value\n”);
                return 1;
        }

        if (value == 1) {
                write(fd, “1\n”, 2);
        } else {
                write(fd, “0\n”, 2);
        }

        close(fd);
        return 0;
}

int main(int argc, char *argv[])
{
        printf(“Application Started!\n”);

        int led[3] = {LED_BACK, LED_HOME, LED_MENU};

        for (int i = 0; i < 3; i++) {
                gpio_export(led[i]);
                gpio_set_dir(led[i], 1);
        }

        while (1)
        {
                for (int i = 0; i < 3; i++) {
                        usleep(DELAY);
                        gpio_set_value(led[i], 1);
                }

                for (int i = 0; i < 3; i++) {
                        usleep(DELAY);
                        gpio_set_value(led[i], 0);
```

```
118                 }
119             }
120     }
```

프로그램 설명

7 `#define GPIO(BANK, IO) (BANK-1)*32+IO`
리눅스 GPIO 핀 번호 정의

8 `#define SYSFS_GPIO_DIR "/sys/class/gpio"`
sysfs인터페이스 디렉토리 정보

11~ `#define LED_BACK GPIO(1, 21)`
`#define LED_HOME GPIO(1, 16)`
`#define LED_MENU GPIO(1, 20)`
LED GPIO 정보

12~ `int gpio_export(unsigned int gpio);`
LED장치 sysfs를 생성을 위한 함수

`int gpio_unexport(unsigned int gpio);`
LED장치 sysfs를 제거하기 위한 함수

`int gpio_set_dir(unsigned int gpio, int value);`
GPIO 입출력 모드 설정 함수(out 또는 in)

`int gpio_set_value(unsigned int gpio, int value);`
GPIO 데이터 입력 함수(0 또는 1)

97 `int main()`
3개의 LED On/Off 프로그램 동작

코드 작성이 완료되면 다음과 같이 컴파일을 진행하고 파일을 실행한다.

Device Terminal root@h-embed-tku:/mywork

```
root@h-embed-tku:/mywork# gcc -o gpio_led gpio_led.c
root@h-embed-tku:/mywork# ./gpio_led
Application Started!
```

프로그램이 정상적으로 동작한다면 3개의 LED가 반복적으로 On/Off 되는 것을 볼 수 있다.

2. 입력 버튼 제어 실습

개발보드의 입력 버튼 장치를 제어하는 방법에 대하여 알아보도록 한다.

개발보드의 사용자 입력버튼은 총 5개가 제공되며 리눅스에서 제공하는 gpio-keys 드라이버를 통해 버튼 입력 이벤트 정보를 받아볼 수 있다.

2.1 디바이스 드라이버 정보

커널 디바이스 드라이버 입력장치(Input Device)에는 GPIO 버튼과 관련된 정보를 제공한다. 커널소스 디렉토리로 이동하여 configuration 명령을 입력한다.

Terminal root@ubuntu:/mywork/kernel

```
root@ubuntu:/mywork/kernel# make menuconfig
```

menuconfig 스크립트 화면에서 다음 경로로 이동한다.

```
Device Drivers  ---> Input device support  ---> [*]  Keyboards  --->
```

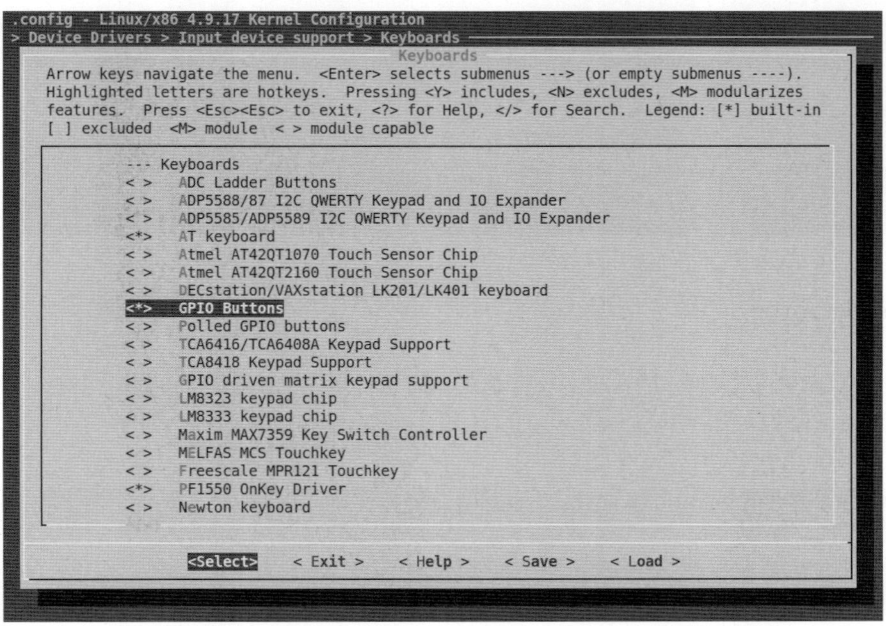

Key 드라이버 관련하여 플랫폼 데이터 및 장치 정보는 driver/input/keyboard에 존재한다.

Terminal root@ubuntu:/mywork/kernel/drivers/input/keyboard

```
root@ubuntu:/mywork/kernel# cd drivers/input/keyboard
root@ubuntu:/mywork/kernel/drivers/input/keyboard# ls
gpio_keys.c
root@ubuntu:/mywork/kernel/drivers/input/keyboard# vi gpio_keys.c
```

```
root@ubuntu: /mywork/kernel/drivers/input/keyboard
File Edit View Search Terminal Help
// embed_q6
//              gpio number = (gpio_bank -1 ) * 32 + gpio_bit
// GPIO1_IO17 =      17      = (1 - 1) * 32 + 17
#define BACK_LED                21      // GPIO1_21 = (1 - 1) * 32 + 21
#define HOME_LED                16      // GPIO1_16 = (1 - 1) * 32 + 16
#define MENU_LED                20      // GPIO1_20 = (1 - 1) * 32 + 20

struct gpio_button_data {
        const struct gpio_keys_button *button;
        struct input_dev *input;

        struct timer_list release_timer;
        unsigned int release_delay;     /* in msecs, for IRQ-only buttons */

        struct delayed_work work;
        unsigned int software_debounce; /* in msecs, for GPIO-driven buttons */

        unsigned int irq;
        spinlock_t lock;
        bool disabled;
        bool key_pressed;
};

struct gpio_keys_drvdata {
        const struct gpio_keys_platform_data *pdata;
        struct input_dev *input;
        struct mutex disable_lock;
        struct gpio_button_data data[0];
};

```

2.2 입력장치 확인

개발보드의 입력장치에 대한 세부정보와 실행되고 있는 프로세스정보를 확인하기 위해서 가상 파일시스템(proc) 디렉토리로 이동하여 정보를 확인한다.

Device Terminal root@h-embed-tku:/proc/bus/input

```
root@h-embed-tku:/# cd /proc/bus/input/
root@h-embed-tku:/proc/bus/input# cat devices
```

COM8:115200baud - Tera Term VT

File Edit Setup Control Window KanjiCode Help

```
root@h-embed-tku:/# cd /proc/bus/input/
root@h-embed-tku:/proc/bus/input# cat devices
I: Bus=0018 Vendor=0001 Product=0002 Version=0100
N: Name="zinitix_touch"
P: Phys=input(ts)
S: Sysfs=/devices/virtual/input/input0
U: Uniq=
H: Handlers=kbd event0 evbug
B: PROP=2
B: EV=b
B: KEY=40000800 0 0 0 0
B: ABS=2658000 0

I: Bus=0019 Vendor=0001 Product=0001 Version=0100
N: Name="gpio-keys"
P: Phys=gpio-keys/input0
S: Sysfs=/devices/soc0/gpio-keys/input/input1
U: Uniq=
H: Handlers=kbd event1 evbug
B: PROP=0
B: EV=3
B: KEY=1000 40000800 c0000 0 0 0

root@h-embed-tku:/proc/bus/input# 
```

장치정보를 살펴보면 2개의 입력장치를 확인할 수 있다. Handlers의 정보와 Name을 살펴보면 event0의 경우 LCD touch 입력장치이며 event1은 gpio-keys 정보를 가지고 있는 것을 확인할 수 있다. 장치의 입력 정보는 /dev/input 디렉토리로 이동하여 동일한 장치이름을 확인할 수 있으며 해당 파일을 열어서 입력정보에 대한 이벤트를 확인할 수 있다.

2.3 입력장치 프로그램

개발보드의 입력 장치정보는 /dev/input에서 관리하며 5개의 사용자버튼 이벤트정보를 확인하기 위해서는 event1의 이벤트정보를 확인한다.

입력장치의 코드 정보 및 상태정보를 읽어오기 위한 프로그램을 작성해보도록 한다. 작업 디렉토리(mywork)로 이동하여 bt_event.c 파일을 생성하고 다음과 같이 코드를 작성한다.

Device Terminal root@h-embed-tku:/mywork

```
root@h-embed-tku:/# cd mywork/
root@h-embed-tku:/mywork# vi bt_event.c
```

Editor bt_event.c

```
1  #include <linux/input.h>
2  #include <sys/types.h>
3  #include <sys/stat.h>
4  #include <fcntl.h>
5  #include <stdio.h>
6  #include <unistd.h>
7
8  int main(int argc, char **argv)
9  {
10         int fd;
11         if (argc < 2) {
12           printf("./button <device>\n ex: ./button /dev/input/event1\n");
13            return 1;
14         }
15
16         fd = open(argv[1], O_RDONLY);
17         struct input_event ev;
18         printf("Application Started!\n");
19
20         while (1)
21         {
22                 read(fd, &ev, sizeof(struct input_event));
23                 if(ev.type == 1)
24                  printf("Key Code [%i] = State is %i\n", ev.code,
   ev.value);
25         }
26 }
```

프로그램 설명

10 `int fd;`

File Descriptor 변수 선언

16 `fd = open(argv[1], O_RDONLY);`

입력장치 File descriptor 가져오기(open)

17 `struct input_event ev;`

input_event 구조체 변수 선언

22 `read(fd, &ev, sizeof(struct input_event));`

해당 디바이스에서 input_event 구조체 read

23~ `if(ev.type == 1)`

```
printf("Key Code [%i] = State is %i\n", ev.code, ev.value);
```

event1 장치인 경우 key code 정보와 value 정보 출력

※ key code 정보는 /include/uapi/linux/input-event-codes.h에 정의

```
root@ubuntu: /mywork/kernel/include/uapi/linux
File Edit View Search Terminal Help
228 #define KEY_MSDOS             151
229 #define KEY_COFFEE            152     /* AL Terminal Lock/Screensaver */
230 #define KEY_SCREENLOCK        KEY_COFFEE
231 #define KEY_ROTATE_DISPLAY    153     /* Display orientation for e.g. tabl
    ets */
232 #define KEY_DIRECTION         KEY_ROTATE_DISPLAY
233 #define KEY_CYCLEWINDOWS      154
234 #define KEY_MAIL              155
235 #define KEY_BOOKMARKS         156     /* AC Bookmarks */
236 #define KEY_COMPUTER          157
237 #define KEY_BACK              158     /* AC Back */
238 #define KEY_FORWARD           159     /* AC Forward */
239 #define KEY_CLOSECD           160
240 #define KEY_EJECTCD           161
241 #define KEY_EJECTCLOSECD      162
242 #define KEY_NEXTSONG          163
```

코드 작성이 완료되면 다음과 같이 컴파일을 진행하고 입력장치 정보를 입력하고 실행한다.

Device Terminal root@h-embed-tku:/mywork

```
root@h-embed-tku:/mywork# ls
bt_event.c  gpio_led  gpio_led.c
root@h-embed-tku:/mywork# gcc -o bt_event bt_event.c
root@h-embed-tku:/mywork# ./bt_event /dev/input/event1
Application Started!
Key Code [158] = State is 1
Key Code [158] = State is 0
Key Code [172] = State is 1
Key Code [172] = State is 0
Key Code [139] = State is 1
Key Code [139] = State is 0
Key Code [114] = State is 1
Key Code [114] = State is 0
Key Code [115] = State is 1
Key Code [115] = State is 0
```

총 5개의 버튼(BACK, HOME, MENU, VOL_UP, VOL_DOWN)을 누르면 해당 Key 코드 값과 상태정보가 나타난다.

key code 정보는 커널 코드 헤더 파일(/include/uapi/linux/input-event-codes.h)을 참고하도록 한다.

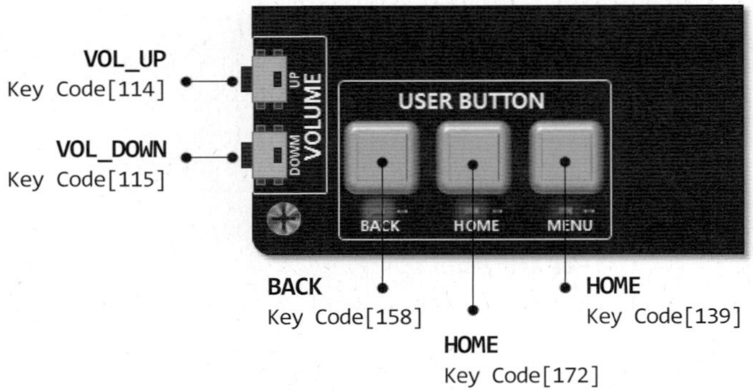

3. 부저 PWM 제어 실습

개발보드의 부저(Buzzer)를 이용한 실습을 진행해 보도록 한다. 부저장치는 다음 그림과 같이 위치해 있다.

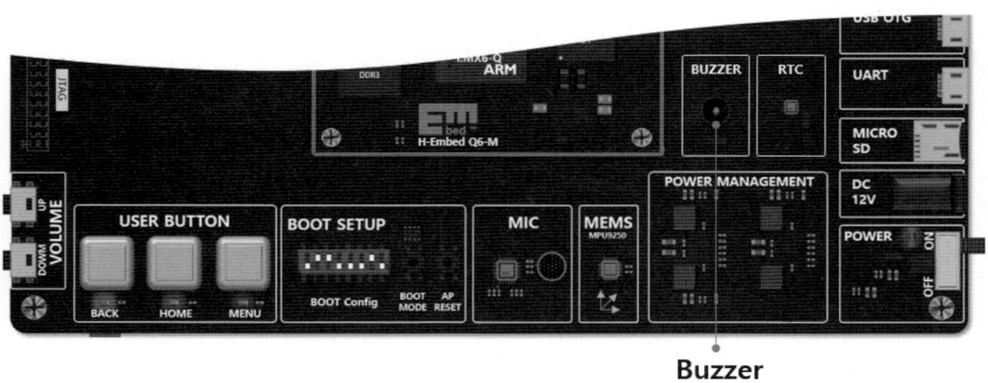

3.1 피에조 부저(Piezo Buzzer)

피에조 부저(piezo buzzer)는 피에조 효과를 이용하여 소리를 내는 장치로 능동부저(Active Buzzer)와 수동부저(Passive Buzzer)로 나뉜다. 능동부저는 내장된 회로를 통해 외부에서 전류가 흐르면 소리가 나는 부저이며 수동부저는 별도 내장된 회로 없이 미세한 진동으로 소리를 내는 장치이다.

그림 6-2 능동부저(Active Buzzer)와 수동부저(Passive Buzzer)

능동부저는 동작전압(ex, 3.3~5V)을 인가하면 약 2KHz 대역의 단일음 소리가 발생하며 일반적으로 경보음 또는 알림용도로 사용한다.

개발보드에서 사용되는 수동부저는 주파수를 활용하여 소리를 내기 때문에 음계별 표준 주파수를 이용하면 다양한 음역대의 소리를 낼 수 있다. 내부 동작 원리는 부저에 전압을 인가하게 되면 내부에 있는 보이스 코일의 자기장을 통해 진동판을 진동시켜 소리를 내는 원리이다. 우리가 듣는 모든 소리들은 각자 고유의 주파수가 있는데, 해당 부품에 우리가 전기적인 주파수 전압을 인가하게 되면 그 에너지가 진동판을 진동시켜 공기를 매질로써 진동을 외부로 방출하게 된다. 그 진동이 귀를 통해 들어오며 우리가 소리로써 인식하게 되는 것이다.

음계 \ 옥타브	1	2	3	4	5	6	7	8
C(도)	32.7032	65.4064	130.8128	261.6256	523.2511	1046.502	2093.005	4186.009
C#	34.6478	69.2957	138.5913	277.1826	554.3653	1108.731	2217.461	4434.922
D(레)	36.7081	73.4162	146.8324	293.6648	587.3295	1174.659	2349.318	4698.636
D#	38.8909	77.7817	155.5635	311.1270	622.2540	1244.508	2489.016	4978.032
E(미)	41.2034	82.4069	14.8138	329.6276	659.2551	1318.510	2637.020	5274.041
F(파)	43.6535	87.3071	174.6141	349.2282	698.4565	1396.913	2793.826	5587.652
F#	46.2493	92.4986	184.9972	369.9944	739.9888	1479.978	2959.955	5919.911
G(솔)	48.9994	97.9989	195.9977	391.9954	783.9909	1567.982	3135.963	6271.927
G#	51.9130	103.8262	207.6523	415.3047	830.6094	1661.219	3322.438	6644.875
A(라)	55.0000	110.0000	220.0000	440.0000	880.0000	1760.000	3520.000	7040.000
A#	58.2705	116.5409	233.0819	466.1638	932.3275	1864.655	3729.310	7458.620
B(시)	61.7354	123.4708	246.9417	493.8833	987.7666	1975.533	3951.066	7902.133

그림 6-3 음계별 표준 주파수(단위: Hz)

3.2 하드웨어 구조

부저장치의 회로 구조를 살펴보면 BUZZER_CTL(PWM3_OUT)을 통해 아날로그 신호로 변환하여 장치에 해당 동작 수행한다. PWM은 출력 할 수 있는 전압 값을 기준으로 이를 일정한 비율(duty) 동안에는 High로 유지하고 나머지는 Low 값으로 출력하여 사각파의 출력을 만들어 낼 수 있다.

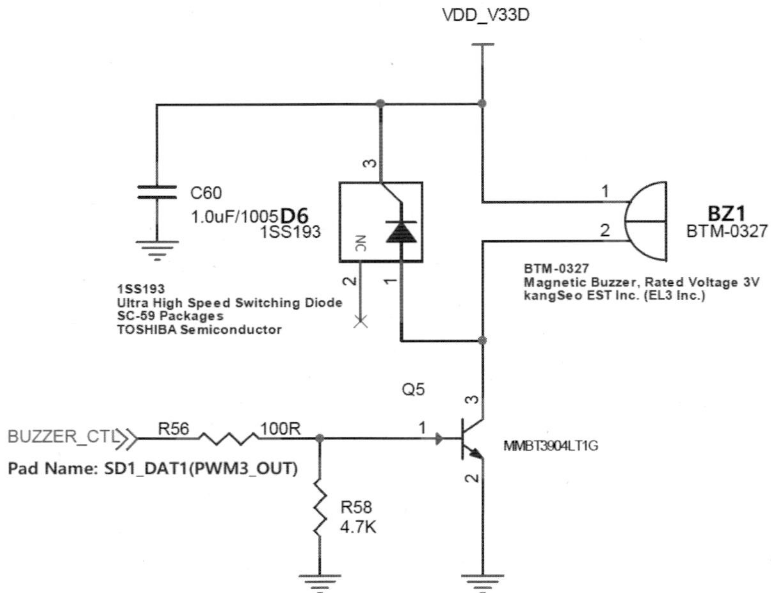

3.3 디바이스 드라이버 정보

부저장치를 동작시키기 위한 커널 드라이버가 제공된다. 커널소스 디렉토리로 이동하여 configuration 명령을 입력한다.

Terminal root@ubuntu:/mywork/kernel

```
root@ubuntu:/mywork/kernel# make menuconfig
```

menuconfig 스크립트 화면에서 다음 경로로 이동한다.

```
Device Drivers ---> Misc devices -->
 <*> hybus i.MX6 platform buzzer driver
```

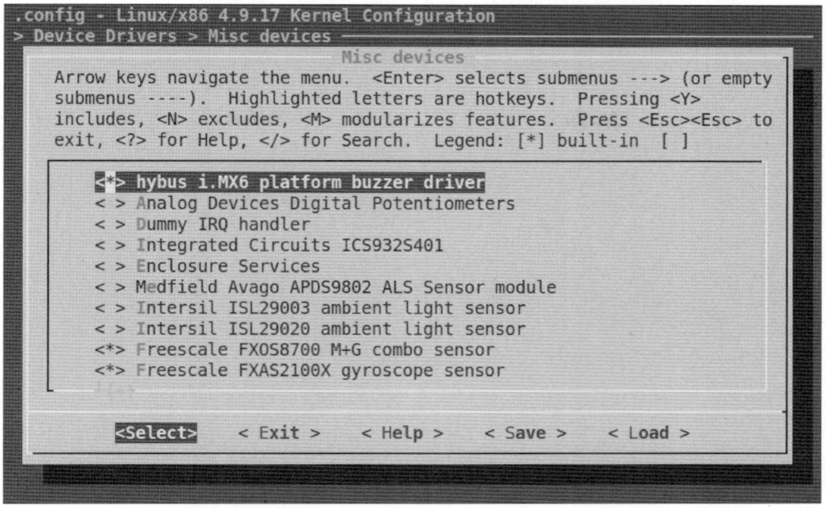

부저 드라이버 관련하여 플랫폼 데이터 및 장치 정보는 drivers/misc에 존재한다.

Terminal root@ubuntu:/mywork/kernel/drivers/misc

```
root@ubuntu:/mywork/kernel# cd drivers/misc/
root@ubuntu:/mywork/kernel/drivers/misc# ls
root@ubuntu:/mywork/kernel/drivers/misc# vi pwm_buzzer.c
```

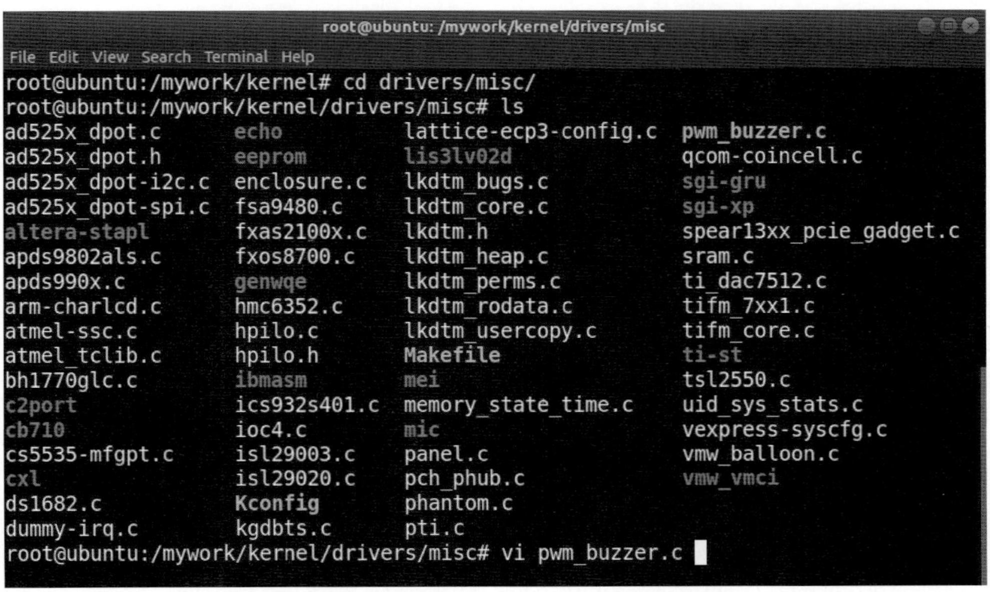

디바이스 드라이버 파일에는 부저제어에 필요한 기본 파일 Operations 함수 내용이 포함되어 있다.

```
static struct file_operations bz_fops = {
    .open               =       bz_open,
    .release            =       bz_release,
    .read               =       bz_read,
    .write              =       bz_writesmk,
    .unlocked_ioctl     =       bz_ioctl,
};
```

3.4 부저 제어 프로그램

부저장치를 동작시키기 응용프로그램을 제작해보도록 한다. 디바이스 드라이버 파일에 정의된 Operations 함수를 이용하여 장치 On/Off, 주파수(TONE), 볼륨(VOLUME) 조절 기능을 사용해보도록 한다.

Device Terminal root@h-embed-tku:/mywork

```
root@h-embed-tku:/# cd mywork/
root@h-embed-tku:/mywork# vi buzzer.c
```

Editor buzzer.c

```
#include <stdlib.h>
#include <stdio.h>
#include <sys/ioctl.h>
#include <fcntl.h>
#include <sys/types.h>
#include <sys/stat.h>
#include <unistd.h>

#define IOCTL_START_BUZZER      _IOW(‘b’, 0x07, int)
#define IOCTL_END_BUZZER        _IOW(‘b’, 0x09, int)
#define IOCTL_SET_TONE          _IOW(‘b’, 0x0b, int)
#define IOCTL_SET_VOLUME        _IOW(‘b’, 0x0c, int)
#define IOCTL_GET_TONE          _IOW(‘b’, 0x0d, int)
```

```
#define IOCTL_GET_VOLUME        _IOW('b', 0x0e, int)

long freqToTone(double freq);
void playTone(long tone, int volume, int time);

long freqToTone(double freq) {
        double tone;
        tone = (1.0f / freq) * 1000000000;
        return (long) tone;
}

void playTone(long tone, int volume, int time) {
        int buzzer_fd = open("/dev/buzzer", O_RDONLY);

        ioctl(buzzer_fd, IOCTL_SET_VOLUME, volume);
        ioctl(buzzer_fd, IOCTL_SET_TONE, tone);
        printf("Tone: %lu, Volume: %d\n", tone, volume);

        ioctl(buzzer_fd, IOCTL_START_BUZZER, 0);
        usleep(time);
        ioctl(buzzer_fd, IOCTL_END_BUZZER, 0);
        close(buzzer_fd);
}

int main(int argc, char **argv)
{
        double TONEHZ[8] = {523, 587, 659, 698, 783, 880, 987, 1046};

        for (int i = 0; i < 8; i++) {
                long tone = freqToTone((TONEHZ[i]));
                playTone(tone, 25000, 100 * 1000);
        }

        return 0;
}
```

프로그램 설명

9~ `#define IOCTL_START_BUZZER _IOW('b', 0x07, int)`

```
#define IOCTL_END_BUZZER        _IOW('b', 0x09, int)
#define IOCTL_SET_TONE          _IOW('b', 0x0b, int)
#define IOCTL_SET_VOLUME        _IOW('b', 0x0c, int)
#define IOCTL_GET_TONE          _IOW('b', 0x0d, int)
#define IOCTL_GET_VOLUME        _IOW('b', 0x0e, int)
```

ioctl() 함수를 사용하기 위한 매크로 정의

_IOW(type,nr,size) : type(매직번호), nr(구분번호), size(변수형)

※ ioctl() 함수는 입출력제어(Inuput Output Control)의 줄임말로 쓰기와 읽기 처리가 가능하며 하드웨어의 제어나 상태를 얻기 위해 주로 사용, 응용프로그램의 명령에 따라 디바이스 드라이버의 매개변수 해석이 달라진다. 파일 디스크립터 fd에 해당하는 디바이스 파일에 read()와 write() 함수로 처리하기 힘든 입출력 처리에 주로 사용된다.

26 `int buzzer_fd = open("/dev/buzzer", O_RDONLY)`

open() 함수를 통해 파일을 열기위한 시스템호출, 부저 장치 드라이버 File Descriptor 읽기전용(쓰기전용 : O_WRONLY)

28 `ioctl(buzzer_fd, IOCTL_SET_VOLUME, volume)`

29 `ioctl(buzzer_fd, IOCTL_SET_TONE, tone)`

30 `printf("Tone: %lu, Volume: %d\n", tone, volume)`

부저장치 볼륨(VOLUME), 톤(TONE) 읽기 및 출력(printf)

32 `ioctl(buzzer_fd, IOCTL_START_BUZZER, 0)`

`ioctl(buzzer_fd, IOCTL_END_BUZZER, 0)`

부저장치 켜기(START), 끄기(END)

33 `usleep(time);`

usleep(int micro_sedonds), ex) usleep(1000000) = 1초

40 `close(buzzer_fd)`

File Descriptor 닫기

43 `double TONEHZ[8] = {523, 587, 659, 698, 783, 880, 987, 1046};`

음계 표준 주파수(5옥타브 도,레,미,파,솔,라,시,도)

44 `playTone(tone, 10000, 500000);`

playTone(long tone, int volume, int time)

tone : 8개 배열 주파수 값 정의

volume : 16-Bit PWM Duty(Volume), 최대값 216

time : 출력시간(us), 500000=0.5초

코드 작성이 완료되면 컴파일을 진행하고 실행한다.

Device Terminal　root@h-embed-tku:/mywork

```
root@h-embed-tku:/mywork# gcc -o buzzer buzzer.c
root@h-embed-tku:/mywork# ./buzzer
Tone: 1912045, Volume: 25000
Tone: 1703577, Volume: 25000
Tone: 1517450, Volume: 25000
Tone: 1432664, Volume: 25000
Tone: 1277139, Volume: 25000
Tone: 1136363, Volume: 25000
Tone: 1013171, Volume: 25000
Tone: 956022, Volume: 25000
```

결과 값은 Tone 정보와 Volume 정보가 나타나며 0.5초 간격으로 5옥타브 음계가 동작하는 것을 확인할 수 있다.

3.5 부저 제어 응용프로그램

이전에 실습하였던 입력장치와 부저장치를 이용하여 3개의 음계를 출력하는 응용프로그램을 제작해 보도록 한다.

Device Terminal　root@h-embed-tku:/mywork

```
root@h-embed-tku:/# cd mywork/
root@h-embed-tku:/mywork# vi piano.c
```

Editor　buzzer.c

```
#include <linux/input.h>
#include <sys/types.h>
#include <sys/stat.h>
#include <fcntl.h>
#include <stdio.h>
#include <unistd.h>
#include <stdlib.h>
#include <sys/ioctl.h>

```

```
#define IOCTL_START_BUZZER      _IOW(‘b’, 0x07, int)  // 부저 켜기
#define IOCTL_END_BUZZER        _IOW(‘b’, 0x09, int)  // 부저 끄기
#define IOCTL_SET_TONE          _IOW(‘b’, 0x0b, int)  // 부저 톤 설정
#define IOCTL_SET_VOLUME        _IOW(‘b’, 0x0c, int)  // 부저 볼륨 설정
#define IOCTL_GET_TONE          _IOW(‘b’, 0x0d, int)  // 부저 톤 읽기
#define IOCTL_GET_VOLUME        _IOW(‘b’, 0x0e, int)  // 부저 볼륨 일기

long freqToTone(double freq);
void startBuzzer();
void changeTone(long tone, int volume);
void stopBuzzer();

int buzzer_fd;

long freqToTone(double freq) {
        double tone;
        tone = (1.0f / freq) * 1000000000;
        return (long) tone;
}

void startBuzzer() {
        ioctl(buzzer_fd, IOCTL_START_BUZZER, 0);
};

void stopBuzzer() {
        ioctl(buzzer_fd, IOCTL_END_BUZZER, 0);
};

void changeTone(long tone, int volume) {
        ioctl(buzzer_fd, IOCTL_SET_VOLUME, volume);
        ioctl(buzzer_fd, IOCTL_SET_TONE, tone);
        printf(“Tone: %lu, Volume: %d\n”, tone, volume);
}

int main(int argc, char **argv)
{
        buzzer_fd = open(“/dev/buzzer”, O_RDONLY);
        int fd;
```

```
    fd = open(“/dev/input/event1”, O_RDONLY);
    struct input_event ev;
    printf(“Application Started!\n”);

    while (1)
    {
        read(fd, &ev, sizeof(struct input_event));
        if (ev.type == 1) {
            printf(“Key Code [%i] = State is %i\n”, ev.code, ev.value);

            long tone;

            switch (ev.code)
            {
                case 158:
                    tone = freqToTone(523);
                    break;
                case 172:
                    tone = freqToTone(587);
                    break;
                case 139:
                    tone = freqToTone(659);
                    break;
            }

            changeTone(tone, 10000);

            if (ev.value == 1) {
                startBuzzer();
            } else {
                stopBuzzer();
            }
        }
    }
}
```

코드 작성이 완료되면 컴파일을 진행하고 실행한다.

```
Device Terminal    root@h-embed-tku:/mywork

root@h-embed-tku:/mywork# gcc -o piano piano.c
root@h-embed-tku:/mywork# ./piano
Application Started!
Key Code [158] = State is 1
Tone: 1912045, Volume: 10000
Key Code [158] = State is 0
Tone: 1912045, Volume: 10000
Key Code [172] = State is 1
Tone: 1703577, Volume: 10000
Key Code [172] = State is 0
Tone: 1703577, Volume: 10000
Key Code [139] = State is 1
Tone: 1517450, Volume: 10000
Key Code [139] = State is 0
Tone: 1517450, Volume: 10000
```

결과 값은 Tone 정보와 Volume 정보가 나타나며 키(BaCK, HOME, MENU) 이벤트에 따라 도레미 음계가 출력된다.

4. RTC 제어

RTC(Real Time Clock)는 정확한 현재시간을 기록하기 위한 장치로 메인 시스템의 전원이 꺼진 상태에서도 보조 전원을 통하여 현재 시간을 측정한다.

RTC를 사용함으로써 소비전력을 낮추고 정확한 현재 시간을 알아낼 수 있다.

개발보드의 RTC를 이용한 실습을 진행해 보도록 한다. 저장치는 다음 그림과 같이 위치해 있다.

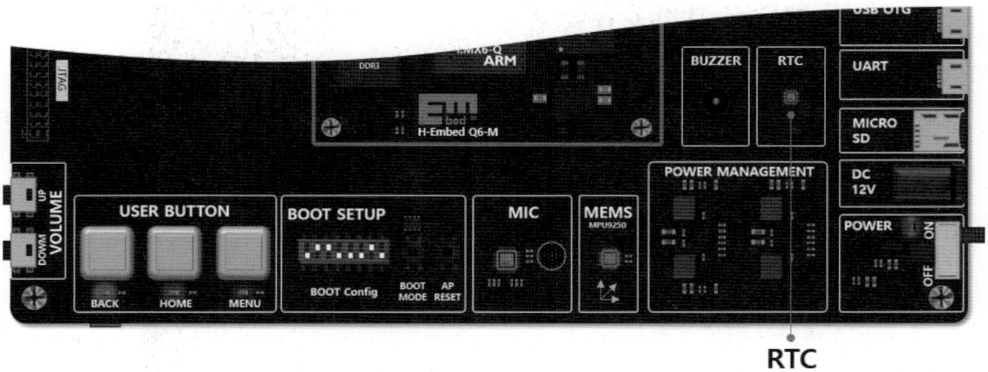

4.1 하드웨어 구조

RTC IC는 NXP 사의 PCF8523를 사용한다. 해당 IC는 I2C 인터페이스를 통해 프로세서와 연결되어있으며 보조 전력으로는 코인 배터리를 사용한다.

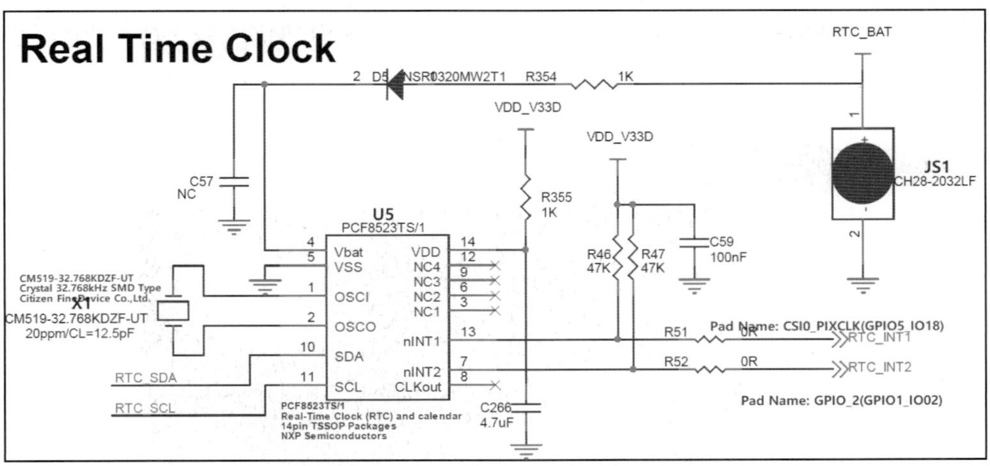

PDF8523 Block Diagram 정보는 다음과 같다.

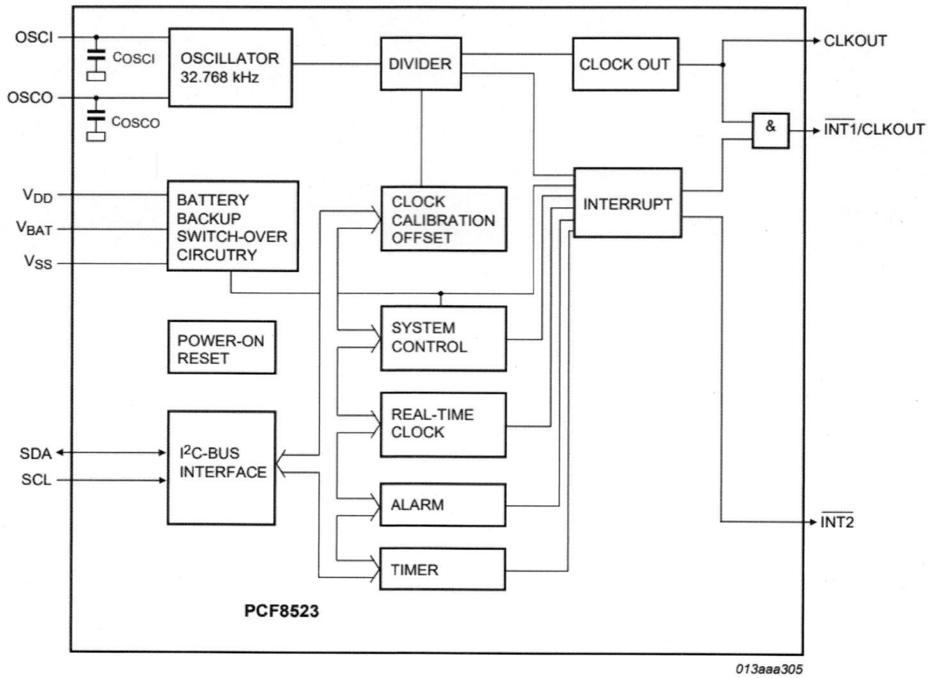

4.2 디바이스 드라이버 정보

RTC장치를 동작시키기 위한 커널 드라이버가 제공된다. 커널소스 디렉토리로 이동하여 configuration 명령을 입력한다.

Terminal root@ubuntu:/mywork/kernel

```
root@ubuntu:/mywork/kernel# make menuconfig
```

menuconfig 스크립트 화면에서 다음 경로로 이동한다.

```
Device Drivers ---> [*] Real Time Clock --->
 <*> NXP PCF8523
```

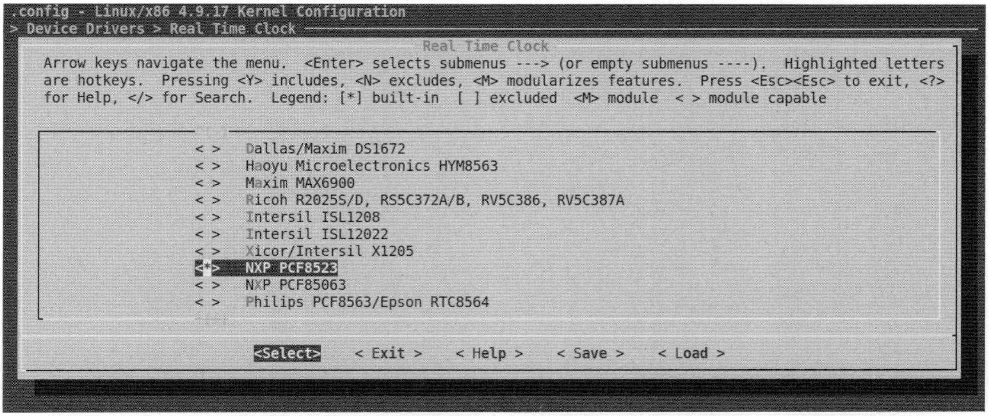

RTC 드라이버 관련하여 플랫폼 데이터 및 장치 정보는 drivers/rtc에 존재한다.

Terminal root@ubuntu:/mywork/kernel/drivers/rtc

```
root@ubuntu:/mywork/kernel# cd drivers/rtc/
root@ubuntu:/mywork/kernel/drivers/rtc# vi rtc-pcf8523.c
```

RTC 장치의 경우 인터페이스 정보 및 I2C 어드레스 정보는 디바이스 트리에 정의되어 있다. 개발 플랫폼의 DTSI(Device Tree Script/Source–include) 파일을 확인하기 위해서 커널소스 디렉토리에서 다음과 같이 이동한다.

Device Terminal root@ubuntu:/mywork/kernel/arch/arm/boot/dts

```
root@ubuntu:/mywork/kernel# cd arch/arm/boot/dts/
root@ubuntu:/mywork/kernel/arch/arm/boot/dts# vi imx6qdl-sabresd.dtsi
```

```
root@ubuntu: /mywork/kernel/arch/arm/boot/dts
File Edit View Search Terminal Help
};

&i2c3 {
//      clock-frequency = <100000>;
        clock-frequency = <400000>;     // smk
        pinctrl-names = "default";      //, "gpio";
        pinctrl-0 = <&pinctrl_i2c3>;
//      pinctrl-1 = <&pinctrl_i2c3_gpio>;
        status = "okay";

        zinitix_touch@20 {
                compatible = "zinitix,zinitix_touch";
                reg = <0x20>;   // slave address...     0x40>>1
//              interrupt-parent = <&gpio6>;
//              interrupts = <16 2>;
        };

        rtc: pcf8523@68 {
                compatible = "nxp,pcf8523";
                reg = <0x68>;
                status = "okay";
        };

```

I2C 3번에 인터페이스에 연결되어 있으며 I2C 어드레스(reg) 정보는 0x68인 것을 확인할 수 있다.

4.3 현재 시간 확인

리눅스에서 제공하는 기본명령어로 현재 날짜와 시간을 확인할 수 있다.

- hwclock : 하드웨어 시간(ROM에서 인식하고 있는 시간)
- date : 커널에서 인식하는 시간

Device Terminal root@h-embed-tku:/

```
root@h-embed-tku:/# hwclock -r
2020-04-23 18:18:56.029599+0900
root@h-embed-tku:/# date
Thu Apr 23 18:20:57 KST 2020
root@h-embed-tku:/#
```

만일 시간 변경이 필요하면 옵션(-s)을 통해 가능하다.

Device Terminal root@h-embed-tku:/

```
root@h-embed-tku:/# date -s "2020-04-24 00:00:00"
Fri Apr 24 00:00:00 KST 2020
root@h-embed-tku:/# date
Fri Apr 24 00:00:02 KST 2020
```

커널에서 인식한 시간을 하드웨어 시간에 적용하기 위해서는 다음과 같이 입력한다.

Device Terminal root@h-embed-tku:/

```
root@h-embed-tku:/# hwclock --systohc
root@h-embed-tku:/# hwclock -r
2020-04-24 00:00:40.224131+0900
root@h-embed-tku:/#
```

4.4 RTC 응용프로그램

RTC를 통해 시간데이터를 읽어오는 프로그램을 작성해보도록 한다.

Device Terminal root@h-embed-tku:/mywork

```
root@h-embed-tku:/mywork# vi rtc.c
```

Editor rtc.c

```
#include <stdio.h>
#include <stdlib.h>
#include <unistd.h>
#include <fcntl.h>
#include <sys/ioctl.h>
#include <sys/types.h>
#include <sys/stat.h>
#include <sys/time.h>
#include <linux/input.h>

```

```
struct linux_rtc_time {
    int tm_sec;         // Seconds          [0-59]
    int tm_min;         // Minutes          [0-59]
    int tm_hour;        // Hours            [0-23]
    int tm_mday;        // Day              [0-31]
    int tm_mon;         // Month            [0-11]
    int tm_year;        // Year             [1900 ~]
    int tm_wday;        // Day of week      [0-6]
    int tm_yday;        // Days in year     [0-365]
    int tm_isdst;       // DST              [-1/0/1]
};

#define RTC_RD_TIME     _IOR('p', 0x09, struct linux_rtc_time)

int main(int argc, char **argv)
{
    int fd, rc;
    struct linux_rtc_time st;
    fd = open("/dev/rtc", O_RDONLY);
    rc = ioctl(fd, RTC_RD_TIME, &st);
    printf("%d년 %d월 %d일 %d시 %d분 %d초\n", (st.tm_year + 1900),
     (st.tm_mon + 1), st.tm_mday, (st.tm_hour + 9), st.tm_min, st.tm_sec);
}
```

코드 작성이 완료되면 컴파일을 진행하고 실행한다.

Device Terminal root@h-embed-tku:/mywork

```
root@h-embed-tku:/mywork# gcc -o rtc rtc.c
root@h-embed-tku:/mywork# ./rtc
2020년 4월 27일 9시 31분 56초
```

현재 날짜와 시간 값을 확인할 수 있다.

03 커널 부팅 로고 변경하기

개발보드에 전원이 인가되고 부팅시 나타나는 기본 로고 화면을 변경해보도록 한다. 로고설정은 커널시스템에서 관리하며 일반이미지(png 또는 jpg 파일)를 ppm(Portable Pixmap) 파일로 변환하여 사용된다. ppm은 텍스트 형식을 사용하는 24비트 컬러 이미지 확장자로 압축형식이 없으며 작은 이미지를 저장하는데 사용된다.

그림 6-4 기본 부팅 로고 화면

1. 로고 이미지 만들기

부팅로고에 사용될 이미지를 만들어 보도록 한다. 화면 해상도보다 작은 사이즈의 이미지를 준비하고 이미지 변환 프로그램을 이용하여 PPM으로 변경한다.

1.1 로고 이미지 다운로드

웹브라우저를 실행하고 'linux logo' 검색을 통해 샘플 이미지를 다운로드한다. 이미지 크기는 디스플레이장치 해상도(1024*600)보다 작은 이미지로 준비한다.

※ 지원 해상도보다 같거나 큰 경우 정상적으로 화면에 표시되지 않는다.

그림 6-5 샘플 이미지

1.2 이미지 편집 프로그램(GIMP)

오픈소스 그래픽 도구인 GIMP를 설치하여 이미지 파일 편집 및 확장자(PPM) 변환을 진행해 보도록 한다.

▮ GIMP 설치

Terminal root@ubuntu:/

```
root@ubuntu:/# apt-get -y install gimp
```

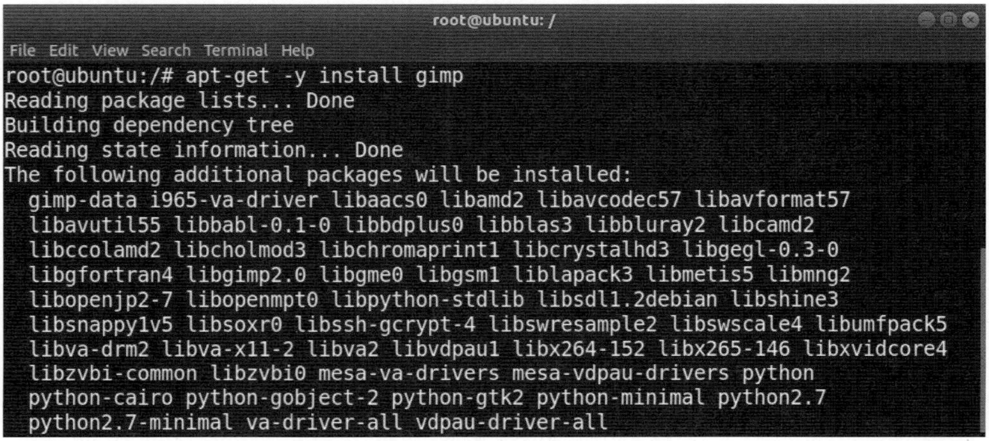

▮ GIMP 실행

정상적으로 설치가 완료되면 아래 명령어를 통해 실행한다.

Terminal root@ubuntu:/

```
root@ubuntu:/# gimp
```

프로그램 실행화면은 다음과 같다.

1.3 이미지 편집하기

gimp 프로그램이 실행되면 총 3개의 Layer가 나타나며 중앙에 이미지 편집을 위한 화면이 나타난다. 이전에 준비된 샘플 이미지를 열어보도록 한다.

```
file > open > logo.jpg(sample image)
```

이미지 편집이 필요한 경우 Toolbox를 통해 변경이 가능하다. Text tool을 이용하여 간단한 문구를 추가해보도록 한다.

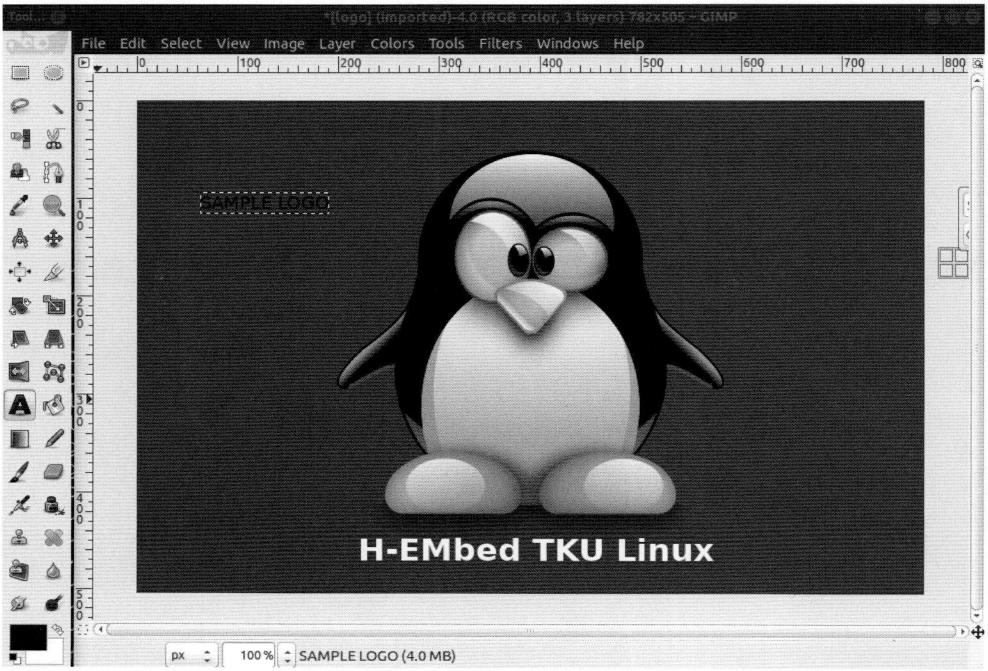

이미지 편집이 완료되면 상단 메뉴의 file 〉 Export As 메뉴로 이동한다.

```
file > Export As...
```

파일 Name을 변경(boot_logo.ppm)하고 저장경로는 /mywork/App으로 설정한다. 마지막으로 하단의 파일형식을 PPM image(*.ppm)으로 변경한다.

변경이 완료되면 하단의 Export 버튼을 클릭한다.

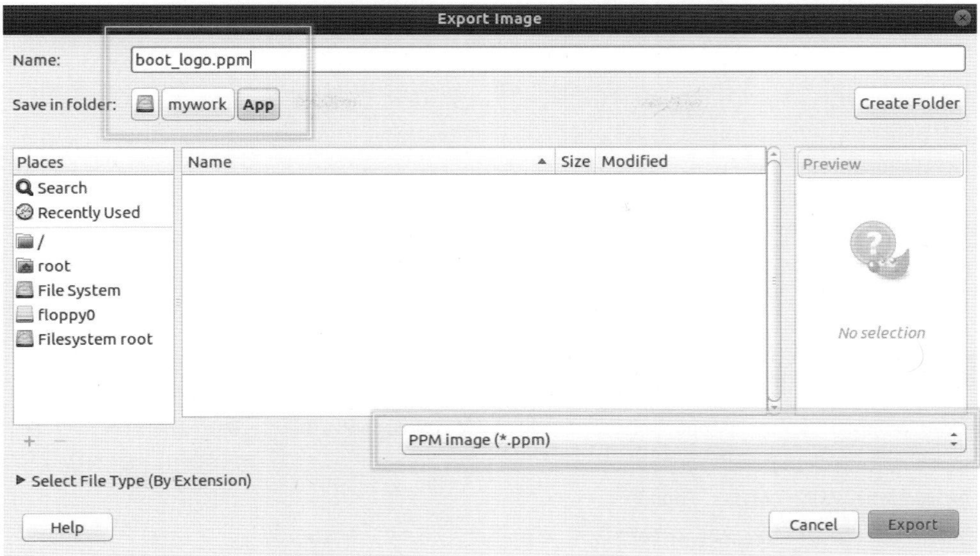

Data 포맷 설정화면에서 Raw를 선택하고 Export 버튼을 클릭한다.

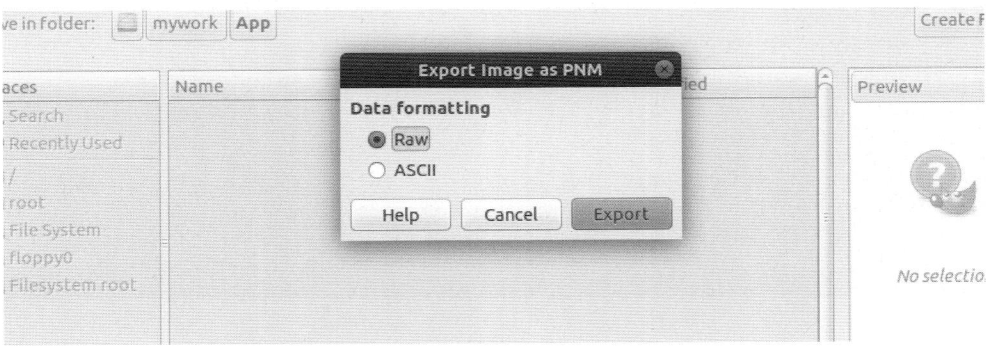

터미널로 이동하여 생성 이미지 파일을 확인한다.

2. 커널 로고 변환 및 실행

커널 로고 이미지로 사용하기 위해서 컬러 색상설정 및 PPM 파일 변환 작업을 진행해 보도록 한다.

2.1 로고 이미지 변환하기

이미지 파일 컬러 설정을 224색으로 변경 한다.

Terminal root@ubuntu:/mywork/App

```
root@ubuntu:/mywork/App# ppmquant 224 boot_logo.ppm > boot_logo_224.ppm
ppmquant: making histogram...
ppmquant: 7857 colors found
ppmquant: choosing 224 colors...
ppmquant: mapping image to new colors...
root@ubuntu:/mywork/App#
```

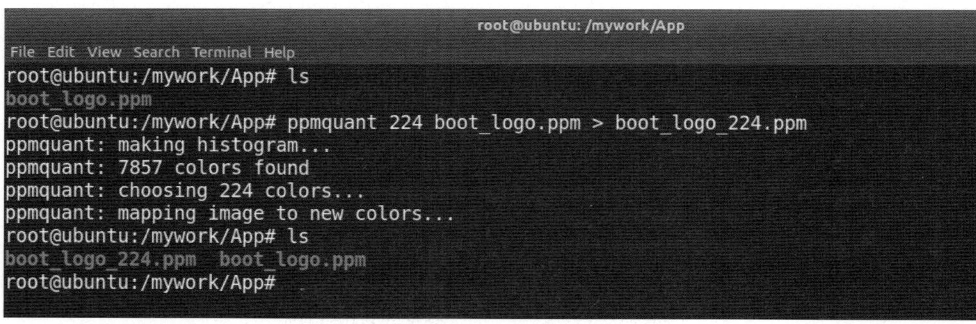

PPM 파일로 변환하고 완료되면 커널 로고관리 디렉토리(/drivers/video/logo/로 복사한다. 이전 부팅로고 파일(logo_embed_clut224.ppm)에 변환 파일(boot_logo_ ascii_224.ppm)을 덮어쓰기 한다.

Terminal root@ubuntu:/mywork/App

```
root@ubuntu:/mywork/App# pnmtoplainpnm boot_logo_224.ppm > boot_logo_ascii_224.
ppm
root@ubuntu:/mywork/App#cp boot_logo_ascii_224.ppm /mywork/kernel/drivers/
video/logo/ logo_embed_clut224.ppm
```

```
root@ubuntu: /mywork/App
File Edit View Search Terminal Help
root@ubuntu:/mywork/App# ls
boot_logo_224.ppm  boot_logo.ppm
root@ubuntu:/mywork/App# pnmtoplainpnm boot_logo_224.ppm > boot_logo_ascii_224.ppm
root@ubuntu:/mywork/App# ls
boot_logo_224.ppm  boot_logo_ascii_224.ppm  boot_logo.ppm
root@ubuntu:/mywork/App# cp boot_logo_ascii_224.ppm /mywork/kernel/drivers/video/logo/
root@ubuntu:/mywork/App#
```

2.2 로고 관련 코드 수정하기

정상적으로 로고 이미지 파일이 복사되었는지 확인하고 커널 수정을 통해 새로 생성된 이미지를 인식하고 적용할 수 있도록 수정한다.

로고변경에 따른 변경 파일내역은 다음과 같다.

표 6-1 로고 변경 관련 파일

파일	디렉토리	설명
Kconfig	/kernel/drivers/video/logo	로고 설정 정보 선언
Makefile	/kernel/drivers/video/logo	Makefile
linux_logo.h	/kernel/include/linux	로고 구조체 선언 헤더
logo.c	/kernel/drivers/video/logo	로고 구조체 선언문 함수
fbmem.c	/kernel/driver/video/fbdev/core	로고 속성 관련 파일

Kconfig

Terminal　root@ubuntu:/mywork/kernel/drivers/video/logo

```
root@ubuntu:/# cd mywork/kernel/drivers/video/logo/
root@ubuntu:/mywork/kernel/drivers/video/logo# vi Kconfig
```

Editor　Kconfig

```
config LOGO_M32R_CLUT224
        bool "224-color M32R Linux logo"
        depends on M32R
        default y

```

```
# embedq6
config LOGO_EMBED_CLUT224
        bool "224-color Embed Linux logo"
        default y

endif # LOGO
```

■ Makefile

Terminal root@ubuntu:/mywork/kernel/drivers/video/logo

```
root@ubuntu:/# cd mywork/kernel/drivers/video/logo/
root@ubuntu:/mywork/kernel/drivers/video/logo# vi Makefile
```

Editor Makefile

```

# embedq6
# obj-$(CONFIG_LOGO_EMBED_CLUT224)      += logo_embed_clut224.o
obj-y += logo_embed_clut224.o

```

■ logo.c

Terminal root@ubuntu:/mywork/kernel/drivers/video/logo

```
root@ubuntu:/# cd mywork/kernel/drivers/video/logo/
root@ubuntu:/mywork/kernel/drivers/video/logo# vi logo.c
```

Editor logo.c

```
#endif
        }

#ifdef CONFIG_LOGO_EMBED_CLUT224
        /* embedq6 */
        logo = &logo_embed_clut224;
#endif

```

```
        return logo;
}
```

■ linux_logo.h

Terminal root@ubuntu:/mywork/kernel/include/linux

```
root@ubuntu:/# cd /mywork/kernel/include/linux/
root@ubuntu:/mywork/kernel/include/linux# vi linux_logo.h
```

Editor linux_logo.h

```
extern const struct linux_logo logo_spe_clut224;

/* embedq6 */
extern const struct linux_logo logo_embed_clut224;

extern const struct linux_logo *fb_find_logo(int depth);
```

■ menuconfig

커널소스 디렉토리로 이동하여 configuration 명령을 입력하여 추가 내용을 확인한다.

Terminal root@ubuntu:/mywork/kernel/include/linux

```
root@ubuntu:/mywork/kernel# make menuconfig
```

menuconfig 스크립트 화면에서 다음 경로로 이동한다.

```
Device Drivers  ---> Graphics support  ---> [*] Bootup logo  --->
```

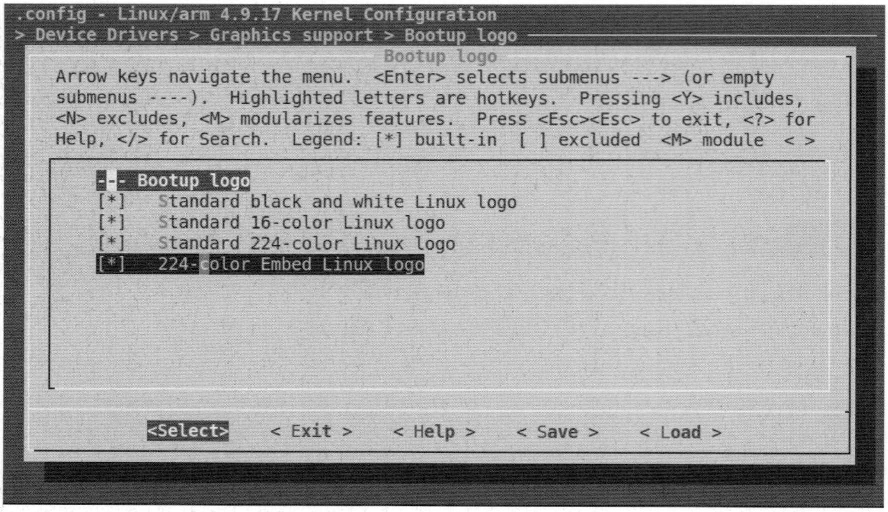

2.3 커널 빌드 및 실행

코드 수정이 완료되면 빌드작업을 통해 커널 이미지 설치를 진행한다. 빌드 및 설치방법은 "Chapter4. 리눅스 빌드시스템 포팅"을 참고하도록 한다.

개발보드를 재부팅하면 다음과 같이 수정된 로고가 적용된 것을 확인할 수 있다.

그림 6-6 적용된 부팅 로고 화면

04 네트워크 구조 이해 및 연결하기

최근 사물인터넷(IoT; Internet of Things)의 범위 확장으로 임베디드 시스템에서의 네트워크는 매우 중요하다. 사물인터넷의 네트워크는 모든 사물에 통신기술을 이용하여 상호 연결함에 따라 다양한 자원을 공유하여 서비스를 제공할 수 있는 통신 환경을 의미한다. 여기서 사물은 적어도 통신 및 컴퓨팅의 두 가지 기술이 탑재 가능한 모든 종류의 물건을 의미할 수 있다. 예를 들어 가정에서 사용하는 가전제품(TV, 냉장고, 보일러, 세탁기 등)도 통신기능이 갖추어져 있다면 사용자가 요구하는 어떠한 정보를 송수신할 수 있어 사물인터넷을 구성하는 단말 장치로서 역할을 할 수 있다.

그림 6-7 통신장치가 포함된 임베디드 가전제품

무선 통신장치를 채용한 스마트폰과 임베디드 장치들에 대한 수요가 폭발적으로 증가함에 따라 무선네트워크 장치에기반한 새로운 신규 기술들이 활발히 연구되고 있다. 특히 Gbps 이상의 전송을 가능하게 하여 초고화질의 영상 전송이 가능하게 하였으며 저전력 기반의 근거리통신 기술은 특정 장소에서의 안내서비스, 정교한 위치정보, 메시지 및 쿠폰전송, 모바일 결제 등을 가능하게 하고 광역 무선랜을 사용하여 최대 수 km까지 광역 서비스를 지원하고 있다.

1. 네트워크 인터페이스

개발보드에서 지원하는 네트워크 연결 인터페이스는 유무선 환경에 연결에 필요한 장치가 포함되어 있다. 일반적으로 LAN, WAN에서 가장 많이 활용되는 기술규격의 이더넷(Ethernet) 장치와 USB 장치를 이용한 원격 네트워크 드라이버 인터페이스(RNDIS)가 있으며 무선랜(WLAN)에 연결할 수 있는 Wi-Fi를 제공한다.

▌개발보드 무선네트워크 장치(Wi-Fi)

개발보드의 무선네트워크 장치는 ARMPAK에서 개발된 AP6212 모듈이며 Wi-Fi와 Bluetooth 4.1이 지원되는 무선통신칩(BCM43438)이 내장되어 있다.

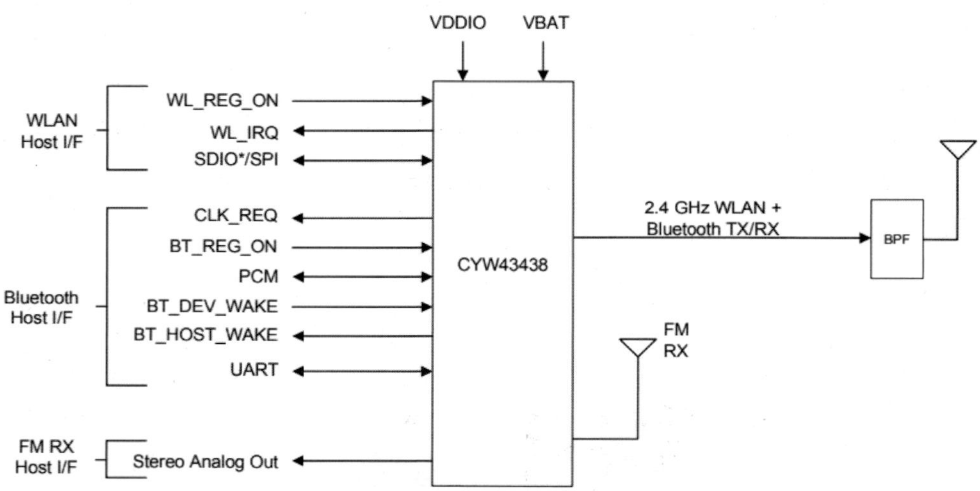

그림 6-8 BCM43438 BlockDiagram

무선통신 IC는 MLME(Mac Layer Management Entity)가 하드웨어에 구현되어 있는 FullMAC 방식과 소프트웨어에서 구현되는 SoftMAC 두 가지 방법이 존재 한다. 리눅스에서도 mac80211이라는 SoftMAC 드라이버가 존재하지만 BCM43438은 FullMAC이 지원되며 bcmdhd도 이에 대응하는 드라이버이다. Q6에도 이 드라이버를 통해 무선 랜에 접근할 수 있도록 설계되어있다.

2. 무선 네트워크 연결

무선랜 연결을 위해서 네트워크 인터페이스 연결 및 모니터링을 위한 모듈 적용과 유틸리티 사용법에 대해 알아보도록 한다.

2.1 네트워크 인터페이스 명령어

리눅스 환경에서의 네트워크를 구성하고 접근하기 위해서는 몇 가지 명령어를 사용해야 한다. 대표적으로 ifconfig(interface configuration)는 현재 네트워크 구성 정보표시, 네트워크 인터페이스에 IP 정보, 넷마스트 또는 broadcast 주소 설정, 네트워크 인터페이스의 별칭생성 및 하드웨어 주소 설정, 네트워크 인터페이스를 활성화 또는 비활성화 화는 등 다양한 기능을 제공한다. 그 외에도 무선랜 장치의 정보를 확인 할 수 있는 iwconfig 명령어 등이 있다.

▌ifconfig

ifconfig는 현재 장치의 네트워크 인터페이스의 세부사항을 표시한다. 인수가 없는 기본 명령어는 활성화된 네트워크 정보만을 표시한다.

Device Terminal root@h-embed-tku:~

```
root@h-embed-tku:~# ifconfig
lo: flags=73<UP,LOOPBACK,RUNNING>  mtu 65536
        inet 127.0.0.1  netmask 255.0.0.0
        inet6 ::1  prefixlen 128  scopeid 0x10<host>
        loop  txqueuelen 1  (Local Loopback)
        RX packets 0  bytes 0 (0.0 B)
        RX errors 0  dropped 0  overruns 0  frame 0
        TX packets 0  bytes 0 (0.0 B)
        TX errors 0  dropped 0 overruns 0  carrier 0  collisions 0

root@h-embed-tku:~#
```

ifconfig 명령을 통해 출력된 정보의 내용은 다음과 같다.

```
lo: flags=73<UP,LOOPBACK,RUNNING>  mtu 65536
①    ②                            ③
        inet 127.0.0.1  netmask 255.0.0.0
         ④                ⑤
        inet6 ::1  prefixlen 128  scopeid 0x10<host>
         ⑥          ⑦
        loop  txqueuelen 1  (Local Loopback)
        RX packets 0  bytes 0 (0.0 B)
            ⑧
        RX errors 0  dropped 0  overruns 0  frame 0
        TX packets 0  bytes 0 (0.0 B)
            ⑨
        TX errors 0  dropped 0 overruns 0  carrier 0  collisions 0
```

① 활성화된 네트워크 인터페이스 장치

② 네트워크 카드의 상태 표시

③ 네트워크 인터페이스의 최대 전송 단위(Maximum Transfer Unit)

④ 네트워크 인터페이스에 할당된 IP 주소

⑤ 네트워크 인터페이스에 할당된 넷마스크 주소

⑥ 네트워크 인터페이스에 할단된 IPv6 주소

⑦ IP 주소에서 서브넷 마스크로 사용될 비트 수

⑧ 받은 패킷 정보

⑨ 보낸 패킷 정보

⑩ [ether] : 네트워크 인터페이스의 하드웨어 주소

⑪ [collision] : 충돌된 패킷 수

⑫ [interrupt] : 네트워크 인터페이스가 사용하는 인터럽트 번호

ifconfig -a

옵션 -a는 현재 장치의 비활성화된 네트워크 장치정보를 포함하여 확인할 수 있다.

Device Terminal root@h-embed-tku:~

```
root@h-embed-tku:~# ifconfig -a
can0: flags=128<NOARP>  mtu 16
        unspec 00-00-00-00-00-00-00-00-00-00-00-00-00-00-00-00  txqueuelen 10
(UNSPEC)
        RX packets 0  bytes 0 (0.0 B)
        RX errors 0  dropped 0  overruns 0  frame 0
        TX packets 0  bytes 0 (0.0 B)
        TX errors 0  dropped 0 overruns 0  carrier 0  collisions 0
        device interrupt 34

eth0: flags=4099<UP,BROADCAST,MULTICAST>  mtu 1500
        ether 56:93:26:95:c9:8d  txqueuelen 1000  (Ethernet)
        RX packets 0  bytes 0 (0.0 B)
        RX errors 0  dropped 0  overruns 0  frame 0
        TX packets 0  bytes 0 (0.0 B)
        TX errors 0  dropped 0 overruns 0  carrier 0  collisions 0

lo: flags=73<UP,LOOPBACK,RUNNING>  mtu 65536
        inet 127.0.0.1  netmask 255.0.0.0
        inet6 ::1  prefixlen 128  scopeid 0x10<host>
        loop  txqueuelen 1  (Local Loopback)
        RX packets 0  bytes 0 (0.0 B)
        RX errors 0  dropped 0  overruns 0  frame 0
        TX packets 0  bytes 0 (0.0 B)
        TX errors 0  dropped 0 overruns 0  carrier 0  collisions 0

sit0: flags=128<NOARP>  mtu 1480
        sit  txqueuelen 1  (IPv6-in-IPv4)
        RX packets 0  bytes 0 (0.0 B)
        RX errors 0  dropped 0  overruns 0  frame 0
        TX packets 0  bytes 0 (0.0 B)
        TX errors 0  dropped 0 overruns 0  carrier 0  collisions 0

wlan0: flags=4098<BROADCAST,MULTICAST>  mtu 1500
        ether 00:90:4c:11:22:33  txqueuelen 1000  (Ethernet)
```

```
        RX packets 0  bytes 0 (0.0 B)
        RX errors 0  dropped 0  overruns 0  frame 0
        TX packets 0  bytes 0 (0.0 B)
        TX errors 0  dropped 0 overruns 0  carrier 0  collisions 0

root@h-embed-tku:~#
```

▮ ifconfig [interface]

특정 네트워크 인터페이스 정보만을 확인할 수 있다.

```
Device Terminal    root@h-embed-tku:~

root@h-embed-tku:~# ifconfig wlan0
wlan0: flags=4098<BROADCAST,MULTICAST>  mtu 1500
        ether 00:90:4c:11:22:33  txqueuelen 1000  (Ethernet)
        RX packets 0  bytes 0 (0.0 B)
        RX errors 0  dropped 0  overruns 0  frame 0
        TX packets 0  bytes 0 (0.0 B)
        TX errors 0  dropped 0 overruns 0  carrier 0  collisions 0

root@h-embed-tku:~#
```

▮ ifconfig [interface] up(or down)

인터페이스 장치를 활성화 또는 비활성화할 수 있다.

```
Device Terminal    root@h-embed-tku:~

root@h-embed-tku:~# ifconfig wlan0 up
root@h-embed-tku:~# ifconfig wlan0
wlan0: flags=4163<UP,BROADCAST,RUNNING,MULTICAST>  mtu 1500
        inet6 fe80::b2f1:ecff:fe60:c5b6  prefixlen 64  scopeid 0x20<link>
        ether b0:f1:ec:60:c5:b6  txqueuelen 1000  (Ethernet)
        RX packets 0  bytes 0 (0.0 B)
        RX errors 0  dropped 0  overruns 0  frame 0
        TX packets 6  bytes 508 (508.0 B)
        TX errors 0  dropped 0 overruns 0  carrier 0  collisions 0

root@h-embed-tku:~#
```

기존 비활성화 상태와 비교하면 flags=4163〈UP,BROADCAST,RUNNING,MULTICAST〉의 정보에 UP(활성화상태)이 표기된 것을 확인할 수 있다. 인터페이스를 비활성화 상태로 변경하고 싶다면 'ifconfig wlan0 down' 명령을 입력하면 된다.

ifconfig [interface] [ip]

인터페이스에 IP 설정을 변경하는 경우 인터페이스 정보와 IP 정보를 입력하면 된다.

Device Terminal root@h-embed-tku:~

```
root@h-embed-tku:~# ifconfig lo 10.0.0.1
root@h-embed-tku:~# ifconfig lo
lo: flags=73<UP,LOOPBACK,RUNNING>  mtu 65536
        inet 10.0.0.1  netmask 255.0.0.0
        inet6 ::1  prefixlen 128  scopeid 0x10<host>
        loop  txqueuelen 1  (Local Loopback)
        RX packets 0  bytes 0 (0.0 B)
        RX errors 0  dropped 0  overruns 0  frame 0
        TX packets 0  bytes 0 (0.0 B)
        TX errors 0  dropped 0 overruns 0  carrier 0  collisions 0
root@h-embed-tku:~#
```

ifconfig [interface] netmask [ip]

인터페이스에 넷마스크 설정을 변경하는 경우 인터페이스 정보와 넷마스크 옵션 및 넷마스크 정보를 입력하면 된다.

Device Terminal root@h-embed-tku:~

```
root@h-embed-tku:~# ifconfig lo netmask 255.255.255.0
root@h-embed-tku:~# ifconfig lo
lo: flags=73<UP,LOOPBACK,RUNNING>  mtu 65536
        inet 10.0.0.1  netmask 255.255.255.0
        inet6 ::1  prefixlen 128  scopeid 0x10<host>
        loop  txqueuelen 1  (Local Loopback)
        RX packets 0  bytes 0 (0.0 B)
        RX errors 0  dropped 0  overruns 0  frame 0
        TX packets 0  bytes 0 (0.0 B)
        TX errors 0  dropped 0 overruns 0  carrier 0  collisions 0

root@h-embed-tku:~#
```

▌iwconfig

iwconfig는 무선랜장치의 정보를 관리하기 위한 명령어이다.

```
Device Terminal    root@h-embed-tku:~

root@h-embed-tku:~# iwconfig
eth0      no wireless extensions.
can0      no wireless extensions.
wlan0     IEEE 802.11  ESSID:off/any
          Mode:Managed  Access Point: Not-Associated
          Retry short limit:7   RTS thr:off   Fragment thr:off
          Encryption key:off
          Power Management:on
sit0      no wireless extensions.
lo        no wireless extensions.
```

▌iwlist [inteface] -option

iwlist 명령어는 주변 무선랜장치 검색 및 주파수 채널 등 다양한 정보 설정 및 확인할 수 있다.

iwlist 명령을 입력하면 옵션정보를 확인할 수 있다.

```
Device Terminal    root@h-embed-tku:~

root@h-embed-tku:~# iwlist
Usage: iwlist [interface] scanning [essid NNN] [last]
            [interface] frequency
            [interface] channel
            [interface] bitrate
            [interface] rate
            [interface] encryption
            [interface] keys
            [interface] power
            [interface] txpower
            [interface] retry
            [interface] ap
            [interface] accesspoints
            [interface] peers
```

```
        [interface] event
        [interface] auth
        [interface] wpakeys
        [interface] genie
        [interface] modulation
```

2.2 개발보드 무선랜 연결하기

개발보드의 Wi-Fi 장치를 이용하여 무선랜 연결방법에 대해 알아보도록 한다.

▌wlan 장치 활성화

ifconfig 명령을 통해 wlan 장치를 활성화하고 상태를 확인한다.

Device Terminal root@h-embed-tku:~

```
root@h-embed-tku:~# ifconfig wlan0 up
root@h-embed-tku:~# ifconfig wlan0
wlan0: flags=4163<UP,BROADCAST,RUNNING,MULTICAST>  mtu 1500
        inet6 fe80::b2f1:ecff:fe60:c5b6  prefixlen 64  scopeid 0x20<link>
        ether b0:f1:ec:60:c5:b6  txqueuelen 1000  (Ethernet)
        RX packets 0  bytes 0 (0.0 B)
        RX errors 0  dropped 0  overruns 0  frame 0
        TX packets 6  bytes 508 (508.0 B)
        TX errors 0  dropped 0 overruns 0  carrier 0  collisions 0

root@h-embed-tku:~#
```

▌무선랜 장치 검색

무선랜 연결을 위해서 iwlist 명령을 통해 주변장치를 검색한다.

Device Terminal root@h-embed-tku:~

```
root@h-embed-tku:~# iwlist wlan0 scanning
wlan0     Scan completed :
          Cell 01 - Address: 88:36:6C:B6:A8:F0
                    Channel:1
```

```
                     Frequency:2.412 GHz (Channel 1)
                     Quality=22/70  Signal level=-88 dBm
                     Encryption key:on
                     ESSID:"altero1"
                     <생략>
```

개발보드 주변의 무선랜 장치들의 정보가 검색되며 Channel, Frequency, Quality, ESSID 등 많은 정보들이 나타난다. 무선랜 장치를 연결하기 위해서는 ESSID 값이 필요하며 특정 문자열을 찾고자 할 때 사용되는 grep 명령을 통해 ESSID 값만을 출력해보도록 한다.

Device Terminal root@h-embed-tku:~

```
root@h-embed-tku:~# iwlist wlan0 scanning | grep ESSID
                    ESSID:"hybus_ap2_24g"
                    ESSID:"userap_24g"
                    ESSID:"hybus_edu_24g"
                    ESSID:"hybus_soami"
                    ESSID:"hybus_edu_serv_24g"
                    ESSID:"hybus_dp_server"
                    ESSID:"hybus_ap_24g"
                    ESSID:"iptime"
                    ........
```

위 화면과 같이 ESSID 값만 출력되는 것을 볼 수 있다.

▮ 무선랜 장치 연결 방법

무선랜 장치 연결을 위해서는 몇 가지 절차가 필요하다. 첫 번째, 인증 정보를 생성하는 wpa_passphrase, 두 번째, 설정 정보를 바탕으로 AP에 인증 요청을 진행하는 wpa_supplicant, 마지막으로 IP 할당이 필요하며 무선 AP가 DHCP를 지원하는 경우 IP를 자동으로 할당받게 된다.

▮ 인증정보 입력하기

접속하고자 하는 무선 AP의 인증정보를 입력하기 위해서 wpa_passphrase 명령과 함께 ESSID와 패스워드를 입력한다.

Device Terminal root@h-embed-tku:~

```
root@h-embed-tku:~# wpa_passphrase userap_24g 12345678
network={
        ssid="userap_24g"
        #psk="12345678"
        psk=3ff10df5f05bc36b0a73d56a36be83444e128b50a7b1a0bbc6b641c12e70f74f
}
```

'userap_24g'는 접속하고자하는 무선 AP의 ESSID이며 '12345678'은 해당 무선 AP의 패스워드이다.

인증정보를 저장하기 위해서 /etc/wpa_supplicant/wpa_supplicant.conf 파일에 저장하고 해당 파일정보를 확인한다.

Device Terminal root@h-embed-tku:~

```
# wpa_passphrase userap_24g 12345678 > /etc/wpa_supplicant/wpa_supplicant.conf
# cat /etc/wpa_supplicant/wpa_supplicant.conf
 network={
        ssid="userap_24g"
        #psk="12345678"
        psk=3ff10df5f05bc36b0a73d56a36be83444e128b50a7b1a0bbc6b641c12e70f74f
 }
```

▮ 무선 AP 인증 요청

이전 wpa_passphrase 명령을 통해 저장된 인증정보를 가지고 무선 AP에 인증을 요청한다. wpa_supplicant 명령어는 /etc/wpa_supplicant/wpa_supplicant.conf를 참조하여 무선 AP에 인증을 요청하게 된다.

```
Device Terminal   root@h-embed-tku:~

# wpa_supplicant -i wlan0 -c /etc/wpa_supplicant/wpa_supplicant.conf -B
Successfully initialized wpa_supplicant
# iwconfig wlan0
wlan0     IEEE 802.11  ESSID:"userap_24g"
          Mode:Managed  Frequency:2.462 GHz  Access Point: 0A:AE:D6:87:67:47
          Bit Rate=58.5 Mb/s   Tx-Power=31 dBm
          Retry short limit:7   RTS thr:off   Fragment thr:off
          Encryption key:off
          Power Management:on
          Link Quality=68/70  Signal level=-42 dBm
          Rx invalid nwid:0  Rx invalid crypt:0  Rx invalid frag:0
          Tx excessive retries:3  Invalid misc:1   Missed beacon:0
```

iwconfig 명령을 통해 무선 AP에 요청한 인증 정보가 저장되었는지 확인한다.

IP 할당하기(DHCP)

ifconfig 명령을 입력하면 인증 요청을 통해 무선AP에 연결은 되어 있으나 ip 할당이 되어 있지 않는 것을 확인할 수 있다.

ip 정보는 고정 ip의 경우 사용자가 직접 수동으로 할 수 있으나 대부분 무선 AP에서 지원하는 DHCP(Dynamic Host Configuration Protocol)를 통해 자동으로 ip를 제공한다. DHCP는 호스트의 IP주소와 각종 TCP/IP 프로토콜의 기본 설정을 클라이언트에게 자동으로 제공해주는 프로토콜이다. DHCP는 네트워크에 사용되는 IP주소를 DHCP 서버가 중앙집중식으로 관리하는 클라이언트/서버 모델을 사용하게 되며 DHCP 지원 클라이언트는 네트워크 부팅과정에서 DHCP 서버에 IP주소를 요청하고 이를 얻을 수 있다.

무선 AP에서 지원되는 DHCP 서버는 네트워크 인터페이스를 위해서 IP주소를 가지고 있는 서버에서 실행되는 프로그램으로 일정한 범위의 IP주소를 다른 클라이언트에게 할당하여 자동으로 설정하게 해주는 역할을 합니다. 이때 DHCP 서버는 클라이언트에게 할당된 IP주소를 변경 없이 유지해 줄 수 있다.

DHCP 클라이언트를 실행하면 DHCP 서버에 IP주소를 요청하고 서버로부터 IP주소를 부여받게 된다.

```
Device Terminal    root@h-embed-tku:~

# dhclient wlan0
# ifconfig wlan0
wlan0: flags=4163<UP,BROADCAST,RUNNING,MULTICAST>  mtu 1500
        inet 192.168.43.245  netmask 255.255.255.0  broadcast 192.168.43.255
        inet6 fe80::b2f1:ecff:fe60:c5b6  prefixlen 64  scopeid 0x20<link>
        ether b0:f1:ec:60:c5:b6  txqueuelen 1000  (Ethernet)
        RX packets 9  bytes 1101 (1.0 KiB)
        RX errors 0  dropped 0  overruns 0  frame 0
        TX packets 18  bytes 1972 (1.9 KiB)
        TX errors 0  dropped 0 overruns 0  carrier 0  collisions
```

ifconfig 명령을 통해 DHCP 서버로부터 할당된 IP주소 값을 확인할 수 있다.

▌네트워크 연결 상태 확인

네트워크 연결이 정상적으로 완료되면 마지막으로 네트워크 상태 점검을 위한 명령어를 입력하여 연결 상태를 확인한다.

```
Device Terminal    root@h-embed-tku:~

root@h-embed-tku:~# ping 8.8.8.8
PING 8.8.8.8 (8.8.8.8) 56(84) bytes of data.
64 bytes from 8.8.8.8: icmp_seq=1 ttl=50 time=647 ms
64 bytes from 8.8.8.8: icmp_seq=2 ttl=50 time=146 ms
64 bytes from 8.8.8.8: icmp_seq=3 ttl=50 time=489 ms
64 bytes from 8.8.8.8: icmp_seq=4 ttl=50 time=91.6 ms
64 bytes from 8.8.8.8: icmp_seq=5 ttl=50 time=150 ms
64 bytes from 8.8.8.8: icmp_seq=6 ttl=50 time=137 ms
^C
--- 8.8.8.8 ping statistics ---
6 packets transmitted, 6 received, 0% packet loss, time 5006ms
rtt min/avg/max/mdev = 91.660/277.144/647.591/211.883 ms
root@h-embed-tku:~#
```

ping(packet INternet Groper)는 대상서버에 일정 패킷을 보내서 IP 데이터그램이 정상적으로 수신 되는지 확인하는 명령어이다(8.8.8.8 : Google DNS서버주소).

네트워크 자동연결 설정하기

개발보드 전원이 재인가 되거나 시스템 리셋이 이루어지면 네트워크 장치 연결 작업을 수동으로 다시 진행해야 하지만 네트워크 환경을 자주 사용하거나 특정 AP에 고정되어 있는 경우 리눅스 시작 파일에 해당정보를 명시하여 자동으로 연결할 수 있다.

리눅스에서는 환경변수 지정 및 사용자 환경을 위한 설정파일(.bashrc)을 제공한다. /root 디렉토리로 이동하여 .bashrc 스크립트 파일에 네트워크 연결에 필요한 정보를 입력한다.

Device Terminal　root@h-embed-tku:~

```
root@h-embed-tku:/# cd /root/
root@h-embed-tku:~# ls -al
total 24
drwxrwxr-x  2 linaro linaro 4096 Apr 29 11:37 .
drwxr-xr-x 17 root   root   4096 Apr 27 17:23 ..
-rw-------  1 root   root   1644 Apr 29 18:12 .bash_history
-rw-rw-r--  1 linaro linaro  570 Jun 24  2019 .bashrc
-rw-rw-r--  1 linaro linaro  148 Jun 24  2019 .profile
-rw-------  1 root   root   1092 Apr 29 11:37 .viminfo
root@h-embed-tku:~# vi .bashrc
```

Editor　.bashrc

```
# alias cp='cp -i'
# alias mv='mv -i'

# Automatic Connection of wireless device
wpa_supplicant -i wlan0 -c /etc/wpa_supplicant/wpa_supplicant.conf -B
dhclient wlan0
```

파일 수정이 완료되면 저장 후 장치를 재부팅한다.

Device Terminal　root@h-embed-tku:~

```
root@h-embed-tku:~# reboot
```

시스템 재부팅이 완료되면 ifconfig 명령을 통해 네트워크 연결 정보를 확인한다.

```
Device Terminal    root@h-embed-tku:~

Successfully initialized wpa_supplicant
root@h-embed-tku:~# ifconfig wlan0
wlan0: flags=4163<UP,BROADCAST,RUNNING,MULTICAST>  mtu 1500
        inet 192.168.43.245  netmask 255.255.255.0  broadcast 192.168.43.255
        inet6 fe80::b2f1:ecff:fe60:c5b6  prefixlen 64  scopeid 0x20<link>
        ether b0:f1:ec:60:c5:b6  txqueuelen 1000  (Ethernet)
        RX packets 5  bytes 969 (969.0 B)
        RX errors 0  dropped 0  overruns 0  frame 0
        TX packets 14  bytes 1964 (1.9 KiB)
        TX errors 0  dropped 0 overruns 0  carrier 0  collisions 0

root@h-embed-tku:~#
```

3. RNDIS 기반 네트워크 연결

RNDIS(Remote Network Driver Interface Specification)는 USB, IEEE1394, InfiniBand, Bluetooth와 같은 장치에서 네트워크 장치와 통신을 위한 아키텍처 이다. 주로 USB 인터페이스를 이용하여 가상의 이더넷 인터페이스를 제공하며 개발보드의 OTG(On The Go) 포트를 컴퓨터와 연결하여 마치 서로 네트워크가 연결된 것처럼 사용할 수 있다.

3.1 USB(OTG) 장치연결

RNDIS 기반 네트워크 연결을 위해서 개발보드의 USB(OTG) 장치와 개발 호스트 PC의 USB 장치에 다음 그림과 같이 케이블을 연결한다.

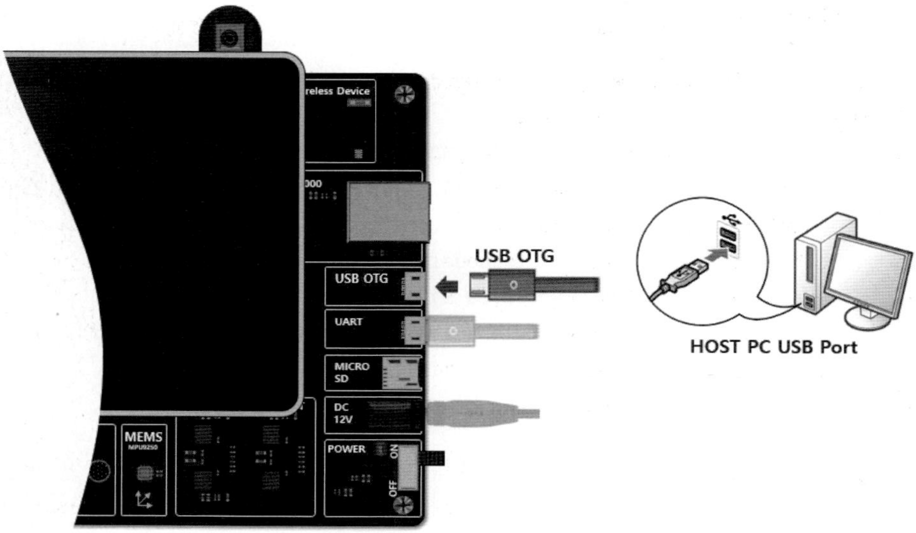

3.2 USB 이더넷 장치 생성

RNDIS 기반 OTG 이더넷 장치를 생성하기 위해서 드라이버 모듈 적재 및 등록 정보를 확인해 보도록 한다.

modprobe 명령을 통해 OTG 이더넷 장치모듈을 적재한다. modprobe 명령은 리눅스 시스템에서 사용자가 커널에 모듈을 추가하거나 적재가 가능한 모듈 관리 유틸리티이다. 일반적으로 insmod 명령과 유사하며 해당 모듈의 의존성이 필요한 경우나 적재 우선순위를 지정할 수 있다.

Device Terminal root@h-embed-tku:~

```
root@h-embed-tku:/# modprobe g_ether
```

모듈을 적재하고 적재된 모듈 정보를 확인한다.

Device Terminal root@h-embed-tku:~

```
root@h-embed-tku:/# lsmod
Module                  Size  Used by
binfmt_misc             7357  1
usb_f_ecm               6613  1
```

```
g_ether                  4990  0
usb_f_rndis             15574  2 g_ether
u_ether                 11880  3 usb_f_ecm,g_ether,usb_f_rndis
libcomposite            43274  3 usb_f_ecm,g_ether,usb_f_rndis
configfs                27914  4 usb_f_ecm,usb_f_rndis,libcomposite
mxc_v4l2_capture        27464  0
ipu_bg_overlay_sdc       6351  1 mxc_v4l2_capture
ipu_still                2480  1 mxc_v4l2_capture
ipu_prp_enc              6842  1 mxc_v4l2_capture
ipu_csi_enc              4105  1 mxc_v4l2_capture
ipu_fg_overlay_sdc       6960  1 mxc_v4l2_capture
ov5640_camera_mipi_int     23825  0
v4l2_int_device          3084  2 ov5640_camera_mipi_int,mxc_v4l2_capture
mxc_dcic                 6640  0
evbug                    2078  0
bcmdhd                 676691  0
```

ifconfig 명령을 통해 정상적으로 USB 네트워크 인터페이스(usb0)가 생성되었는지 확인한다.

Device Terminal root@h-embed-tku:~

```
root@h-embed-tku:/# ifconfig -a

..
        TX packets 0  bytes 0 (0.0 B)
        TX errors 0  dropped 0 overruns 0  carrier 0  collisions 0

usb0: flags=4098<BROADCAST,MULTICAST>  mtu 1500
        ether 7e:cc:6f:17:4c:ae  txqueuelen 1000  (Ethernet)
        RX packets 0  bytes 0 (0.0 B)
        RX errors 0  dropped 0  overruns 0  frame 0
        TX packets 0  bytes 0 (0.0 B)
        TX errors 0  dropped 0 overruns 0  carrier 0  collisions 0

wlan0: flags=4163<UP,BROADCAST,RUNNING,MULTICAST>  mtu 1500
        inet 192.168.43.245  netmask 255.255.255.0  broadcast 192.168.43.255
..
```

3.3 호스트 PC와 네트워크 연결

개발보드의 USB 장치생성이 완료되면 개발 호스트 PC와 연결을 위해서 통신정보를 설정한다.

▮ 호스트 PC 장치 인식

VMware 기반의 가상머신은 외부디바이스 연결하고 내부 인식을 위해서 추가 연결작업이 필요하다. 다음 그림과 같이 가상머신의 연결디바이스(Removable Devices) 메뉴로 이동하여 해당 장치를 연결한다.

```
Player > Removable Devices > Netchip RNDIS/Ethernet Gadget > Connect
```

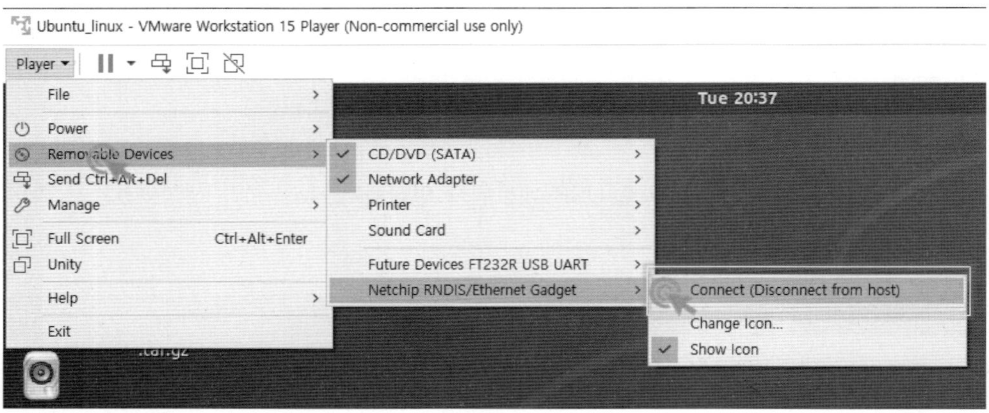

디바이스 연결설정이 완료되면 터미널을 실행하고 dmesg 명령을 입력하여 장치정보를 확인한다. dmesg는 커널출력 메시지로그 정보를 확인하는 명령어이다.

Terminal root@ubuntu:~

```
hello@ubuntu:~$ dmesg
[  372.536834] cdc_ether 1-1:1.0 usb0: register 'cdc_ether' at usb-0000:02:03.0-1, CDC Ethernet Device, 66:f7:dd:50:0d:94
[  372.577534] cdc_ether 1-1:1.0 ens35u1: renamed from usb0
```

로그정보를 확인하면 usb0 장치가 CDC Ethernet Device로 등록되었음을 확인할 수 있으며 ens35u1로 인터페이스 이름이 변경된 것을 확인 할 수 있다. 변경된 인터페이스 이름은 개발환경에 따라 달라질 수 있다.

마지막으로 ifconfig 명령을 통해 해당 인터페이스 정보를 확인한다.

```
Terminal    root@ubuntu:~

root@ubuntu:/# ifconfig ens35u1
ens35u1: flags=4099<UP,BROADCAST,MULTICAST>  mtu 1500
        ether fa:9f:fe:2b:d4:e4  txqueuelen 1000  (Ethernet)
        RX packets 0  bytes 0 (0.0 B)
        RX errors 0  dropped 0  overruns 0  frame 0
        TX packets 0  bytes 0 (0.0 B)
        TX errors 0  dropped 0 overruns 0  carrier 0  collisions 0
```

호스트 PC IP 설정하기

USB 가상 이더넷을 통해 개발보드와 연결하기 위해서 먼저 호스트 PC의 네트워크 장치 IP 설정을 진행한다.

- ip : 10.0.1.1
- netmask : 255.255.255.0

```
Terminal    root@ubuntu:~

root@ubuntu:/# ifconfig ens35u1 10.0.1.1 netmask 255.255.255.0
root@ubuntu:/# ifconfig ens35u1
ens35u1: flags=4099<UP,BROADCAST,MULTICAST>  mtu 1500
        inet 10.0.1.1  netmask 255.255.255.0  broadcast 10.0.1.255
        ether fa:9f:fe:2b:d4:e4  txqueuelen 1000  (Ethernet)
        RX packets 0  bytes 0 (0.0 B)
        RX errors 0  dropped 0  overruns 0  frame 0
        TX packets 0  bytes 0 (0.0 B)
        TX errors 0  dropped 0 overruns 0  carrier 0  collisions 0
```

route 명령을 입력하여 라우팅 설정정보를 확인한다. route 명령은 외부 네트워크와 연결을 위해서 IP Routing table 정보를 제공하며, 다수의 게이트웨이(gateway)가 존재하는 경우 특정 게이트웨이를 지정하는 경우 사용한다.

```
Terminal    root@ubuntu:~

root@ubuntu:/# route
Kernel IP routing table
Destination    Gateway     Genmask          Flags  Metric  Ref   Use   Iface
default        _gateway    0.0.0.0          UG     100     0     0     ens33
10.0.1.0       0.0.0.0     255.255.255.0    U      0       0     0     ens35u1
link-local     0.0.0.0     255.255.0.0      U      1000    0     0     ens33
192.168.88.0   0.0.0.0     255.255.255.0    U      100     0     0     ens33
```

▮ 개발보드 IP 설정하기

개발보드의 네트워크 장치 IP 설정을 진행한다.

```
Device Terminal    root@h-embed-tku:~

root@h-embed-tku:~# ifconfig usb0 10.0.1.2 netmask 255.255.255.0
root@h-embed-tku:~# ifconfig usb0
usb0: flags=4163<UP,BROADCAST,RUNNING,MULTICAST>  mtu 1500
        inet 10.0.1.2  netmask 255.255.255.0  broadcast 10.0.1.255
        inet6 fe80::5846:8cff:fecb:1fc1  prefixlen 64  scopeid 0x20<link>
        ether 5a:46:8c:cb:1f:c1  txqueuelen 1000  (Ethernet)
        RX packets 0  bytes 0 (0.0 B)
        RX errors 0  dropped 0  overruns 0  frame 0
        TX packets 6  bytes 508 (508.0 B)
        TX errors 0  dropped 0 overruns 0  carrier 0  collisions 0
```

▮ 네트워크 연결 상태 확인

호스트 PC와 개발보드 간의 통신 상태를 확인한다.

- 호스트 PC IP(ens35u1) : 10.0.1.1
- 개발보드 IP(USB0) : 10.0.1.2

호스트 PC에서 개발보드 간의 통신 상태를 확인한다.

Terminal root@ubuntu:/

```
root@ubuntu:/# ping -c 5 10.0.1.2
PING 10.0.1.2 (10.0.1.2) 56(84) bytes of data.
64 bytes from 10.0.1.2: icmp_seq=1 ttl=64 time=840 ms
64 bytes from 10.0.1.2: icmp_seq=2 ttl=64 time=1.22 ms
64 bytes from 10.0.1.2: icmp_seq=3 ttl=64 time=2.65 ms
64 bytes from 10.0.1.2: icmp_seq=4 ttl=64 time=2.45 ms
64 bytes from 10.0.1.2: icmp_seq=5 ttl=64 time=2.20 ms

--- 10.0.1.2 ping statistics ---
5 packets transmitted, 5 received, 0% packet loss, time 4007ms
rtt min/avg/max/mdev = 1.228/169.871/840.813/335.471 ms
```

개발보드에서 호스트 PC 간의 통신 상태를 확인한다.

Device Terminal root@h-embed-tku:~

```
root@h-embed-tku:~# ping -c 5 10.0.1.1
PING 10.0.1.1 (10.0.1.1) 56(84) bytes of data.
64 bytes from 10.0.1.1: icmp_seq=1 ttl=64 time=1.91 ms
64 bytes from 10.0.1.1: icmp_seq=2 ttl=64 time=2.00 ms
64 bytes from 10.0.1.1: icmp_seq=3 ttl=64 time=2.06 ms
64 bytes from 10.0.1.1: icmp_seq=4 ttl=64 time=2.04 ms
64 bytes from 10.0.1.1: icmp_seq=5 ttl=64 time=2.08 ms

--- 10.0.1.1 ping statistics ---
5 packets transmitted, 5 received, 0% packet loss, time 4005ms
rtt min/avg/max/mdev = 1.911/2.023/2.086/0.067 ms
```

3.4 RNDIS 기반 외부 인터넷 연결

이전 "호스트 PC와 네트워크 연결"은 호스트 PC와 장치 간 연결이었다면 RNDIS 기반 외부 인터넷 연결은 호스트 PC를 게이트웨이로 설정하고 개발보드를 호스트 PC에 연결되어 있는 인터넷으로 통신이 가능하도록 설정하는 것이다.

IP Masqurerade

IP Masquerade는 리눅스에서 지원하는 네트워크 기능 중 하나로 인터넷에 연결된 한대의 장치에 내부 네트워크로 연결된 다수의 장치들 또한 인터넷에 연결할 수 있게 제공하는 기능이다. 즉, 공식 IP주소를 가지고 있는 하나의 리눅스 호스트가 가상 USB 또는 이더넷 포트을 통해 인터넷에 연결되어 있다면 호스트와 연결되어 있는 다른 장치도 공식적으로 할당된 IP주소 없이 인터넷에 접속할 수 있다.

IP 포워딩

IP 포워딩은 routing과 같은 뜻으로 커널 기반의 라우팅 포워딩을 의미한다. Masquerade 기능을 사용하기 위해 리눅스에서 IP Fordward 기능을 활성화 시켜주어야 한다. 호스트 PC의 리눅스 터미널에서 다음 명령어를 입력 한다.

ip_forward가 1로 출력되게 되면 정상적으로 활성화가 된 것을 의미한다.

Terminal root@ubuntu:/

```
root@ubuntu:/# sysctl -w net.ipv4.ip_forward=1
net.ipv4.ip_forward = 1
root@ubuntu:/#
```

방화벽 설정

iptables 명령을 이용하여 방화벽과 관련한 설정을 진행한다. POSTROUTING 테이블에 MASQUERADE가 표시되면 성공적으로 활성화가 된 것을 의미한다.

Terminal root@ubuntu:/

```
root@ubuntu:/# iptables -P FORWARD ACCEPT
root@ubuntu:/# iptables -A POSTROUTING -t nat -j MASQUERADE -s 10.0.1.0/24
root@ubuntu:/# iptables -t nat -L
Chain PREROUTING (policy ACCEPT)
target     prot opt source               destination

Chain INPUT (policy ACCEPT)
target     prot opt source               destination
```

```
Chain INPUT (policy ACCEPT)
target     prot opt source               destination

Chain OUTPUT (policy ACCEPT)
target     prot opt source               destination

Chain POSTROUTING (policy ACCEPT)
target     prot opt source               destination
MASQUERADE  all  --  10.0.1.0/24          anywhere
```

```
root@ubuntu: /
File  Edit  View  Search  Terminal  Help
root@ubuntu:/# iptables -P FORWARD ACCEPT
root@ubuntu:/# iptables -A POSTROUTING -t nat -j MASQUERADE -s 10.0.1.0/24
root@ubuntu:/# iptables -t nat -L
Chain PREROUTING (policy ACCEPT)
target     prot opt source               destination

Chain INPUT (policy ACCEPT)
target     prot opt source               destination

Chain OUTPUT (policy ACCEPT)
target     prot opt source               destination

Chain POSTROUTING (policy ACCEPT)
target     prot opt source               destination
MASQUERADE  all  --  10.0.1.0/24          anywhere
root@ubuntu:/#
```

개발보드 Route 설정하기

외부 네트워크에 연결하기 위해서 route 명령을 이용하여 게이트웨이 정보를 추가한다.

Device Terminal | root@h-embed-tku:~

```
root@h-embed-tku:~# route add default gw 10.0.1.1
root@h-embed-tku:~# route
Kernel IP routing table
Destination   Gateway    Genmask         Flags  Metric  Ref  Use  Iface
default       10.0.1.1   0.0.0.0         UG     0       0    0    usb0
10.0.1.0      0.0.0.0    255.255.255.0   U      0       0    0    usb0
```

▮ 네트워크 연결 상태 확인

네트워크 연결이 정상적으로 완료되면 마지막으로 네트워크 상태 점검을 위한 명령어를 입력하여 연결 상태를 확인한다.

Device Terminal root@h-embed-tku:~

```
root@h-embed-tku:~# ping -c 5 8.8.8.8
PING 8.8.8.8 (8.8.8.8) 56(84) bytes of data.
64 bytes from 8.8.8.8: icmp_seq=1 ttl=127 time=39.9 ms
64 bytes from 8.8.8.8: icmp_seq=2 ttl=127 time=39.9 ms
64 bytes from 8.8.8.8: icmp_seq=3 ttl=127 time=40.1 ms
64 bytes from 8.8.8.8: icmp_seq=4 ttl=127 time=40.0 ms
64 bytes from 8.8.8.8: icmp_seq=5 ttl=127 time=40.0 ms

--- 8.8.8.8 ping statistics ---
5 packets transmitted, 5 received, 0% packet loss, time 4005ms
rtt min/avg/max/mdev = 39.938/40.008/40.125/0.067 ms
```

05 QT기반 GUI 프로그램 제작하기

1. 임베디드 GUI 프로그램

임베디드 시스템에서 사용되는 그래픽 사용자 인터페이스(GUI) 기술은 미려함과 편리함 이외에도 경량화, 최적화, 실시간성 지원, 플랫폼 다양성 지원 등이 필수적으로 요구됨과 아울러 임베디드 OS나 하드웨어 플랫폼에 따라 데스크탑 분야에 비하여 매우 다양하게 발전되어가고 있다.

GUI 기술에는 적용되는 계층에 따라 임베디드용 윈도 시스템, 개발자에게 제공되는 그래픽 라이브러리, 그래픽 라이브러리를 이용하여 편리하게 프로그램을 사용할 수 있도록 하는 GUI 개발 도구, 이런 기술을 통합하여 개발된 임베디드용 윈도 매니저 등이 있다.

임베디드 시스템 GUI 개발을 위해서는 기본적으로 X윈도 시스템과 같이 사용자가 입출력도구를 이용하여 원하는 프로그램을 선택, 실행할 수 있는 그래픽화된 화면을 제공해야 하며 그래픽스를 위해서 작성된 다양한 그래픽 라이브러리가 필요하다. 그래픽 응용프로그램을 제작할 때 그래픽 라이브러리를 사용함으로써 복잡한 하드웨어 지식이 없이도 간단히 제작할 수 있을 뿐만 아니라 그래픽 응용프로그램을 위해 필요한 반복적인 프로그래밍 과정을 줄일 수 있다. 그래픽 라이브러리는 각각의 라이브러리와 제작자에 따라 지원하는 윈도 시스템 및 지원하는 기능, 사용법 및 특성이 제각기 다르겠지만, 일반적으로 이러한 그래픽 라이브러리가 지원하는 함수들은 다음과 같은 기능을 공통적으로 포함한다.

- 그래픽 라이브러리의 초기화, 그래픽 카드 시스템의 초기 설정, 초기화 및 설정 함수들
- 점, 선, 원, 타원 등의 그리는 기본 도형 함수들
- 이미지 표현 및 스프라이트처리 등의 부가적 함수들

현재, 임베디드 시스템에서는 그래픽 환경을 지원하기 위한 많은 공개 프로젝트와 상용 솔루션들이 개발되고 있다. 임베디드 시스템은 채택하는 운영체제에 따라서 사용하는 그래픽 라이브러리가 다양하고, 아직도 대표적인 그래픽 라이브러리 표준이 정착되지 않고 있는 상태이다. 마이크로소프트사의 Windows 계열에서 사용되는 GDI와 GDI+, 리눅스 시스템에서 가장 많이 사용되고 있는 Qt/Embedded와 GTK+가 대표적인 그래픽 라이브러리라고 볼 수 있다.

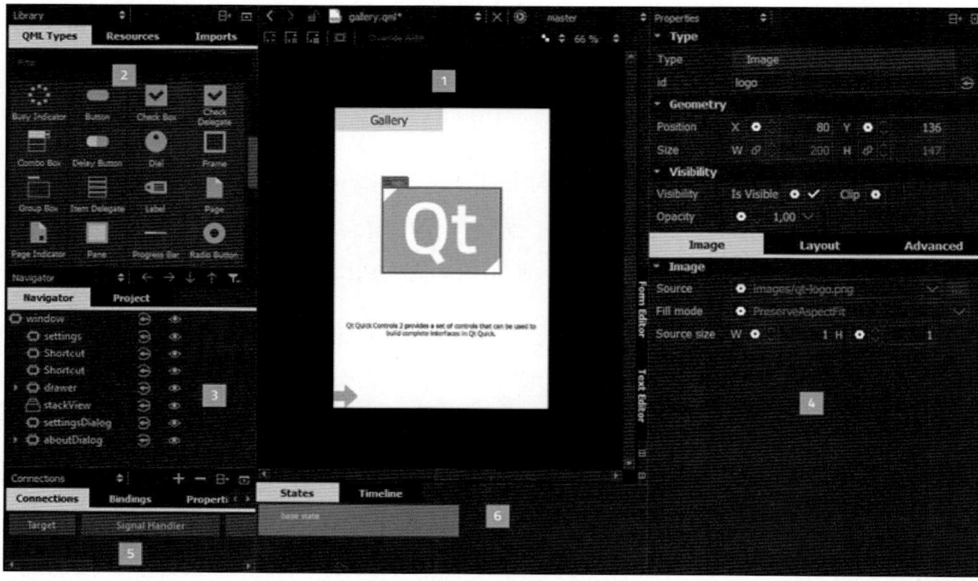

그림 6-9 QT Embedded(Qt design Studio)

▮ Qt

Qt는 그래픽 인터페이스 기반의 프로그램 개발에 널리 사용되는 크로스 플랫폼(Cross-platform) 프레임워크 중 하나이다. 노르웨이에 위치한 트롤텍 사에서 개발하였으며 2012년에 핀란드의 Digia 사가 인수하고 자회사인 The QT Company에서 이를 관리하며 배포하고 있다.

그림 6-10 Qt Logo

언어는 주로 C++을 사용하지만 특정 언어에 종속되지 않고 파이썬, 펄, 파스칼과 같은 다양한 언어에서 연동된다. 다양한 플랫폼에 이식하여 사용할 수 있기 때문에 임베디드 장비에서도 많이 사용되는 프레임워크 중 하나이다.

Qt 프레임 워크 개발을 위한 통합 개발환경으로 Qt Creator을 제공하며 코드 편집기와 GUI 설계도구가 포함되어 있어 손쉽게 UI 코드 작성이 가능하다. 또한 Qt프로 프레임워크를 통해 하나의 소스로 Windows, Mac, Linux, Solaris, Embedded Linux/Windows 등 다양한 플랫폼에서 구동되는 프로그램 작성이 가능하다.

Qt 플랫폼 환경

Qt는 Windows, Mac, Linux 등 다양한 플랫폼에서 작동하는 프레임워크이다. 또한 해당 플랫폼이 제공하는 아키텍처와 하드웨어 사양이 각기 다르기 때문에 이에 맞추어 프레임워크를 설정하여 설치해주어야 한다.

예를 들어, 개발보드의 경우 ARM 아키텍처 기반의 리눅스 환경이므로 어플리케이션을 개발할 때 Qt에서 제공하는 몇 가지 개발환경 설정이 필요하다.

다음은 개발보드의 Qt 기반 응용프로그램 개발 흐름을 나타낸 그림이다.

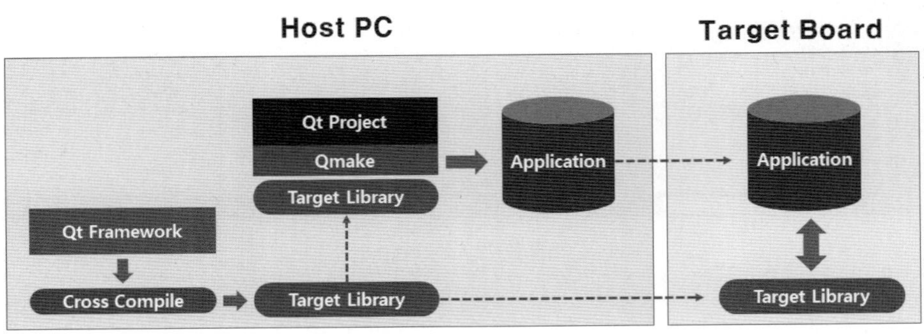

그림 6-11 Target 기반 Qt 개발 구조

가장 처음 Qt 애플리케이션이 실행될 Target에 맞게 Qt Framework를 Cross Compile 되며 빌드를 통해 생성된 개발도구(Target Library)를 통해 프로젝트 개발이 진행된다.

Qmake는 Qt Project에 대한 Makefile를 생성해주며 이를 통해 소스코드 실행 프로그램을 생성한다. 마지막으로 코드 개발이 완료되면 Target에 Qt Framework를 통해 만들어진 Qt 라이브러리와 최종 실행파일을 설치한다. Target 보드는 애플리케이션이 실행할 때 Qt 라이브러리를 참조하여 동작하게 된다.

2. Qt 개발환경 구축

Qt 프레임워크 기반의 GUI 개발을 위해서는 QT 라이브러리와 QT Creator가 필요하다. QT Creator는 Qt 프로젝트 관리부터 소스코드 에디터, 디버그 도구, 폼 디자인도구 등 다양한 기능을 개발자에게 제공한다. 이외에도 개발 장치에 따라 추가 플러그인 도구가 필요하다.

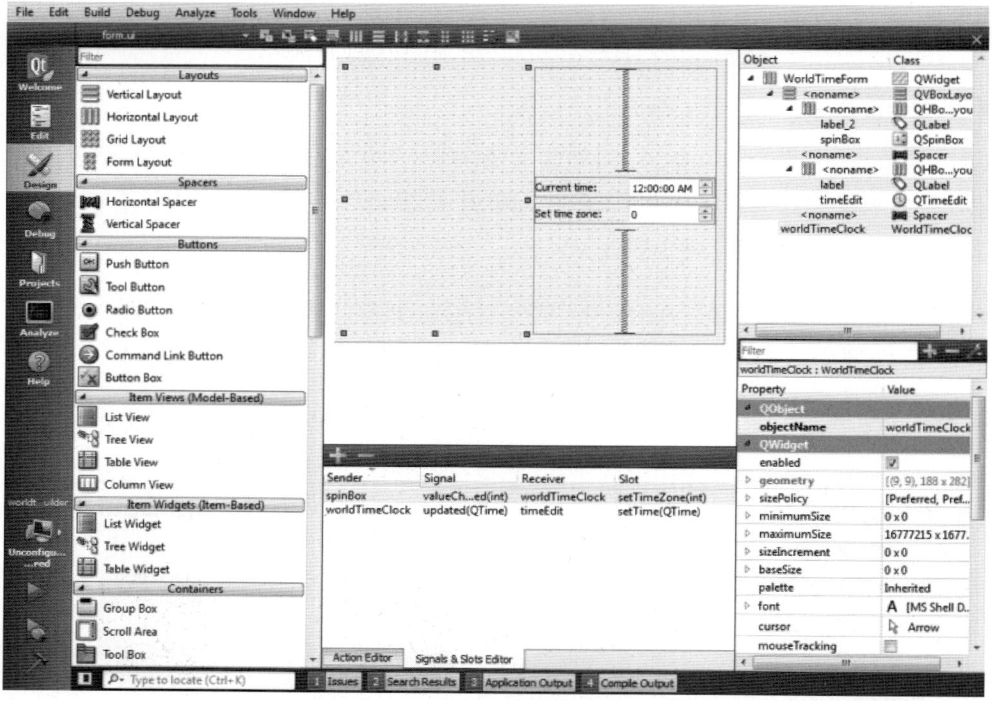

그림 6-12 Qt Creator

Qt는 2020년 5월 현재 QT 5.14.2와 Qt Creator 4.4.1을 제공하고 있으나 QT 5.x 이후 라이선스 정책으로 Target에 빌드하는 경우 비용이 발생한다. 본 실습에서는 QT 4.8.7(LPGL 라이센스)과 QT Creator 4.4.1을 기반으로 개발환경을 구축한다.

2.1 개발도구 다운로드

▮ QT 라이브러리 다운로드

Qt 라이브러리 설치를 위해서 아래 사이트로 이동하여 다운로드를 진행한다.

- https://download.qt.io/archive/qt/

해당 사이트로 이동하여 4.8/4.8.7/ 디렉토리를 선택하고 개발 Target에 맞는 프로그램을 다운로드한다.

- **다운로드 파일** : qt-everywhere-opensource-src-4.8.7.tar.gz

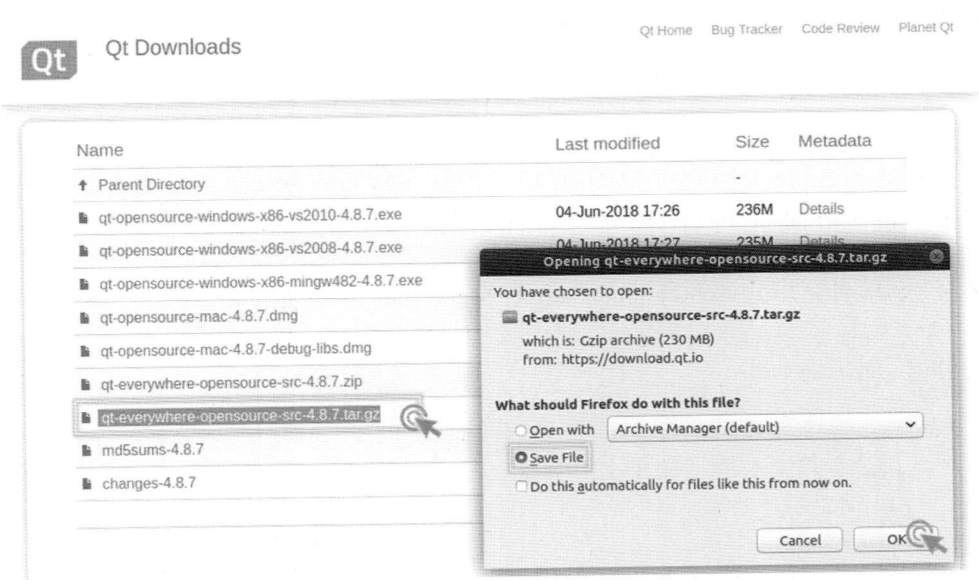

파일 다운로드가 완료되면 작업디렉토리의 utils로 복사 이동한다. 파일 기본 저장 공간은 /home/user/Downloads 디렉토리이다.

Terminal root@ubuntu:/mywork/utils

```
root@ubuntu:/mywork/utils# ls
qt-everywhere-opensource-src-4.8.7.tar.gz
```

▮ Qt Creator 다운로드

Qt Creator 다운로드를 위해서 아래 사이트로 이동하여 다운로드를 진행한다.

- https://download.qt.io/archive/qtcreator/

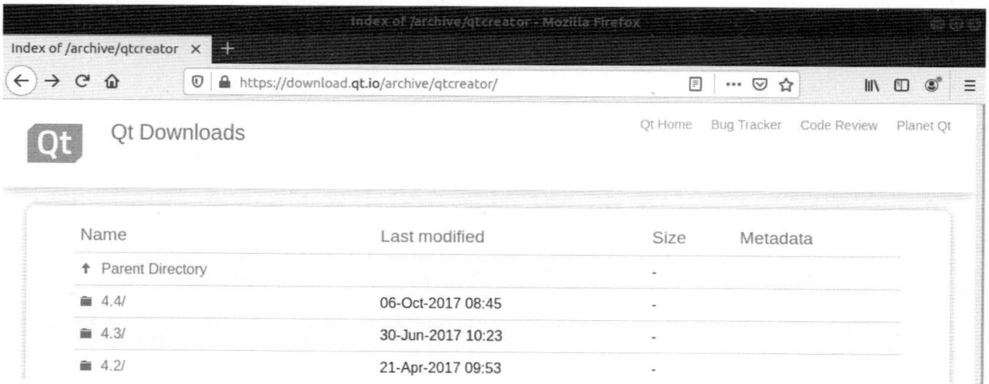

가장 최신 버전을(4.4/) 다운로드 하며 해당 버전 디렉토리로 이동한 후 호스트 PC 운영체제에 맞는 설치프로그램을 다운로드한다.

- **다운로드 파일 :** qt-creator-opensource-linux-x86_64-4.4.1.run

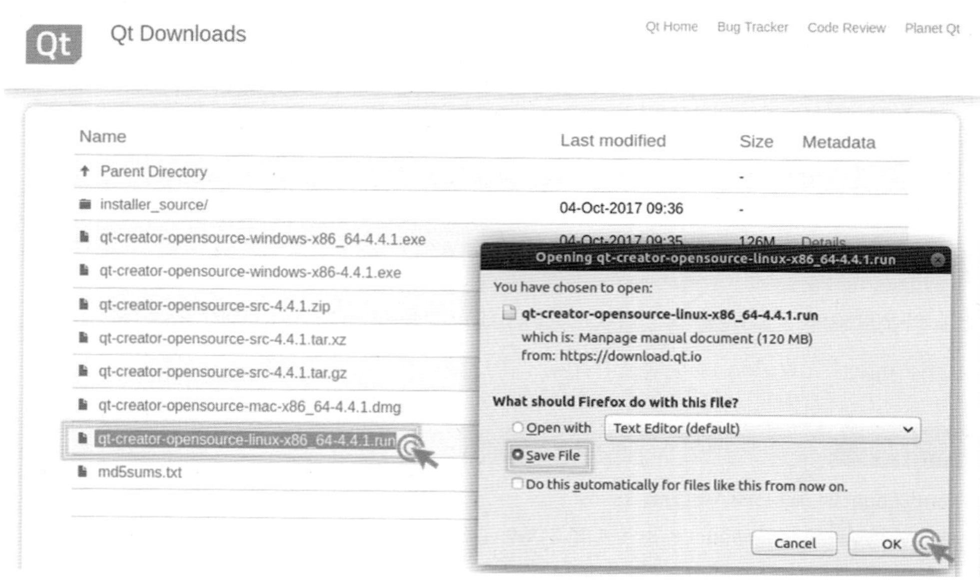

파일 다운로드가 완료되면 작업디렉토리의 utils로 복사 이동한다. 파일 기본 저장 공간은 /home/user/Downloads 디렉토리이다.

Terminal root@ubuntu:/mywork/utils

```
root@ubuntu:/mywork/utils# ls
qt-creator-opensource-linux-x86_64-4.4.1.run
qt-everywhere-opensource-src-4.8.7.tar.gz
root@ubuntu:/mywork/utils#
```

라이브러리 다운로드 및 설치

개발보드의 디스플레이장치를 통해 터치인터페이스를 지원하는 플러그인을 다운로드 및 설치한다. tslib는 터치스크린의 보정과 보정된 포인트의 좌표 등을 제공하는 라이브러리이다.

utils 디렉토리 내에 qt 디렉토리를 생성하고 git 명령을 통해 tslib 라이브러리를 다운로드 한다.

Terminal root@ubuntu:/mywork/utils/qt

```
root@ubuntu:/mywork/utils# mkdir qt
root@ubuntu:/mywork/utils# cd qt
root@ubuntu:/mywork/utils/qt# ls
root@ubuntu:/mywork/utils/qt# git clone https://github.com/libts/tslib.git
Cloning into 'tslib'...
remote: Enumerating objects: 31, done.
remote: Counting objects: 100% (31/31), done.
remote: Compressing objects: 100% (24/24), done.
remote: Total 6114 (delta 13), reused 16 (delta 7), pack-reused 6083
Receiving objects: 100% (6114/6114), 2.67 MiB | 579.00 KiB/s, done.
Resolving deltas: 100% (4247/4247), done.
root@ubuntu:/mywork/utils/qt# ls
tslib
```

tslib 라이브러리 빌드에 필요한 쉘 스크립트 도구(Autoconf)를 설치한다.

Terminal root@ubuntu:/mywork/utils/qt

```
root@ubuntu:/mywork/utils/qt# apt-get install libtool autoconf -y
....
Processing triggers for install-info (6.5.0.dfsg.1-2) ...
Processing triggers for libc-bin (2.27-3ubuntu1) ...
Processing triggers for man-db (2.8.3-2ubuntu0.1) ...
root@ubuntu:/mywork/utils/qt#
```

라이브러리의 의존성 검사 및 빌드에 필요한 pkg-config 도구를 설치한다.

Terminal root@ubuntu:/mywork/utils/qt

```
root@ubuntu:/mywork/utils/qt# apt-get install pkg-config
Reading package lists... Done
Building dependency tree
Reading state information... Done
.....
Selecting previously unselected package pkg-config.
(Reading database ... 177360 files and directories currently installed.)
Preparing to unpack .../pkg-config_0.29.1-0ubuntu2_amd64.deb ...
Unpacking pkg-config (0.29.1-0ubuntu2) ...
Setting up pkg-config (0.29.1-0ubuntu2) ...
Processing triggers for man-db (2.8.3-2ubuntu0.1) ...
root@ubuntu:/mywork/utils/qt/tslib#
root@ubuntu:/mywork/utils/qt#
```

빌드작업에 필요한 configure 스크립트 생성을 위해 다음 명령을 입력한다.

Terminal root@ubuntu:/mywork/utils/qt/tslib

```
root@ubuntu:/mywork/utils/qt# cd tslib/
root@ubuntu:/mywork/utils/qt/tslib# ls
acinclude.m4     cmake            doc        README       tools
Android.mk       CMakeLists.txt   etc        README.md    tslib.pc.in
AUTHORS          config.log       m4         release.sh   website
```

```
autogen-clean.sh  configure.ac         Makefile.am     src
autogen.sh        CONTRIBUTING.md      NEWS            tests
ChangeLog         COPYING              plugins         THANKS
root@ubuntu:/mywork/utils/qt/tslib# ./autogen.sh
libtoolize: putting auxiliary files in '.'.
libtoolize: copying file './ltmain.sh'
libtoolize: putting macros in AC_CONFIG_MACRO_DIRS, 'm4/internal'.
libtoolize: copying file 'm4/internal/libtool.m4'
libtoolize: copying file 'm4/internal/ltoptions.m4'
libtoolize: copying file 'm4/internal/ltsugar.m4'
libtoolize: copying file 'm4/internal/ltversion.m4'
libtoolize: copying file 'm4/internal/lt~obsolete.m4'
configure.ac:58: installing './compile'
configure.ac:24: installing './config.guess'
configure.ac:24: installing './config.sub'
configure.ac:7: installing './install-sh'
configure.ac:7: installing './missing'
Makefile.am: installing './INSTALL'
plugins/Makefile.am: installing './depcomp'
root@ubuntu:/mywork/utils/qt/tslib#
```

정상적으로 스크립트 생성이 완료되면 configure 스크립트를 실행하여 Make 파일을 생성한다.

Terminal root@ubuntu:/mywork/utils/qt/tslib

```
../tslib# ./configure –prefix=$PWD/build --host=arm-linux-gnueabihf
checking for a BSD-compatible install... /usr/bin/install -c
checking whether build environment is sane... yes
checking for arm-linux-gnueabihf-strip... arm-linux-gnueabihf-strip
.........
config.status: creating config.h
config.status: executing depfiles commands
config.status: executing libtool commands
../tslib#
```

Makefile 생성이 완료되면 make 명령을 통해 빌드 및 설치를 진행한다.

Terminal root@ubuntu:/mywork/utils/qt/tslib

```
root@ubuntu:/mywork/utils/qt/tslib# make
make  all-recursive
make[1]: Entering directory '/mywork/utils/qt/tslib'
Making all in etc
make[2]: Entering directory '/mywork/utils/qt/tslib/etc'
make[2]: Nothing to be done for 'all'.
make[2]: Leaving directory '/mywork/utils/qt/tslib/etc'
.....
make[2]: Leaving directory '/mywork/utils/qt/tslib'
make[1]: Leaving directory '/mywork/utils/qt/tslib'

root@ubuntu:/mywork/utils/qt/tslib# make install
Making install in etc
make[1]: Entering directory '/mywork/utils/qt/tslib/etc'
..
make[2]: Leaving directory '/mywork/utils/qt/tslib'
make[1]: Leaving directory '/mywork/utils/qt/tslib'
root@ubuntu:/mywork/utils/qt/tslib#
```

tslib 라이브러리 설치가 완료되면 build 디렉토리가 생성되며 해당 라이브러리를 확인할 수 있다. Qt 프레임워크를 빌드할 때 라이브러리 설치 경로를 참조하므로 기억해두도록 한다.

Terminal root@ubuntu:/mywork/utils/qt/tslib/build

```
root@ubuntu:/mywork/utils/qt/tslib# cd build/
root@ubuntu:/mywork/utils/qt/tslib/build# ls
bin  etc  include  lib  share
root@ubuntu:/mywork/utils/qt/tslib/build# pwd
/mywork/utils/qt/tslib/build
```

2.2 개발도구 설치

▮ Qt Creator 설치

Qt Creator 다운로드 디렉토리(/utils)로 이동하여 해당파일 권한 설정 및 설치파일을 실행한다.

Terminal root@ubuntu:/mywork/utils

```
root@ubuntu:/mywork# cd utils/
../utils# chmod 777 qt-creator-opensource-linux-x86_64-4.4.1.run
../utils# ./qt-creator-opensource-linux-x86_64-4.4.1.run
```

설치화면이 나타나면 Next 버튼을 클릭하여 다음화면으로 진행한다.

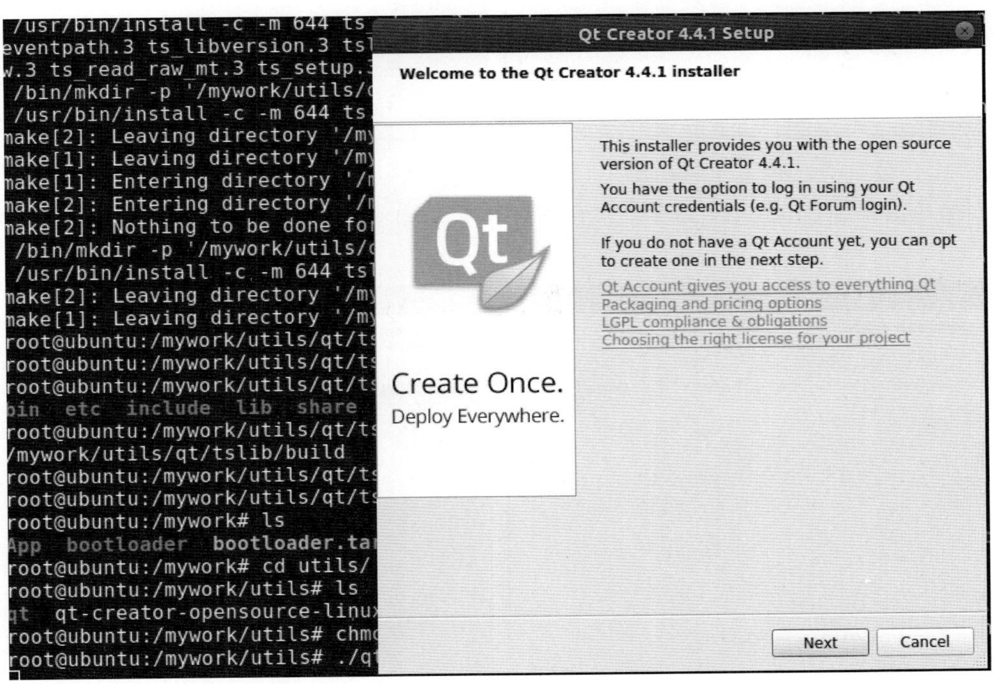

Account 정보 입력 화면이 나타나며 신규 계정 등록은 E-Mail 정보와 패스워드를 입력하면 메일인증 화면을 통해 회원가입이 이루어진다. 계정 등록이 완료되면 라이선스 조항에 대한 정보와 설치 시작화면이 나타난다.

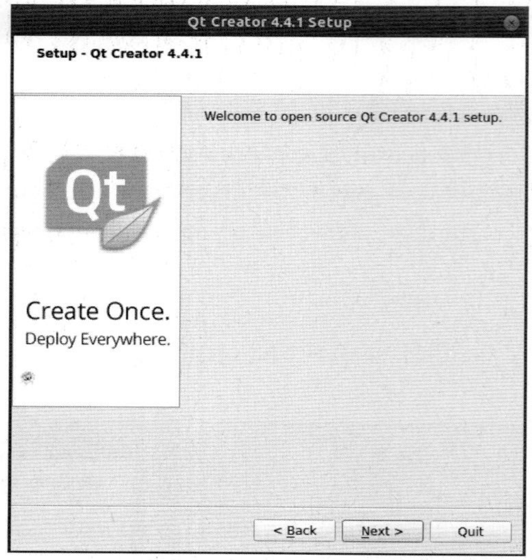

기본 설치 디렉토리를 위치를 확인하고 설치 항목을 지정한다(기본값).

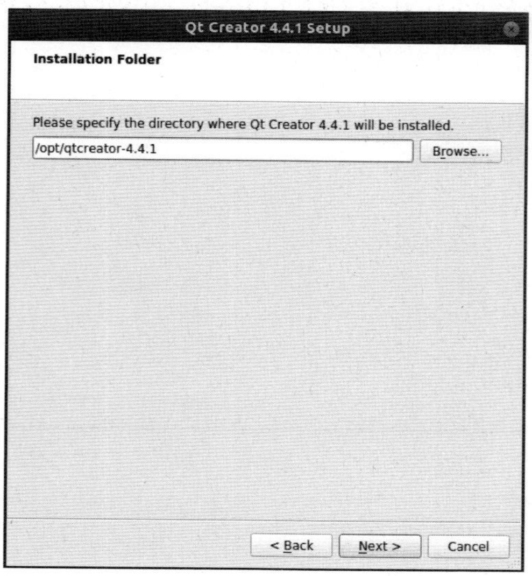

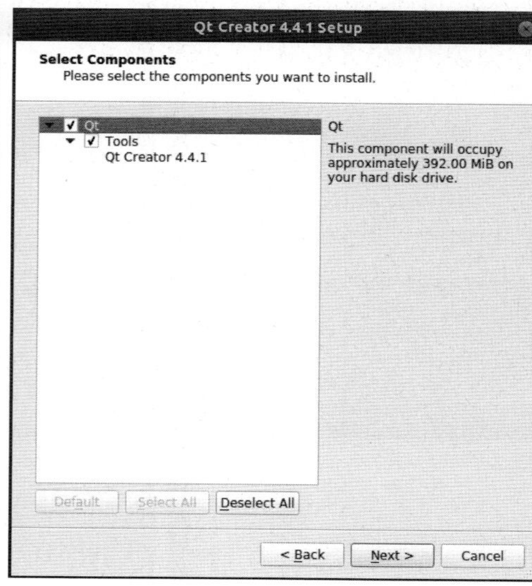

라이선스 동의를 진행하고 설치를 진행한다.

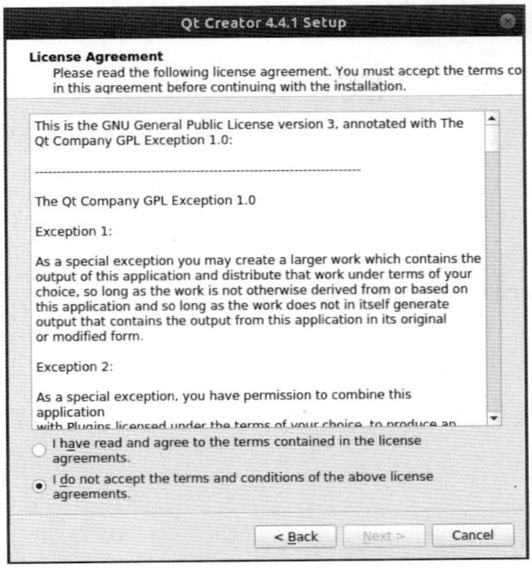

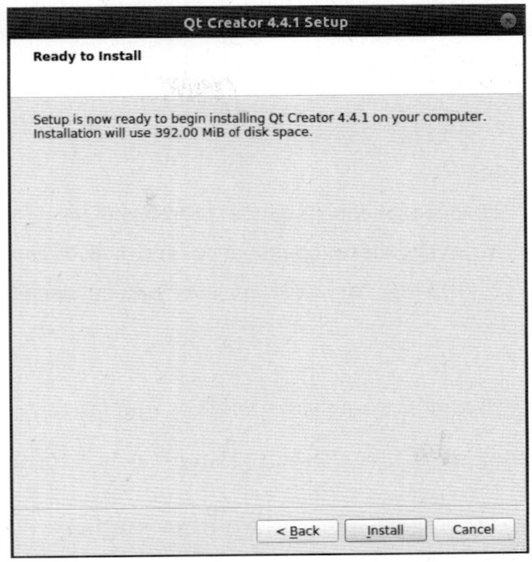

설치가 완료되면 Finish 버튼을 클릭한다.

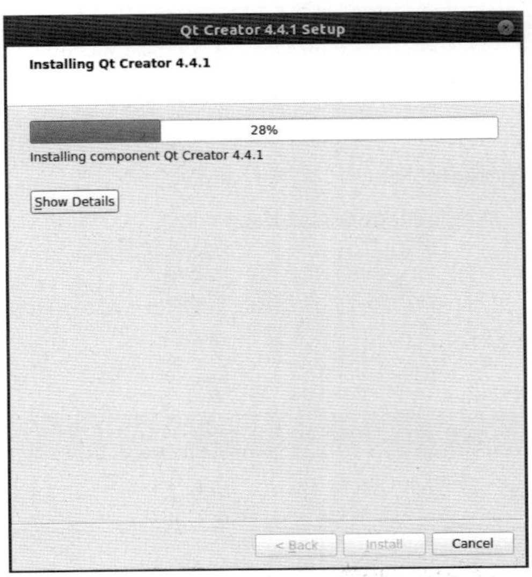

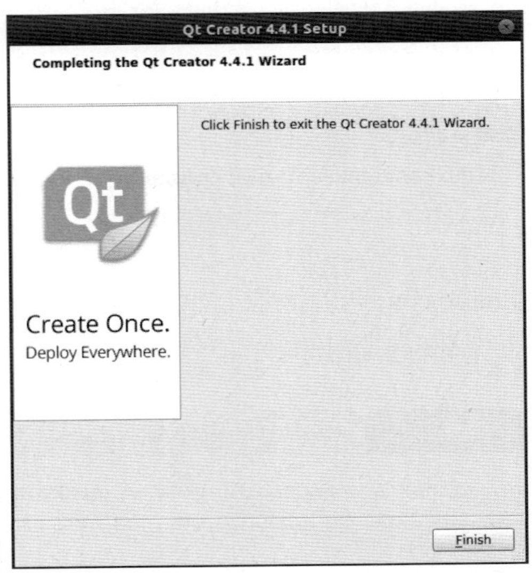

▌Qt 설치

작업디렉토리 내의 utils 디렉토리로 이동하여 Qt 프레임워크 설치파일 압축을 해제한다.

Terminal　root@ubuntu:/mywork/utils

```
../utils# ls
qt
qt-creator-opensource-linux-x86_64-4.4.1.run
qt-everywhere-opensource-src-4.8.7.tar.gz
../utils# tar zxvf qt-everywhere-opensource-src-4.8.7.tar.gz
```

압축해제가 완료되면 압축해제 디렉토리로 이동한다. 개발 플랫폼에 맞게 빌드 환경설정을 위해 기존 디렉토리를 복사하여 파일을 수정한다.

Terminal　root@ubuntu:/mywork/utils/qt-everywhere-opensource-src-4.8.7

```
../utils# cd qt-everywhere-opensource-src-4.8.7
../utils/qt-everywhere-opensource-src-4.8.7# cp -r mkspecs/qws/linux-arm-
gnueabi-g++/ mkspecs/qws/linux-arm-gnueabihf-g++
../utils/qt-everywhere-opensource-src-4.8.7# cd mkspecs/qws/linux-arm-gnueabihf
-g++/
../utils/qt-everywhere-opensource-src-4.8.7/mkspecs/qws/linux-arm-gnueabihf
-g++# ls
linux-arm-gnueabi-g++  qmake.conf  qplatformdefs.h
```

qmake.conf 파일을 열어 개발 플랫폼 환경에 맞게 수정한다. qmake 명령어는 makefile을 생성하는 유틸리티이다.

Terminal　../qt-everywhere-opensource-src-4.8.7/mkspecs/qws/linux-arm-gnueabihf-g++

```
../linux-arm-gnueabihf-g++# vi qmake.conf
```

Vi Editor　qmake.conf

```
   ...
# modifications to g++.conf
QMAKE_CC                = arm-none-linux-gnueabihf-gcc
```

```
QMAKE_CXX               = arm-none-linux-gnueabihf-g++
QMAKE_LINK              = arm-none-linux-gnueabihf-g++
QMAKE_LINK_SHLIB        = arm-none-linux-gnueabihf-g++

# modifications to linux.conf
QMAKE_AR                = arm-none-linux-gnueabihf-ar cqs
QMAKE_OBJCOPY           = arm-none-linux-gnueabihf-objcopy
QMAKE_STRIP             = arm-none-linux-gnueabihf-obj-strip

QMAKE_INCDIR            += /mywork/utils/qt/tslib/build/include
QMAKE_LIBDIR            += /mywork/utils/qt/tslib/build/lib
QMAKE_LFLAGS            += -Wl,-rpath-link,/mywork/utils/qt/tslib/build/lib

load(qt_config)
```

프로그램 설명

QMAKE_INCDIR : tslib 설치 디렉토리 내의 build/includ

QMAKE_LIBDIR : tslib 설치 디렉토리 내의 build/lib

QMAKE_LFLAGS : tslib 설치 디렉토리 내의 build/lib

configure 스크립트를 실행하여 Make 파일을 생성한다.

Terminal root@ubuntu:/mywork/utils/qt-everywhere-opensource-src-4.8.7

```
..qt-everywhere-opensource-src-4.8.7# ./configure -prefix $PWD/build
-xplatform qws/linux-arm-gnueabihf-g++ -embedded arm -little-endian -release
-depths 16,24,32 -fast -no-neon -no-largefile -no-accessibility -no-qt3support
-no-libtiff -no-nis -no-cups -no-libmng -qt-zlib -qt-libpng -qt-libjpeg -qt-
freetype -qt-mouse-tslib -qt-kbd-linuxinput -opensource -confirm-license
```

configure 스크립트 옵션 정보는 다음과 같다.

- prefix $PWD/build : make install 시 설치되는 베이스 디렉토리이다.
- xplatform qws/linux-arm-gnueabihf-g++ : 크로컴파일러
- embedded arm : ARM 아키텍처 환경에서 사용한다는 것을 의미한다.
- little-endian : 리틀 엔디안 형식을 사용한다는 것을 의미한다.

- release : 릴리즈 모드로 컴파일을 진행한다.
- depths 16,24,32 : 지원되는 색 농도의 종류를 의미한다.
- fast : 라이브러리 및 서브디렉토리에 대한 Makefile만 제작한다.
- no-neon : NEON 을 사용하지 않는다.
- no-largefile : 큰 용량의 대한 파일(4GB 이상)을 지원을 사용하지 않는다.
- no-accessibility : 접근성 지원을 사용하지 않는다.
- no-qt3support : QT3에 대한 호환성 지원을 사용하지 않는다.
- no-libtiff : TIFF 라이브러리를 사용하지 않는다.
- no-nis : NIS 지원을 사용하지 않는다.
- no-cups : CUPS 지원을 사용하지 않는다.
- no-libmng : MNG 지원을 사용하지 않는다.
- qt-zlib : zlib 라이브러리를 사용한다.
- qt-libpng : png 라이브러리를 사용한다.
- qt-libjpeg : jpeg 라이브러리를 사용한다.
- qt-freetype : freetype 라이브러리를 사용한다.
- qt-mouse-tslib : 터치스크린 라이브러리를 QT의 마우스로서 사용한다.
- opensource : 오픈소스 용도로 사용한다.
- confirm-license : 라이선스에 동의한다.

Makefile 생성이 완료되면 make 명령을 통해 빌드 및 설치를 진행한다.

Terminal root@ubuntu:/mywork/utils/qt-everywhere-opensource-src-4.8.7

```
...........
Qt is now configured for building. Just run 'make'.
Once everything is built, you must run 'make install'.
Qt will be installed into /mywork/utils/qt-everywhere-opensource-src-4.8.7/
build

To reconfigure, run 'make confclean' and 'configure'.
../qt-everywhere-opensource-src-4.8.7# make
cd src/tools/bootstrap/ && make -f Makefile
...........
make[3]: Leaving directory '/mywork/utils/qt-everywhere-opensource-src-4.8.7/
demos/spectrum/app'
```

```
make[2]: Leaving directory '/mywork/utils/qt-everywhere-opensource-src-4.8.7/
demos/spectrum'
make[1]: Leaving directory '/mywork/utils/qt-everywhere-opensource-src-4.8.7/
demos'

../qt-everywhere-opensource-src-4.8.7# make install
.........
-msvc2005 /mywork/utils/qt-everywhere-opensource-src-4.8.7/build/mkspecs/
cp -f -r /mywork/utils/qt-everywhere-opensource-src-4.8.7/mkspecs/
wincewm65professional-msvc2008 /mywork/utils/qt-everywhere-opensource-
src-4.8.7/build/mkspecs/

../qt-everywhere-opensource-src-4.8.7#
```

빌드 및 설치가 완료되면 build 디렉토리 내에 개발 플랫폼 라이브러리와 개발 호스트 PC용 빌드 도구들이 생성된다. 개발보드 내에도 동일한 라이브러리가 포함되어 있다.

Terminal root@ubuntu:/mywork/utils/qt-everywhere-opensource-src-4.8.7

```
../qt-everywhere-opensource-src-4.8.7/build#ls
bin  demos  examples  imports  include  lib  mkspecs  plugins  tests  translations
```

- 개발보드 디렉토리 : root@h-embed-tku:/usr/local/qt#

2.3 Qt Creator 기본 환경설정

▮ Qt Creator 실행

Qt Creator 설치 디렉터로 이동하여 실행파일을 실행한다.

Terminal root@ubuntu:/opt/qtcreator-4.4.1/bin

```
root@ubuntu:/# cd /opt/qtcreator-4.4.1/bin/
root@ubuntu:/opt/qtcreator-4.4.1/bin# ls
qbs            qbs-create-project  qbs-setup-qt          qtcreator
qbs-config     qbs-qmltypes        qbs-setup-toolchains  qtcreator.sh
qbs-config-ui  qbs-setup-android   qt.conf
root@ubuntu:/opt/qtcreator-4.4.1/bin# ./qtcreator
```

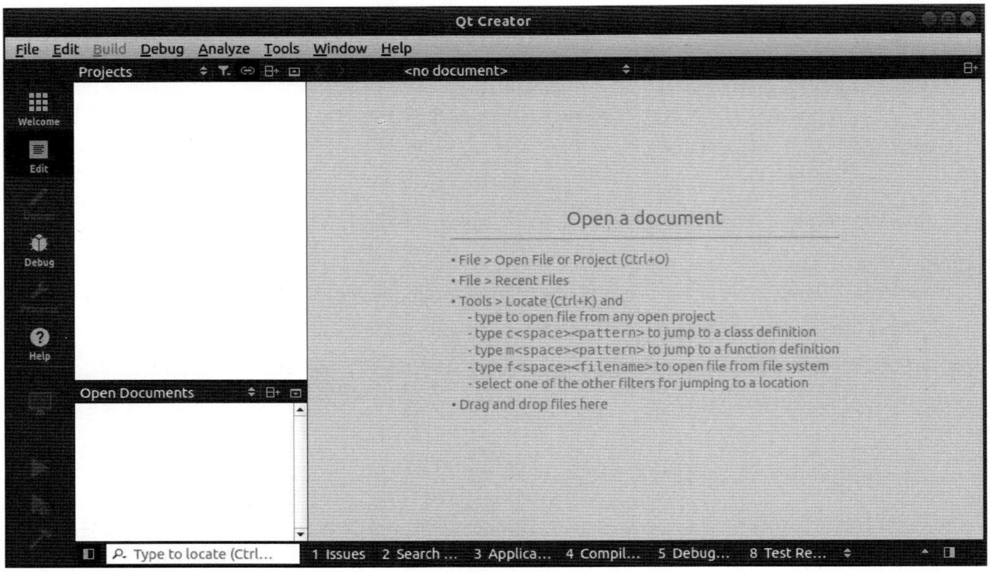

■ qmake 경로 지정

상단 메뉴 Tools 〉 Options을 클릭한다.

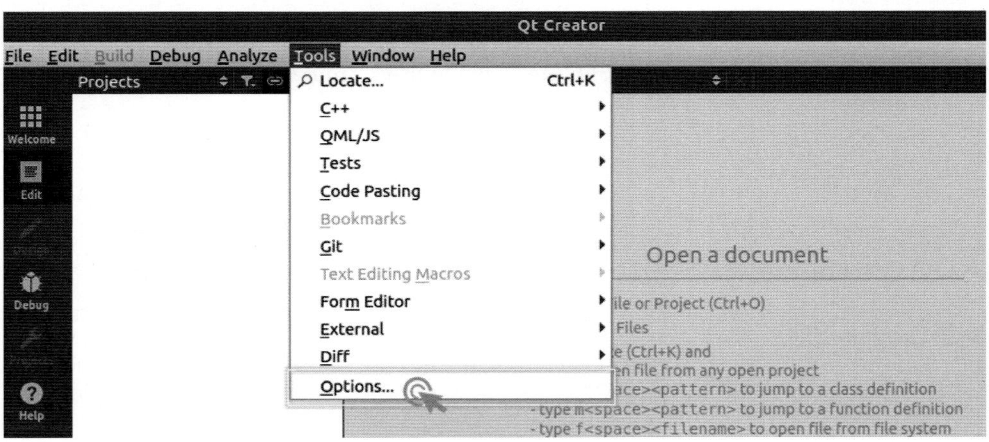

Options 화면의 좌측메뉴의 Build & Run 을 선택하고 Qt Versions 탭메뉴로 이동한다. 다음으로 오른쪽 Add 버튼을 클릭한다.

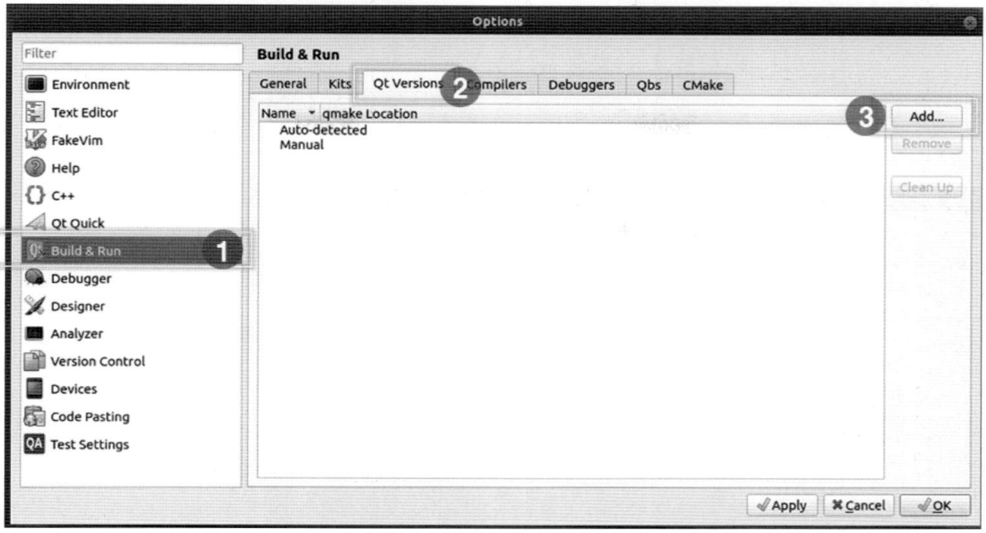

경로지정 화면에서 아래 경로를 참조하여 qmake 바이너리를 선택한다. 선택이 완료되면 오른쪽 상단의 Open 버튼을 클릭한다.

- qmake 설치경로 : /mywork/utils/qt-everywhere-opensource-src-4.8.7/bin

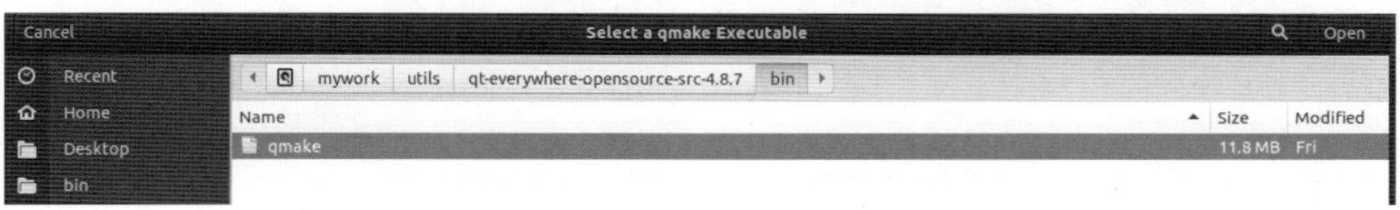

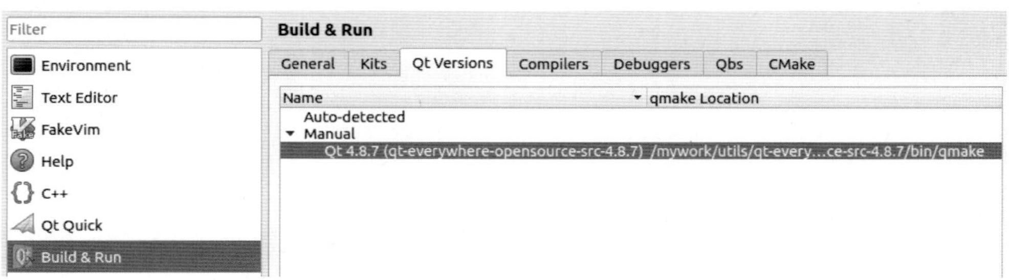

▌컴파일러 경로 지정

개발보드 플랫폼 컴파일러환경 지정을 위해서 Compilers 탭 메뉴로 이동하여 Add 버튼을 클릭한다.

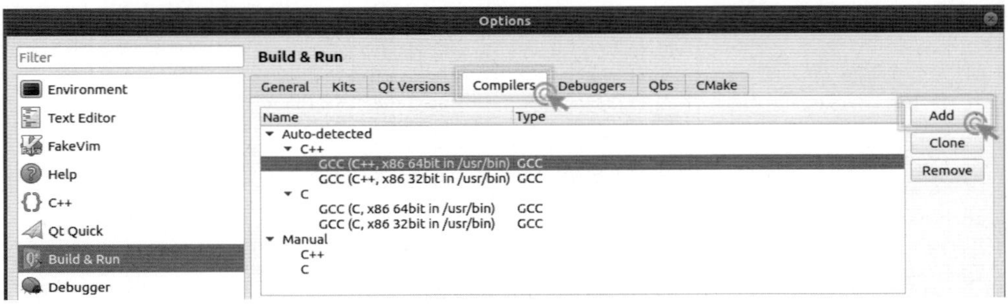

Add 버튼을 클릭하면 각 컴파일러 도구 리스트가 나타나며 개발에 필요한 C 기반 GCC와 C++ 기반 GCC 컴파일러도구를 지정한다.

GCC를 선택하고 C를 클릭한다.

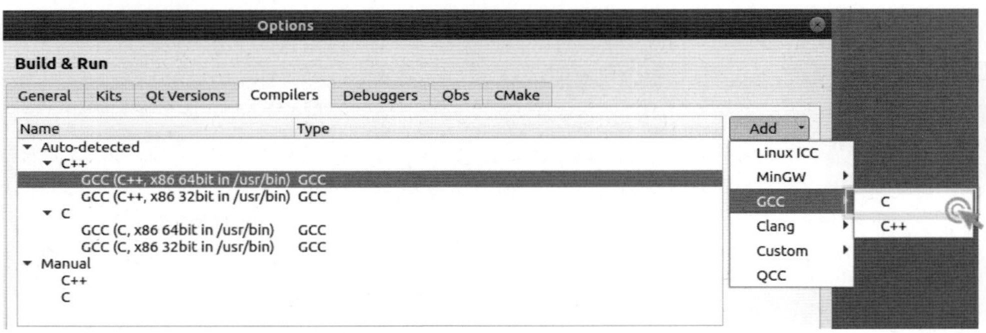

컴파일러 세부 정보내역에 Name과 Compiler path 정보를 등록한다.

- Name : ARM-GCC
- Compiler path : /usr/gcc-linaro-4.9.4/bin/**arm-linux-gnueabihf-gcc**

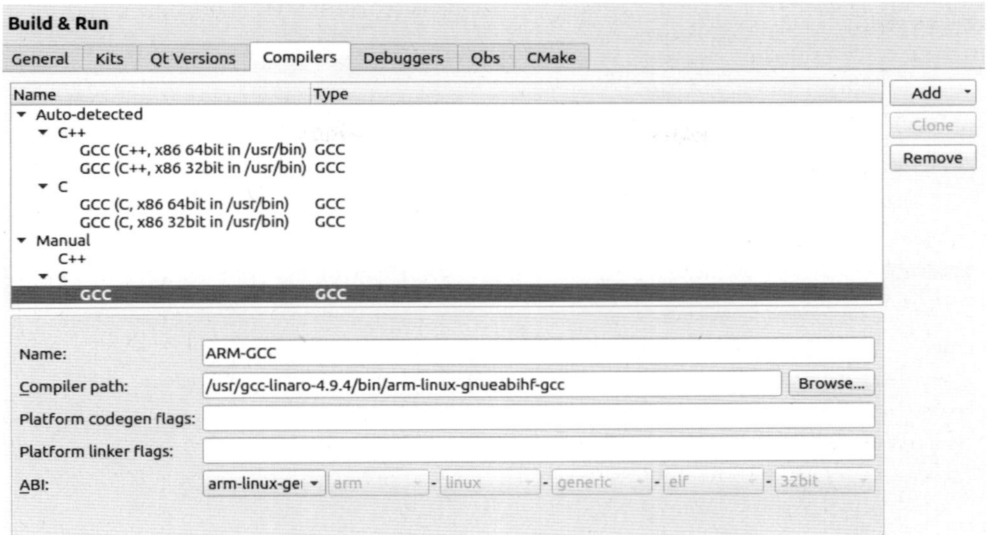

입력 및 등록이 완료되면 하단의 [Apply] 버튼을 클릭한다.

GCC를 선택하고 C++을 클릭한다.

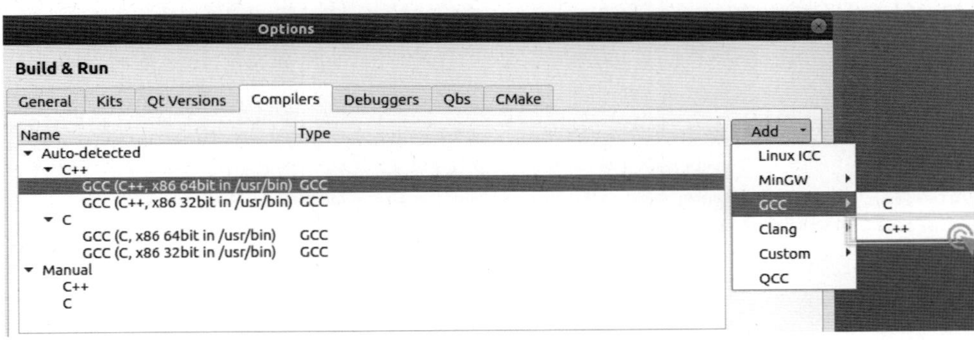

컴파일러 세부 정보내역에 Name과 Compiler path 정보를 등록한다.

- Name : ARM-G++
- Compiler path : /usr/gcc-linaro-4.9.4/bin/arm-linux-gnueabihf-g++

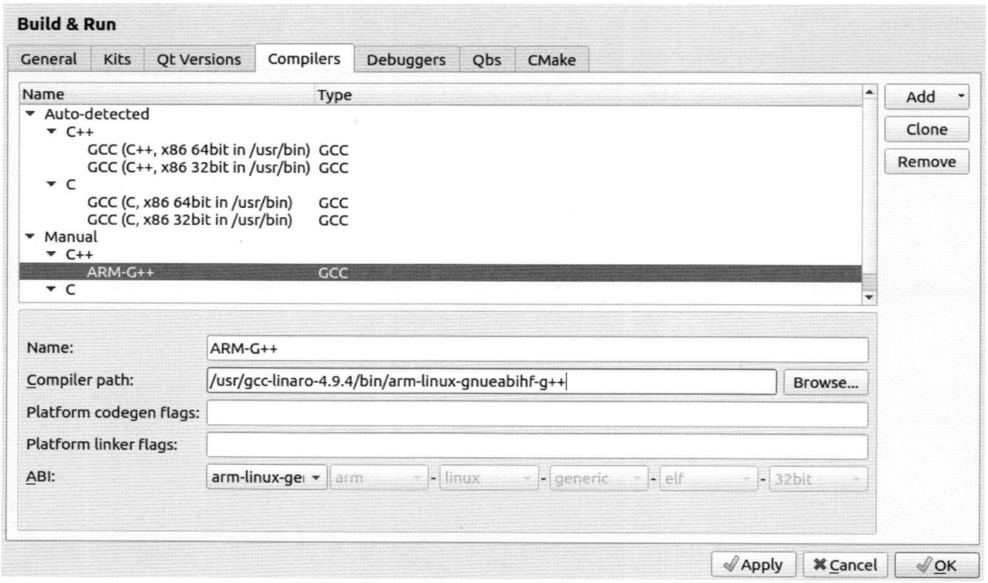

입력 및 등록이 완료되면 하단의 [Apply] 버튼을 클릭한다.

▌디버거 경로 지정

디버그 도구 설정을 진행한다. Debuggers 탭 메뉴로 이동하여 Add 버튼을 클릭한다.

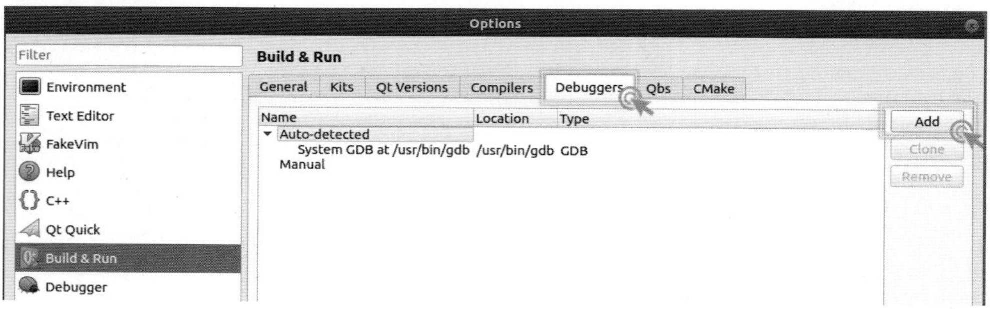

Dubuggers 세부 정보내역에 Name과 path 정보를 등록한다.

- Name : ARM-GDB
- Compiler path : /usr/gcc-linaro-4.9.4/bin/**arm-linux-gnueabihf-gdb**

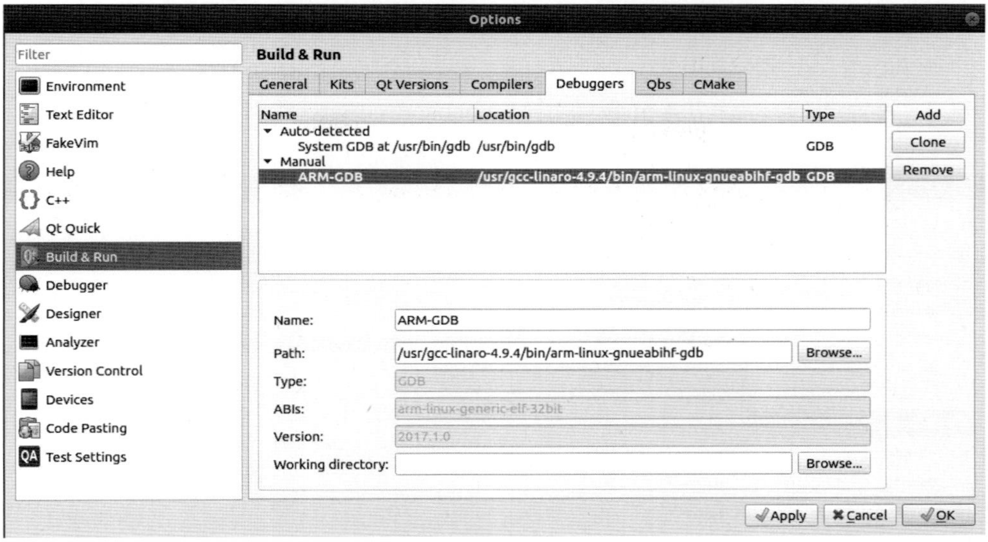

입력 및 등록이 완료되면 하단의 [Apply] 버튼을 클릭한다.

▌Kits 설정

개발보드 설정을 위한 Kits 설정을 진행한다. Kits 탭 메뉴로 이동하여 Add 버튼을 클릭한다.

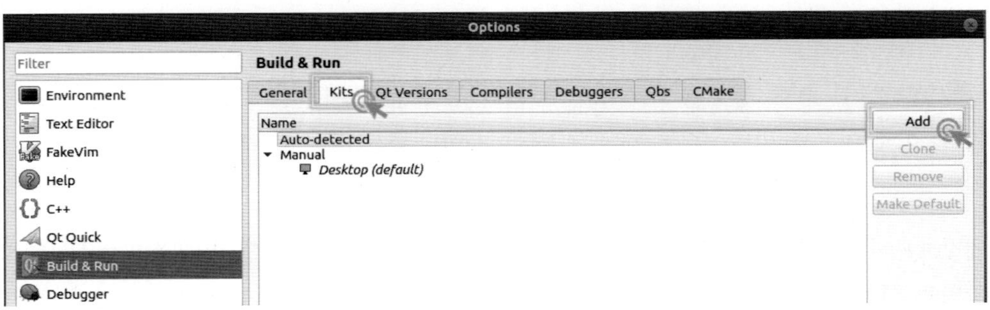

Kits 상세정보에 다음과 같이 입력 및 선택한다.

- Name : **Embed**
- Device type : **Generic Linux Device**
- Compiler C : **ARM-GCC**

- Compiler C++ : ARM-G++
- Debugger : ARM-GDB
- QT Version : QT 4.8.7(qt-everywhere-opensource-src-4.8.7)

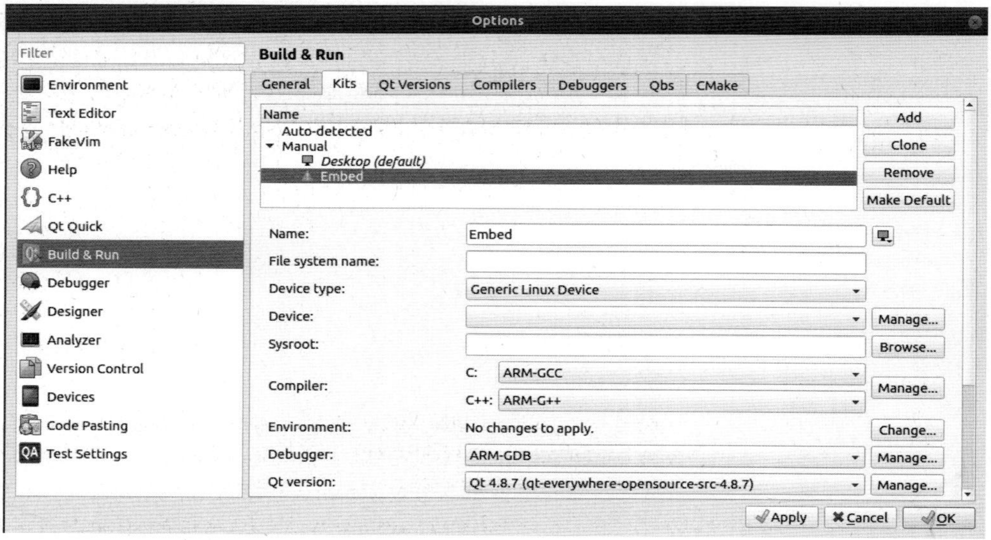

수정이 완료되면 하단의 Apply 버튼을 클릭한다.

2.4 QT 프로그램 장치 업로드

Qt Creator를 통해 생성된 프로젝트는 빌드환경을 통해 최종적으로 개발보드로 업로드한다. 이때 업로드 방법 중 하나로 SSH를 이용한다. SSH(Secure Shell)는 유무선 네트워크상의 다른 장치와 원격으로 파일 전송 및 명령을 실행할 수 있는 도구이다.

개발보드와 호스트 PC간의 네트워크 연결을 위해서 기존 학습하였던 Wi-Fi 또는 RNDIS 방법을 이용하여 연결한다. 본 실습에서는 유선환경으로 안정적인 네트워크 환경 구축을 위해 RNDIS 방식을 권장한다.

RNDIS 기반 네트워크 연결

'03.RNDIS 기반 네트워크 연결'을 참조하여 환경을 구축한다.

환경준비가 완료되면 ping 명령어를 입력하여 연결 상태를 확인한다.

Device Terminal root@h-embed-tku:~

```
root@h-embed-tku:~# ping 10.1.1.1
PING 10.1.1.1 (10.1.1.1) 56(84) bytes of data.
64 bytes from 10.1.1.1: icmp_seq=1 ttl=127 time=8.91 ms
64 bytes from 10.1.1.1: icmp_seq=2 ttl=127 time=9.92 ms
--- 10.1.1.1 ping statistics ---
2 packets transmitted, 2 received, 0% packet loss, time 1001ms
rtt min/avg/max/mdev = 8.917/9.422/9.927/0.505 ms
```

개발보드 SSH 환경설정

SSH는 보안접속을 통한 연결이 이루어지므로 개발보드의 root 패스워드를 설정한다.

Device Terminal root@h-embed-tku:~

```
root@h-embed-tku:~# passwd
Enter new UNIX password:
Retype new UNIX password:
passwd: password updated successfully
root@h-embed-tku:~#
```

개발보드에는 SSH가 기본설치 되어 있으며 root계정으로 접속하기 위한 코드를 수정한다.

- 파일경로 : etc/ssh/sshd_config

Device Terminal root@h-embed-tku:~

```
root@h-embed-tku:~# vi /etc/ssh/sshd_config
```

Editor sshd_config

```
#LoginGraceTime 2m
#PermitRootLogin prohibit-password
PermitRootLogin yes
#StrictModes yes
```

SSH설정을 적용하기 위해서 systemctl 명령을 입력한다.

Device Terminal   root@h-embed-tku:~

```
root@h-embed-tku:~# systemctl restart ssh
```

▌Qt Creator SSH 환경설정

Qt Creator 화면으로 이동하여 Options 화면의 좌측메뉴의 Devices를 선택하고 오른쪽 Add 버튼을 클릭한다.

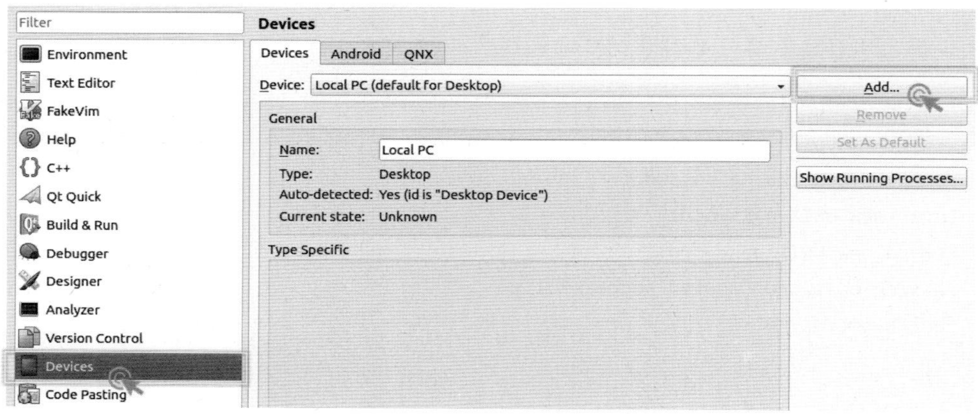

Generic Linux Device를 선택하고 하단의 Start Wizard 버튼을 클릭한다.

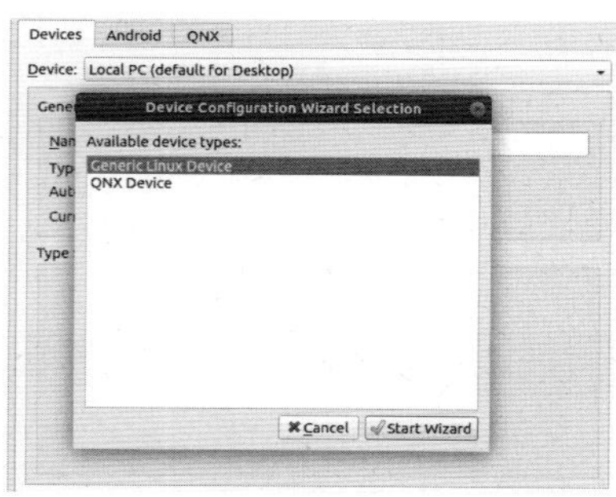


```
The name to identify this configuration : Embed
The device's host name or IP address : 10.0.1.2
The username to log into the device : root
The authentication type : password
The user's password : ****
```

SSH를 통해 개발보드에 연결될 정보를 입력한다. 개발보드의 IP 및 root 정보를 입력한다.

IP정보는 개발보드의 usb0장치 IP정보를 입력하고 패스워드는 이전 개발보드 SSH 환경설정 때 지정한 패스워드를 입력한다. 입력이 완료되면 하단의 Next 버튼을 클릭하고 다음화면의 Finish 버튼을 클릭하여 접속 테스트를 진행한다.

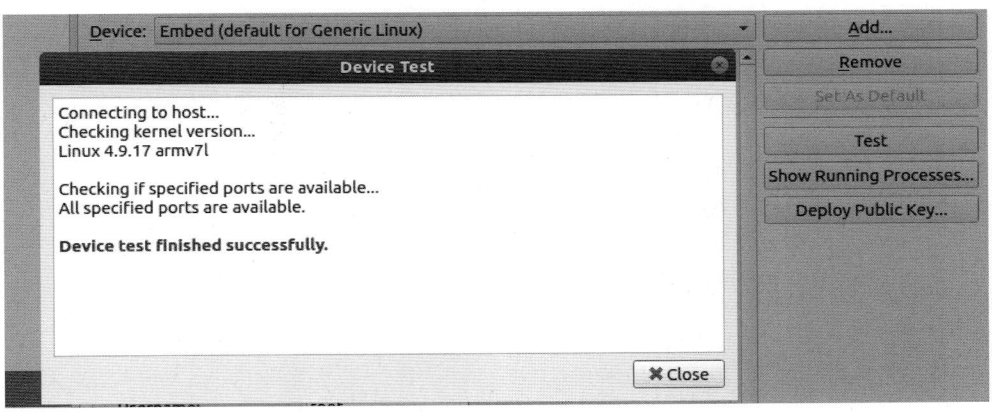

SSH 통신이 정상적으로 완료되면 'Device test finished successfully' 문구가 나타난다. 만일 정상적으로 통신이 되지 않고 실패한 경우 다음 오류 해결방법을 참고하도록 한다.

■ Qt Creator SSH 환경설정 오류(Error) 해결방법

SSH통신은 내부통신환경 사용여부에 따라 접속이 제한될 수 있다. 만일 다음과 같은 메시지가 나타나는 경우 개발보드 무선 랜 자동설정부분을 해제한다.

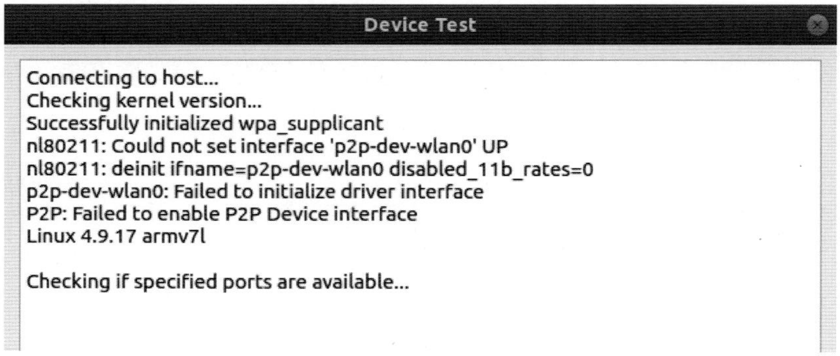

개발보드의 사용자 환경설정 파일(.bashrc)에 무선랜 자동연결 부분을 삭제 또는 주석 처리한다.

Device Terminal root@h-embed-tku:~

```
root@h-embed-tku:/# cd /root/
root@h-embed-tku:~# vi .bashrc
```

Editor .bashrc

```
# alias cp='cp -i'
# alias mv='mv -i'

# Automatic Connection of wireless device
# wpa_supplicant -i wlan0 -c /etc/wpa_supplicant/wpa_supplicant.conf -B
# dhclient wlan0
```

소스코드 변경내용을 적용한다.

Device Terminal root@h-embed-tku:~

```
root@h-embed-tku:/# source .bashrc
```

3. 프로젝트 생성 및 실행

새로운 프로젝트를 생성하고 개발보드에 맞게 빌드하여 프로그램을 실행해 보도록 한다.

3.1 프로젝트 생성

Qt Creator를 실행하고 새로운 프로젝트를 생성한다. 메뉴의 File을 선택하고 New File or Project..를 클릭한다.

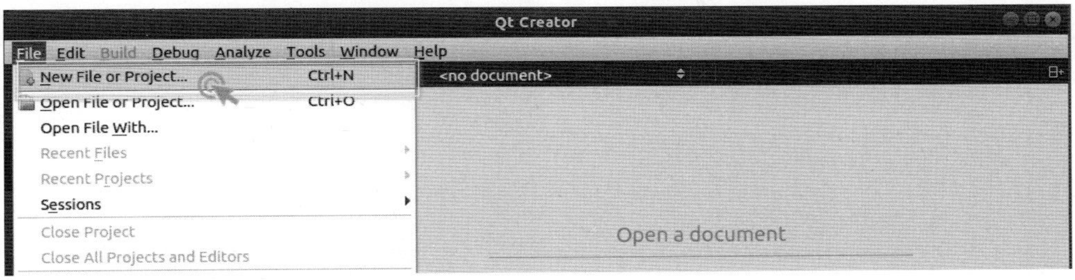

프로젝트 탬플릿 지정화면에서 Application 프로젝트 항목의 Qt Widgets Application을 선택한다.

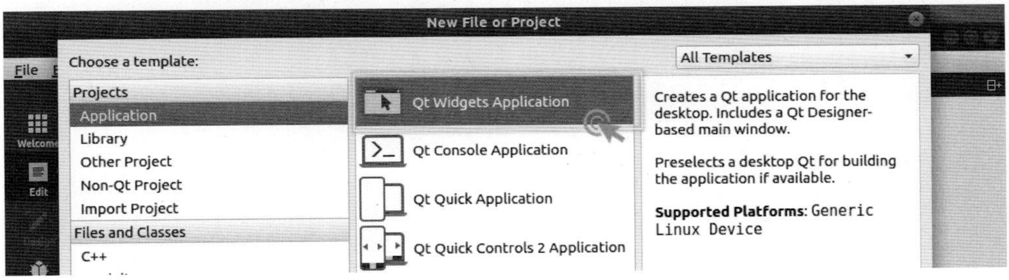

프로젝트 이름과 생성 위치를 지정한다.

- Name : testqt
- Create in : /mywork/util/qt

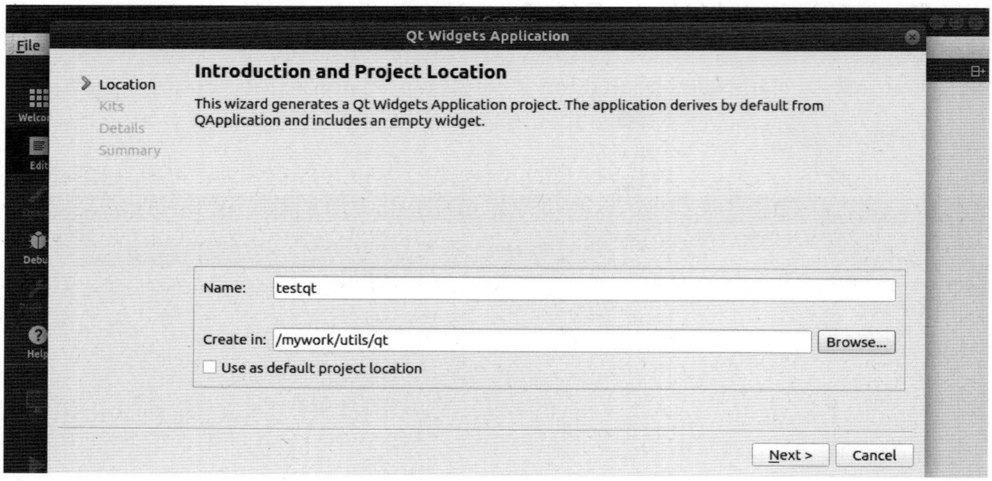

다음화면에서 이전에 설정된 개발보드(Embed) 항목을 선택한다.

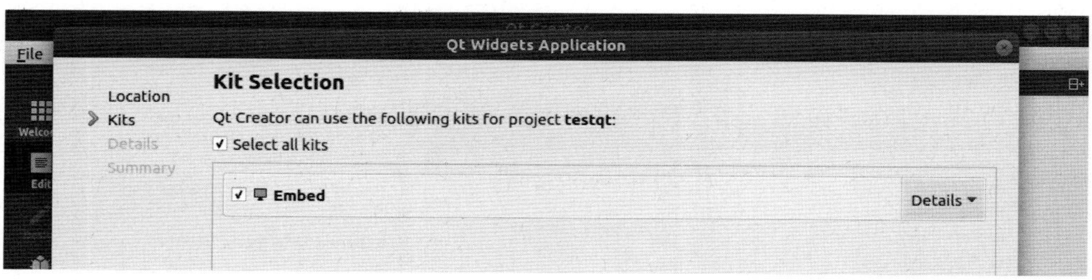

프로젝트 Class에 대한 정보를 입력한다(기본 값으로 설정).

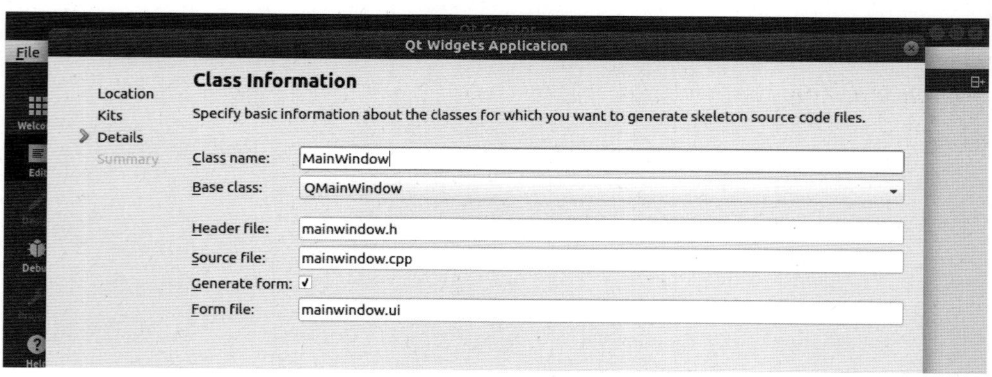

생성된 프로젝트 정보를 확인하고 Finish 버튼을 클릭한다.

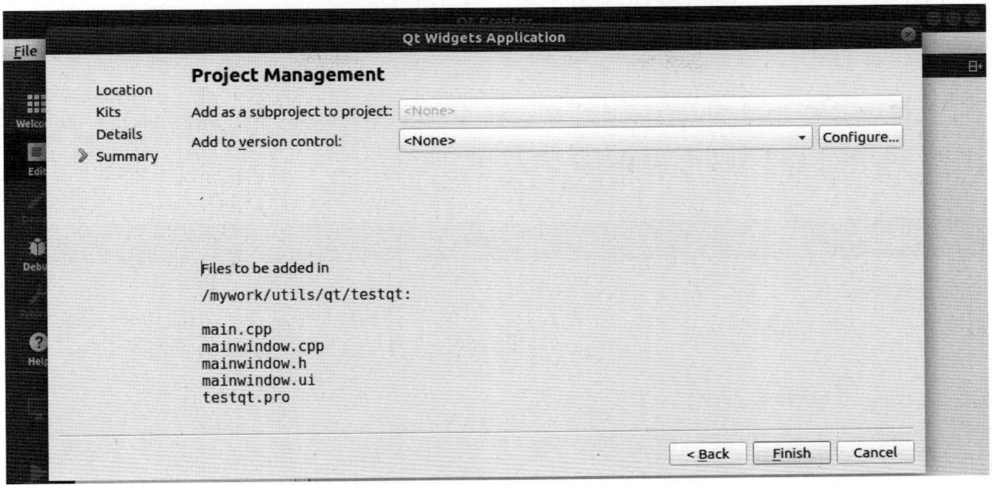

최종 프로젝트 생성화면을 확인한다.

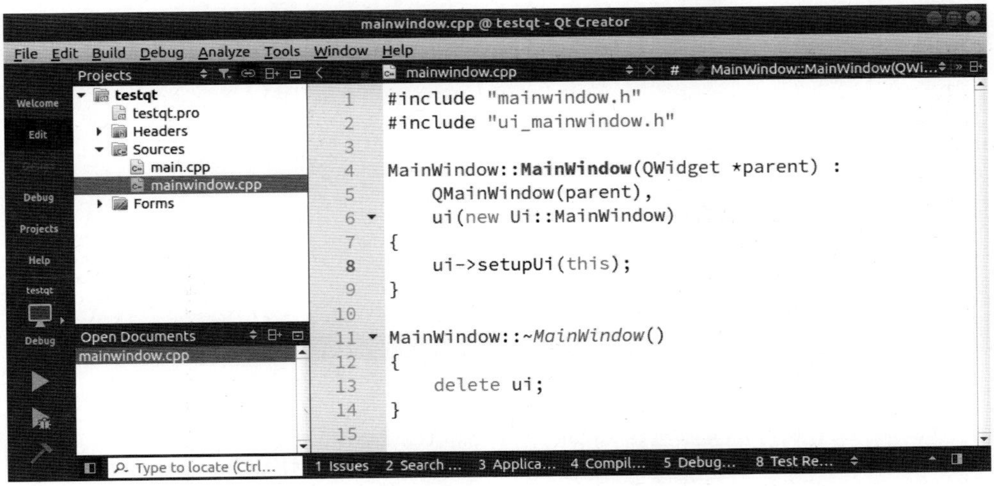

3.2 빌드 및 장치 업로드

프로젝트를 개발보드 빌드시스템에 적용하여 컴파일하고 SSH를 통해 개발보드에 프로그램을 업로드한다.

프로그램 업로드 경로 및 설치정보와 관련한 코드를 추가한다. Project 목록의 testqt.pro파일을 열어 다음 내용을 추가한다.

Qt Creator testqt.pro

```
FORMS += \
        mainwindow.ui

target.path = /root
INSTALLS += target
```

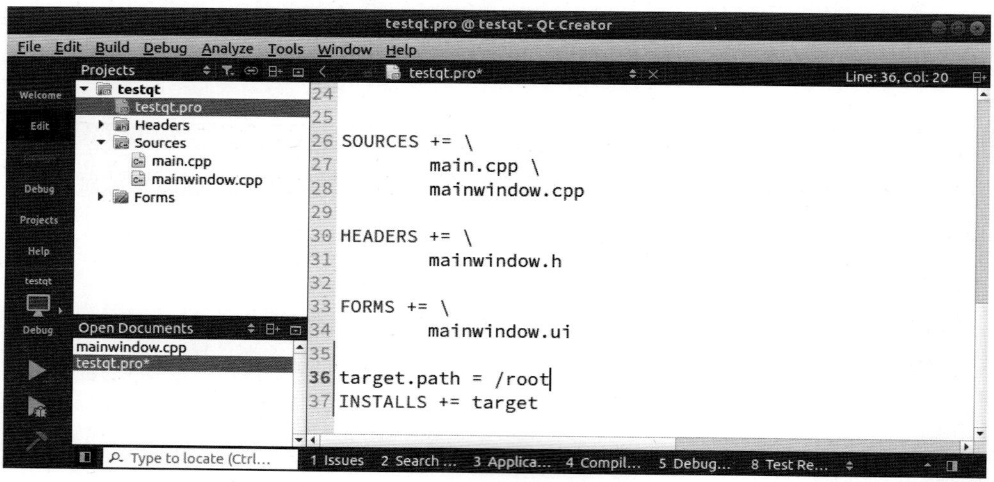

코드 추가가 완료되면 프로젝트를 저장(CTRL+S)한다.

Qt Creator 왼쪽 메뉴의 Project를 선택하고 Build & Run 항목의 Run을 클릭한다. Run세부정보의 Arguments 항목의 -qws 옵션을 추가한다(Q-Windows System).

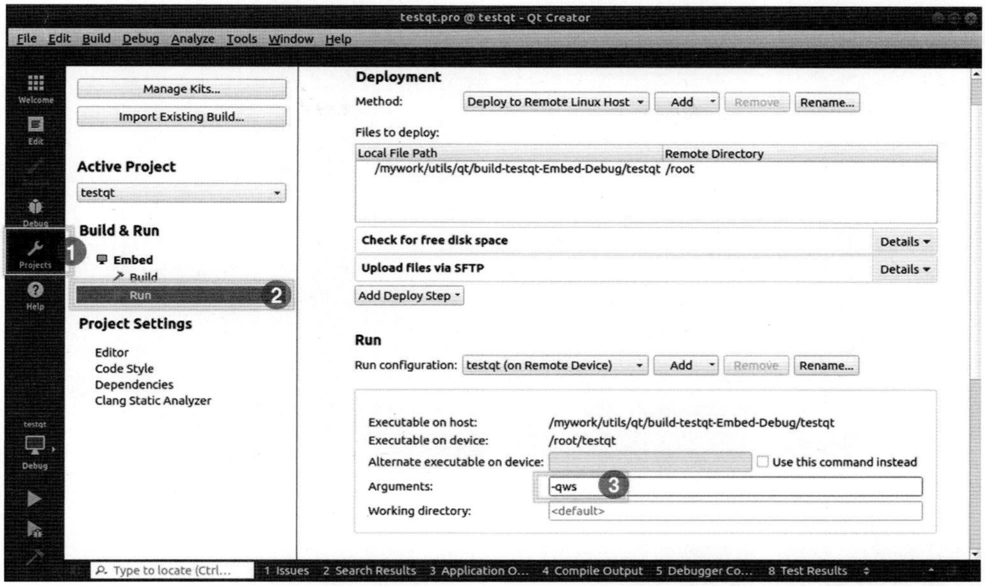

마지막으로 Qt Creator 왼쪽 하단의 빌드(RUN) 아이콘을 클릭하여 빌드 및 업로드를 진행한다.

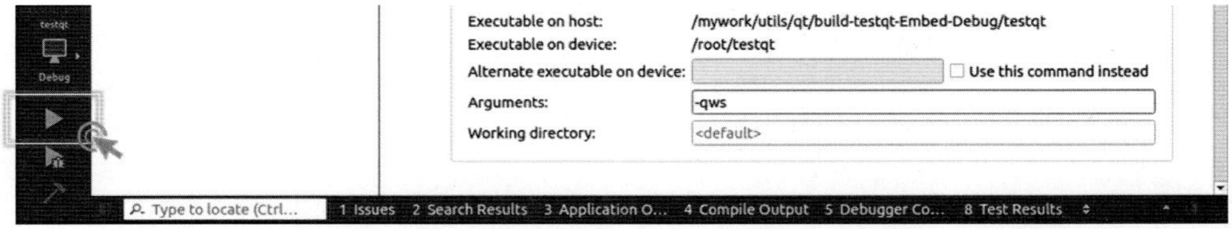

정상적으로 Qt 빌드 및 업로드가 완료되면 개발보드 화면에 다음과 같이 프로그램이 실행된다.

4. 위젯 프로그램 제작

Qt에서 제공하는 Forms Design을 이용하여 Label, Text, Button등을 나타내는 프로그램을 제작해보도록 한다.

4.1 기본 위젯 만들기

프로젝트를 생성하고 기본 위젯(Label, Text)을 만들어 본다.

▮ 프로젝트 생성

새로운 프로젝트 정보를 입력하고 생성한다.

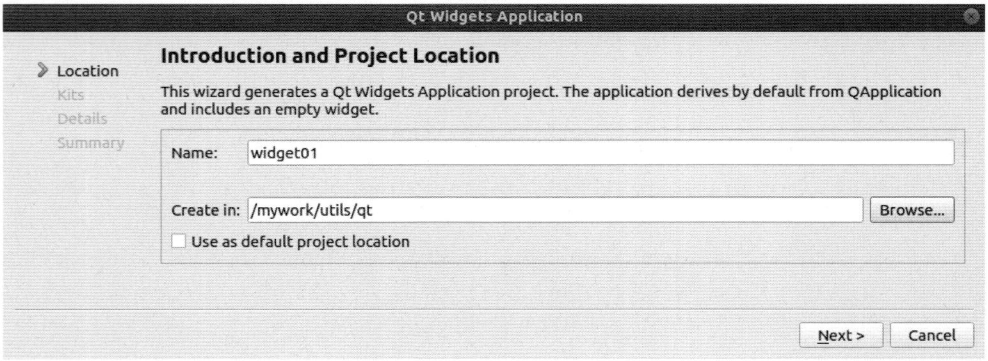

■ 디자인 파일

프로젝트 파일 목록의 Forms/mainwindows.ui 파일을 선택한다.

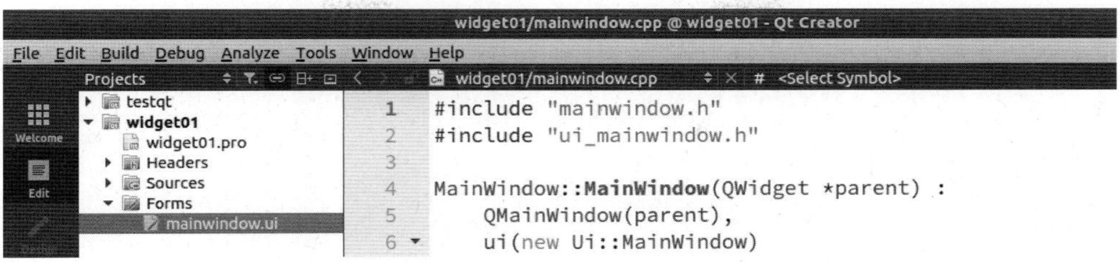

■ Label 추가하기

Display Widgets 항목의 Label을 윈도우 화면으로 Drag and Drop하여 추가한다. 추가된 Object는 오른쪽에 Class 정보가 나타난다.

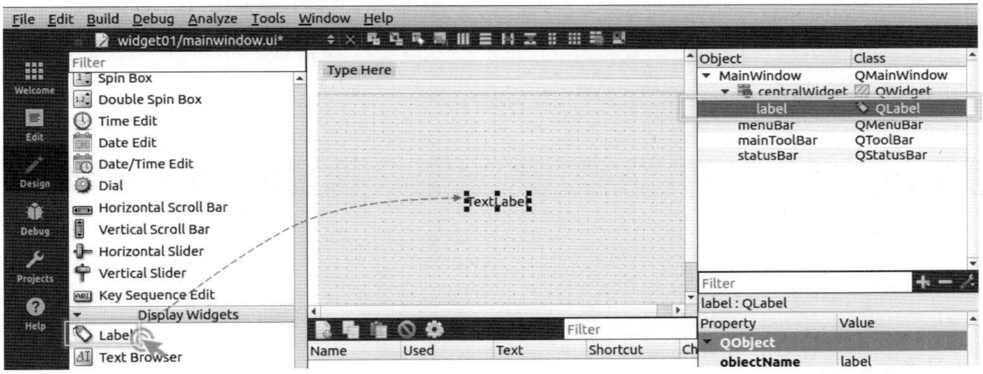

내비게이션 하단에는 해당 Label 위젯의 속성들이 정의되어있다. QT 위젯들은 여러 상속구조를 기반으로 구성되어있으며 상속된 부모의 속성별로 정렬되어있다, 예를 들면 QLabel은 QWidge으로부터 상속된 객체이며 QWiwdget은 QObject으로부터 상속 되어있다. 하단의 속성을 보면 QObject, QWidget의 속성들도 표시되어있는 것이 확인이 가능하다.

■ Label Text 변경하기

Object 정보의 생성된 Label을 선택하고 Text를 변경하기 위해서 속성을 확인하여 text를 변경한다.

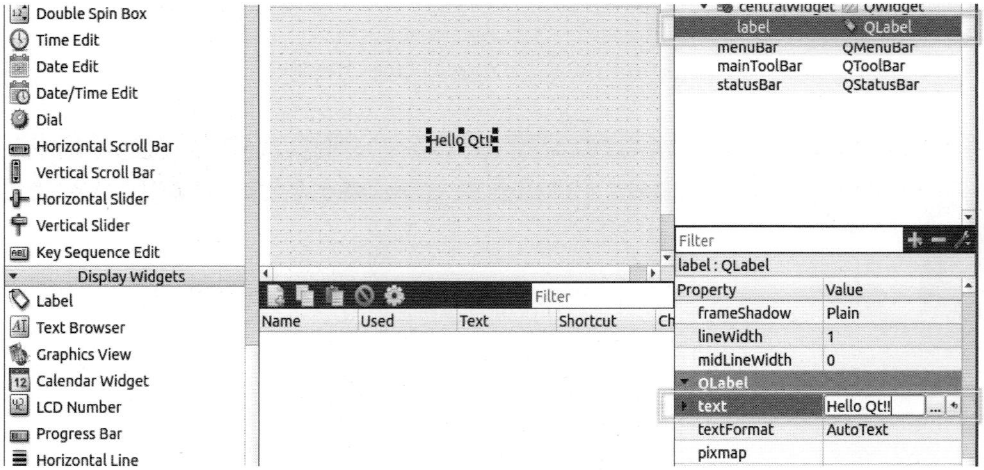

빌드 및 업로드

기본 위젯 생성이 완료되면 프로젝트를 빌드시스템에 적용하여 컴파일 및 장치에 업로드를 진행한다. 프로그램 업로드 경로 및 설치정보와 관련한 코드를 추가한다. Project 목록의 widget01.pro 파일을 열어 다음 내용을 추가한다.

Qt Creator widget01.pro

```
FORMS += \
        mainwindow.ui

target.path = /root
INSTALLS += target
```

코드 추가가 완료되면 프로젝트를 저장(CTRL+S)한다.

빌드환경을 설정하고(3.2. 빌드 및 장치 업로드 참조) 빌드 및 업로드를 진행한다. 정상적으로 Qt 빌드 및 업로드가 완료되면 개발보드 화면에 다음과 같이 프로그램이 실행된다.

4.2 Button 이벤트 만들기

새로운 프로젝트를 생성하고 버튼위젯 생성과 Text 이벤트를 적용해보도록 한다.

▮ 프로젝트 생성

새로운 프로젝트 정보를 입력하고 생성한다.

- Name : widget02
- Create in : /mywork/utils/qt

▮ Widget 추가하기

디자인파일(mainwindows.ui)을 열고 Buttons 항목의 Push Button과 Display Widgets항목의 Label을 윈도우 화면으로 추가한다.

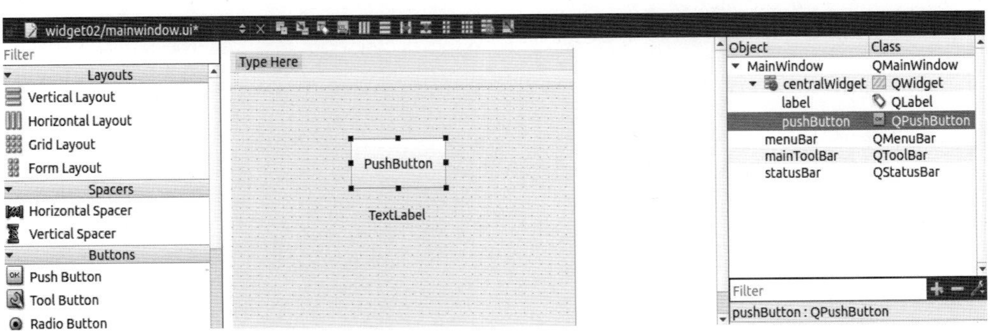

▮ Button 이벤트

버튼 이벤트 속성을 수정하기 위해서 PushButton을 선택하고 마우스 오른쪽 버튼을 클릭하여 Go to slot..로 이동한다.

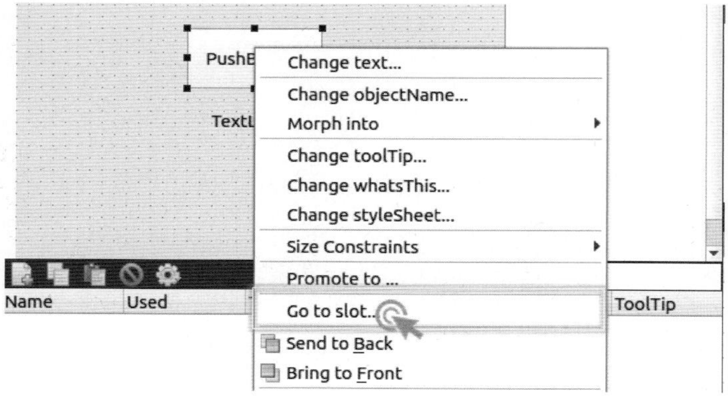

clicked()를 선택하고 OK버튼을 클릭한다.

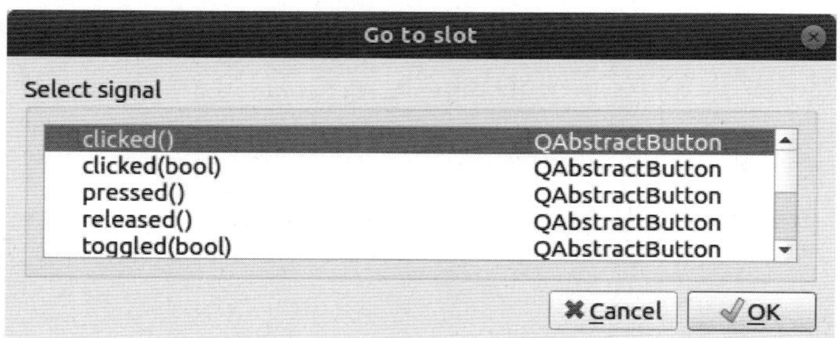

버튼 이벤트 속성이 추가되면 다음과 같이 mainwindow.cpp에 버튼이 클릭될 때 호출되는 콜백 함수가 생성된다.

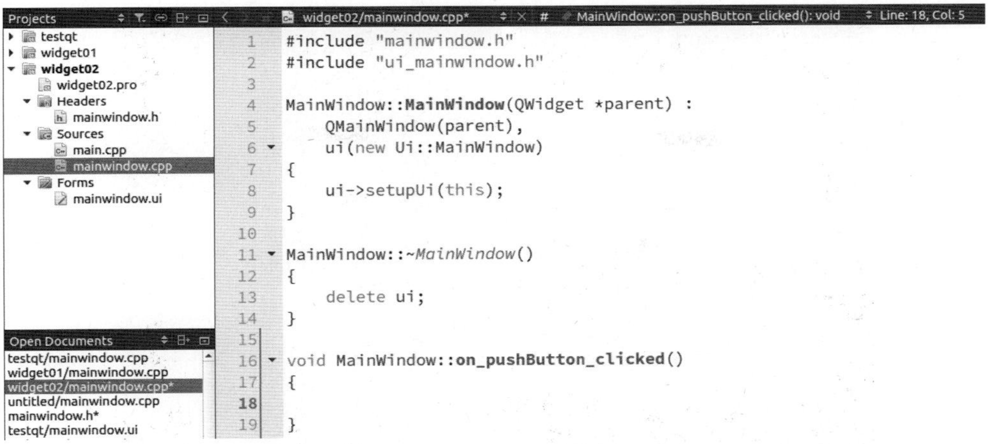

버튼이 클릭되면 Label의 text가 변경되는 코드를 추가한다.

Qt Creator widget01.pro

```
void MainWindow::on_pushButton_clicked()
{
    this->ui->label->setText("CLICKED!");
}
```

▮ 빌드 및 업로드

Project목록의 widget01.pro 파일을 열어 다음 내용을 추가한다.

Qt Creator widget02.pro

```
FORMS += \
        mainwindow.ui

target.path = /root
INSTALLS += target
```

빌드환경을 설정하고(3.2. 빌드 및 장치 업로드 참조) 빌드 및 업로드를 진행한다. 정상적으로 Qt 빌드 및 업로드가 완료되면 개발보드 화면에 다음과 같이 프로그램이 실행된다.

버튼을 클릭하면 Label의 text가 'CLICKED!'로 변경되는 것을 확인할 수 있다.

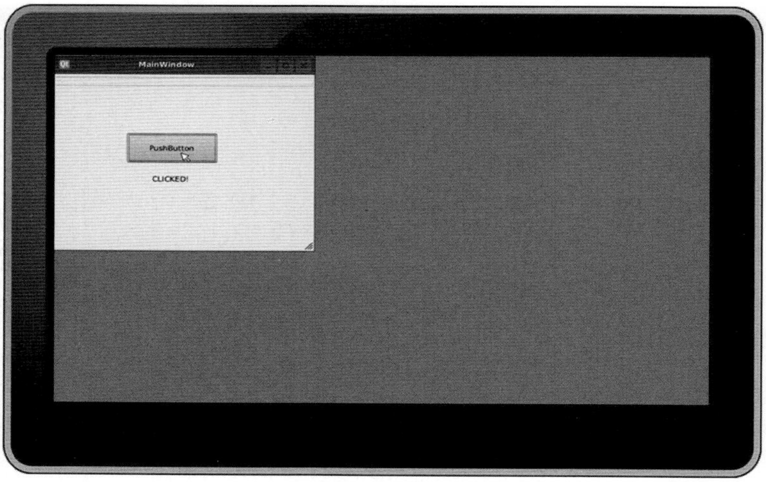

5. 장치제어 프로그램

개발보드의 USER BUTTON 파트에 포함되어 있는 BACK LED 제어를 위한 Qt 기반 GUI 프로그램을 제작해보도록 한다.

5.1 프로젝트 생성

'4.2 Button 이벤트 만들기'의 프로젝트를 이용하여 LED 제어 프로그램을 제작해보도록 한다.

5.2 장치제어 클래스 생성

LED 제어는 sysfs 인터페이스를 활용하여 제어하며 '1.3 LED 제어 프로그램'을 참고하도록 한다.

LED 제어를 위한 GPIO 인터페이스 클래스를 생성한다.

▮ gpio 클래스 생성

해당 프로젝트 마우스 오른쪽 버튼을 클릭 후 'Add New...' 항목을 클릭한다.

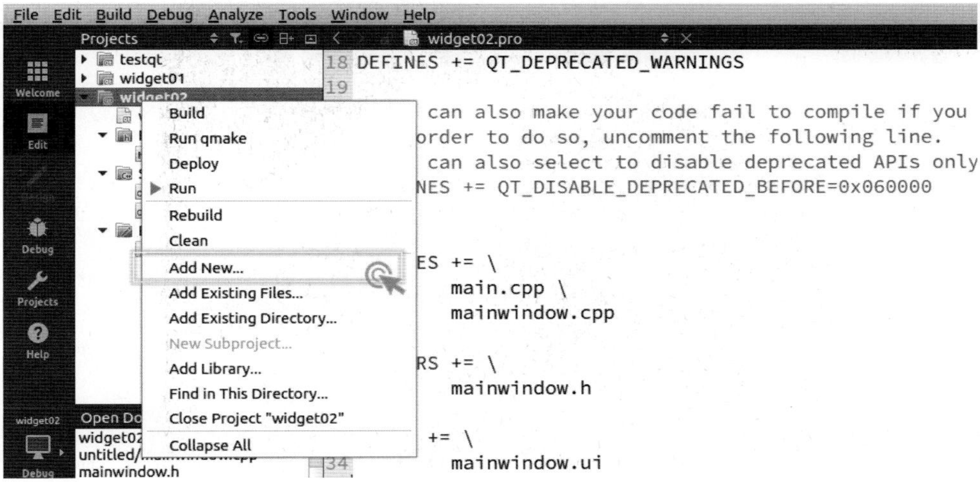

C++ 파일을 클릭하고 C++ Class를 선택한다.

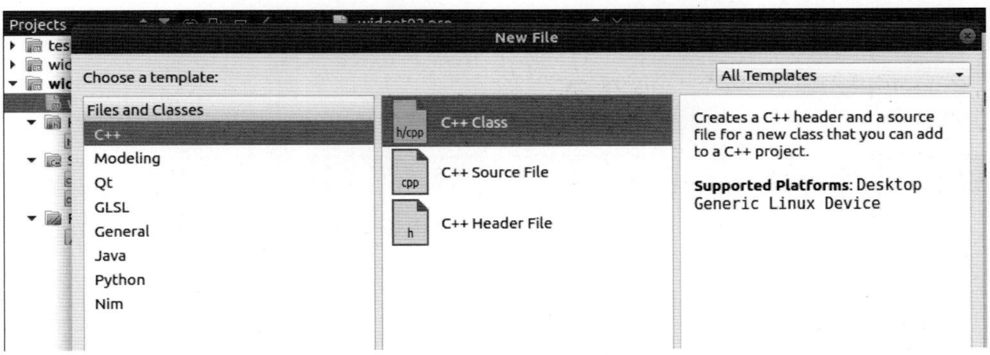

Class name을 입력하고 나머지 file 이름 및 Path는 기본값으로 지정한다.

- Class name : gpio

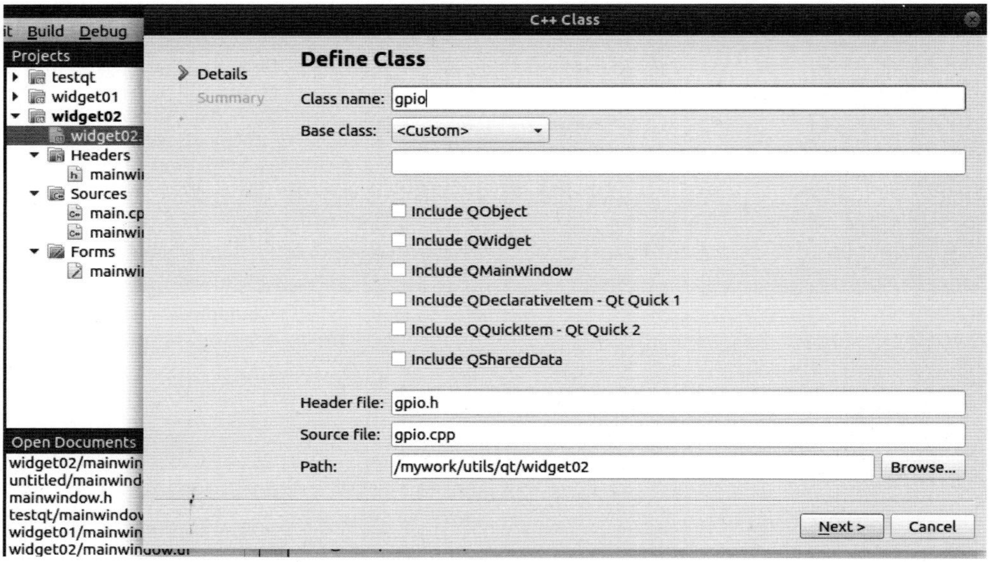

다음화면의 Project Management를 확인하고 Finish 버튼을 클릭한다.

▌gpio 코드 작성

Qt Creator gpio.cpp

```
#include “gpio.h”

#include <QFile>
#include <QDir>
#include <QDebug>

Gpio::Gpio(int pin)
{
    this->setPin(pin);

    if (!this->isExported())
        this->Export();
}

void Gpio::setPin(int pin)
{
```

```
    this->pin = pin;
}

int Gpio::getPin()
{
    return this->pin;
}

bool Gpio::setDir(GpioDirection direction)
{
    QString url;
    url.append("/sys/class/gpio/gpio");
    url.append(QString::number(this->getPin()));
    url.append("/direction");

    QFile file(url);

    if (!file.exists())
        return false;

    if (!file.open(QIODevice::ReadWrite))
        return false;

    QString data;

    if (direction == INPUT) {
        data.append("in");
    } else {
        data.append("out");
    }

    file.write(data.toAscii());
    file.close();

    return true;
}

int Gpio::getDir()
```

```
{
    QString url;
    url.append("/sys/class/gpio/gpio");
    url.append(QString::number(this->getPin()));
    url.append("/direction");

    QFile file(url);

    if (!file.exists())
        return NULL;

    if (!file.open(QIODevice::ReadWrite))
        return NULL;
}

bool Gpio::setStatus(GpioStatus status)
{
    QString url;
    url.append("/sys/class/gpio/gpio");
    url.append(QString::number(this->getPin()));
    url.append("/value");

    QFile file(url);

    if (!file.exists())
        return false;

    if (!file.open(QIODevice::ReadWrite))
        return false;

    QString data;

    if (status == HIGH) {
        data.append("1");
    } else {
        data.append("0");
    }

```

```
    file.write(data.toAscii());
    file.close();

    return true;
}

int Gpio::getStatus()
{
    QString url;
    url.append("/sys/class/gpio/gpio");
    url.append(QString::number(this->getPin()));
    url.append("/value");

    QFile file(url);

    if (!file.exists())
        return false;

    if (!file.open(QIODevice::ReadWrite))
        return false;

    QByteArray datas;
    datas = file.read(1);

    if (datas[0] == '0')
        return LOW;
    else
        return HIGH;
}

bool Gpio::isExported()
{
    QString url;
    url.append("/sys/class/gpio/gpio");
    url.append(QString::number(this->getPin()));

    QDir dir(url);
    return dir.exists();
```

```
}

bool Gpio::Export()
{
    QString url;
    url.append("/sys/class/gpio/export");

    QFile file(url);

    if (!file.exists())
        return false;

    if (!file.open(QIODevice::WriteOnly))
        return false;

    QString data;
    data.append(QString::number(this->getPin()));

    file.write(data.toAscii());
    file.close();

    return true;
}
```

mainwindows.cpp

Qt Creator mainwindows.cpp

```
#include "mainwindow.h"
#include "ui_mainwindow.h"
#include "gpio.h"

Gpio *led;

MainWindow::MainWindow(QWidget *parent) :
    QMainWindow(parent),
    ui(new Ui::MainWindow)
{
```

```
    ui->setupUi(this);

    led = new Gpio(21);
    led->setDir(OUTPUT);
}

MainWindow::~MainWindow()
{
    delete ui;
}

void MainWindow::on_pushButton_clicked()
{
    if (led->getStatus() == LOW) {
        led->setStatus(HIGH);
        ui->label->setText("LED ON!");
    } else {
        led->setStatus(LOW);
        ui->label->setText("LED OFF!");
    }
}
```

정상적으로 Qt 빌드 및 업로드가 완료되면 개발보드 화면에 다음과 같이 프로그램이 실행된다.

버튼을 누르면 BACK LED가 점등되며 Label이 LED ON!으로 출력된다. 한 번 더 클릭하면 LED가 점멸되며 Label이 LED OFF!로 출력된다.

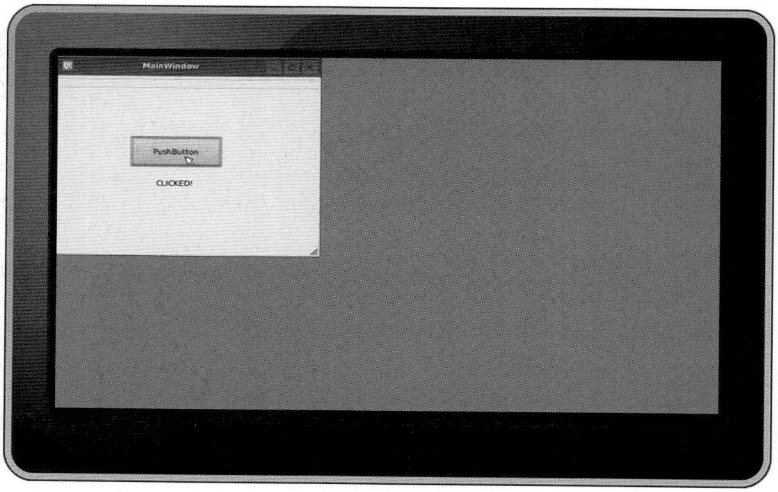
MainWindow
PushButton
CLICKED!

06 안드로이드 빌드 및 설치하기

안드로이드(Android)는 스마트폰을 비롯하여 휴대기기, 스마트 TV, 태블릿 PC 등 다양한 장치를 위한 운영체제와 미들웨어 그리고 핵심 애플리케이션을 포함하고 있는 소프트웨어 스택이다. 안드로이드 플랫폼을 살펴보면 응용프로그램은 JAVA 프로그래밍 언어, 미들웨어에서는 C/C++, 리눅스 커널에서는 C로 작성된 코드를 사용하여 각각 서로 분리된 구조로 되어있다. "Open Software, Open Device, Open Ecosystem"의 목적으로 자유로운 형태의 개방형 라이선스와 함께 제공되어 많은 분야에서 개발 연구가 이루어지고 있다.

안드로이드 역사

2005년 안드로이드라는 회사를 구글에서 인수한 후 텍사스 인스트루먼트, 브로드컴 코퍼레이션, 구글, HTC, 인텔, LG, 마벨 테크놀로지, 모토로라, 엔비디아, 퀄컴, 삼성전자, 스프린트 넥스텔, T-모바일 등 몇몇 회사로 구성된 컨소시엄인 OHA가 모바일 기기의 공개 표준을 개발하는 것을 목표로 결성되었다. 또한 OHA는 리눅스 커널 2.6에서 빌드 된 그들의 첫 번째 모바일 기기 플랫폼 결과물인 안드로이드를 발표하였다. 2008년 최초의 안드로이드폰 G1을 내놓았고 곧이어 안드로이드 SDK 1.0을 발표하였다.

2019년 9월 Android10 버전(kernel 4.14.x)이 릴리즈됐으며 2020년 5월 현재 Android 11 Beta 버전이 출시되었다.

▮ 개발도구 설치

안드로이드 시스템 빌드를 위해서는 몇 가지 개발환경이 필요하다. 호스트 PC의 리눅스 버전에 따라 패키지 도구가 달라질 수 있으므로 해당사이트를 참조하도록 한다.

- https://source.android.com/setup/build

본 빌드시스템은 Ubuntu 18.04LTS을 기준으로 작성하였다. 아래 항목을 참조하여 안드로이드 빌드에 필요한 개발도구를 설치해보도록 한다.

주요 설치 항목은 데이터압축 라이브러리 및 도구(liblz, liblzo2), 통신 프로토콜 라이브러리(curl), 안드로이드 파일시스템 유틸리티(android-tools-fsutils), 자바(openjdk-8), XML유틸리티(libxm2-utils)가 설치된다.

Terminal root@ubuntu:/

```
root@ubuntu:/# apt-get install -y uuid uuid-dev zlib1g-dev liblz-dev
liblzo2-2 liblzo2-dev git-core curl mtd-utils android-tools-fsutils openjdk-
8-jdk libxml2-utils autoconf m4
```

```
root@ubuntu: /
File Edit View Search Terminal Help
root@ubuntu:/# sudo apt-get install -y uuid uuid-dev zlib1g-dev liblz-dev liblzo2-2 liblzo2-dev lzop
git-core curl u-boot-tools mtd-utils android-tools-fsutils openjdk-8-jdk libxml2-utils
Reading package lists... Done
Building dependency tree
Reading state information... Done
Note, selecting 'git' instead of 'git-core'
liblzo2-2 is already the newest version (2.08-1.2).
liblzo2-2 set to manually installed.
zlib1g-dev is already the newest version (1:1.2.11.dfsg-0ubuntu2).
zlib1g-dev set to manually installed.
lzop is already the newest version (1.03-4).
git is already the newest version (1:2.17.1-1ubuntu0.7).
```

```
Processing triggers for man-db (2.8.3-2ubuntu0.1) ...
Processing triggers for gnome-menus (3.13.3-11ubuntu1.1) ...
Processing triggers for ca-certificates (20180409) ...
Updating certificates in /etc/ssl/certs...
0 added, 0 removed; done.
Running hooks in /etc/ca-certificates/update.d...

done.
done.
Processing triggers for hicolor-icon-theme (0.17-2) ...
Processing triggers for fontconfig (2.12.6-0ubuntu2) ...
Processing triggers for mime-support (3.60ubuntu1) ...
Processing triggers for desktop-file-utils (0.23-1ubuntu3.18.04.2) ...
Processing triggers for install-info (6.5.0.dfsg.1-2) ...
root@ubuntu:/#
```

32bit 관련 라이브러리를 64비트 환경에서 실행하기 위한 도구를 설치한다.

```
Terminal    root@ubuntu:/

root@ubuntu:/# dpkg —add-architecture i386
root@ubuntu:/# apt-get update
```

```
Terminal    root@ubuntu:/

root@ubuntu:/# apt-get install libc6:i386 libncurses5:i386 libstdc++6:i386
```

```
Selecting previously unselected package libstdc++6:i386.
Preparing to unpack .../5-libstdc++6_8.4.0-1ubuntu1~18.04_i386.deb ...
Unpacking libstdc++6:i386 (8.4.0-1ubuntu1~18.04) ...
Selecting previously unselected package libgpm2:i386.
Preparing to unpack .../6-libgpm2_1.20.7-5_i386.deb ...
Unpacking libgpm2:i386 (1.20.7-5) ...
Setting up gcc-8-base:i386 (8.4.0-1ubuntu1~18.04) ...
Setting up libc6:i386 (2.27-3ubuntu1) ...
Setting up libgcc1:i386 (1:8.4.0-1ubuntu1~18.04) ...
Setting up libtinfo5:i386 (6.1-1ubuntu1.18.04) ...
Setting up libgpm2:i386 (1.20.7-5) ...
Setting up libstdc++6:i386 (8.4.0-1ubuntu1~18.04) ...
Setting up libncurses5:i386 (6.1-1ubuntu1.18.04) ...
Processing triggers for libc-bin (2.27-3ubuntu1) ...
root@ubuntu:/mywork/android/android_embedq6#
```

▮ 안드로이드 소스 설치

안드로이드 빌드에 필요한 개발소스는 개발보드 AP 개발업체 NXP 사의 공식홈페이지에서 제공한다.

- https://www.nxp.com/

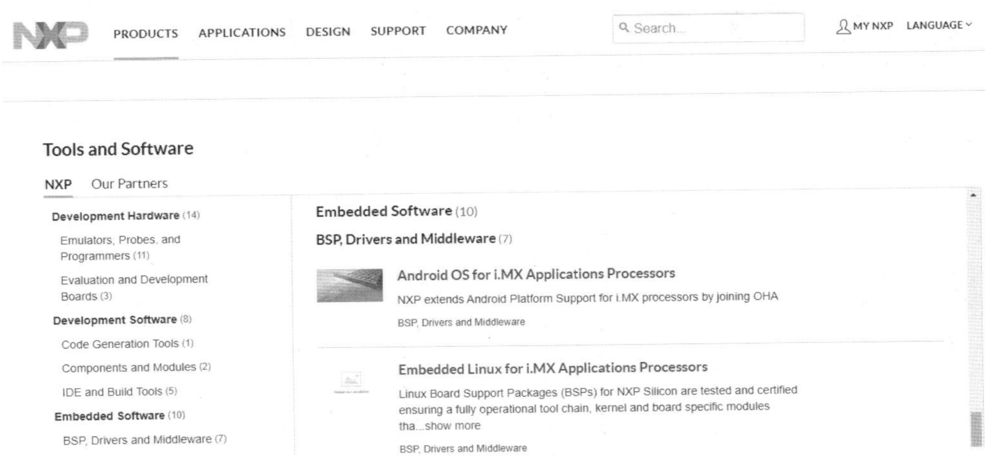

제공되는 Android OS 소스의 경우 AP를 기반으로 제공되는 패키지로 개발보드에 맞게 수정된 소스코드가 필요하다.

작업디렉토리 내에 android폴더를 생성하고 소스 파일을 다운로드 한다.

Terminal root@ubuntu:/mywork/android/

```
root@ubuntu:/# cd mywork
root@ubuntu:/mywork# mkdir android
root@ubuntu:/mywork# cd android/
root@ubuntu:/mywork/android# wget http://cdn.hybus.cloud/android_embedq6.tar.bz2
--2020-05-12 22:47:55--  http://cdn.hybus.cloud/android_embedq6.tar.bz2
Resolving cdn.hybus.cloud (cdn.hybus.cloud)... 106.251.230.22
Connecting to cdn.hybus.cloud (cdn.hybus.cloud)|106.251.230.22|:80...
connected.
HTTP request sent, awaiting response... 200 OK
........
```

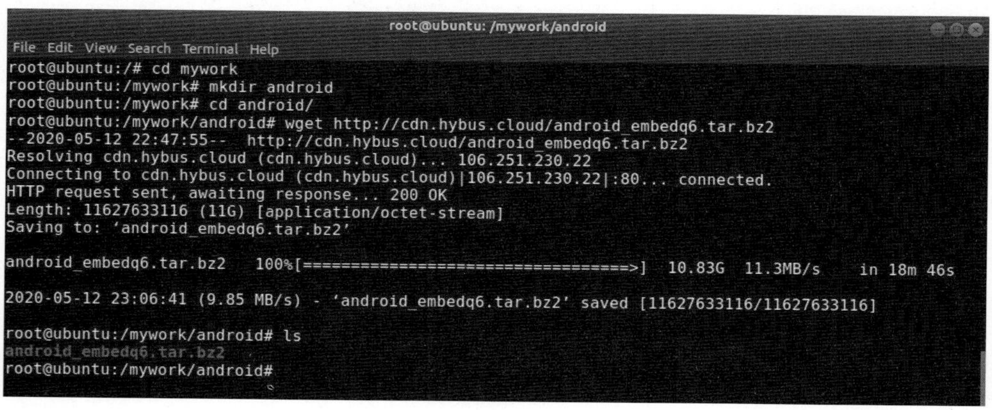

소스 다운로드가 완료되면 압축을 해제한다.

※Hard Disk 용량이 최소 100GB 이상 확보되어야 한다(df 명령어 확인).

Terminal root@ubuntu:/mywork/android/

```
root@ubuntu:/mywork/android# tar xvpif android_embedq6.tar.bz2
```

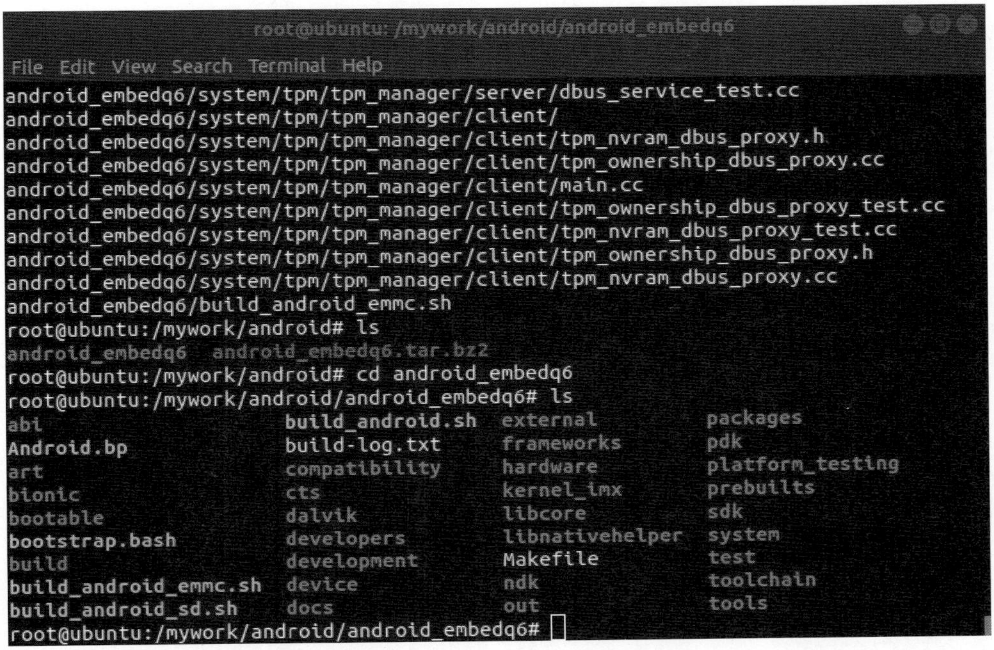

▮ 소스 빌드하기

정상적으로 압축해제가 완료되면 안드로이드 빌드 스크립트 도구를 활용하여 컴파일을 진행한다.

Terminal root@ubuntu:/mywork/android/

```
root@ubuntu:/mywork/android# cd android_embedq6
root@ubuntu:/mywork/android# ./build_android_emmc.sh
```

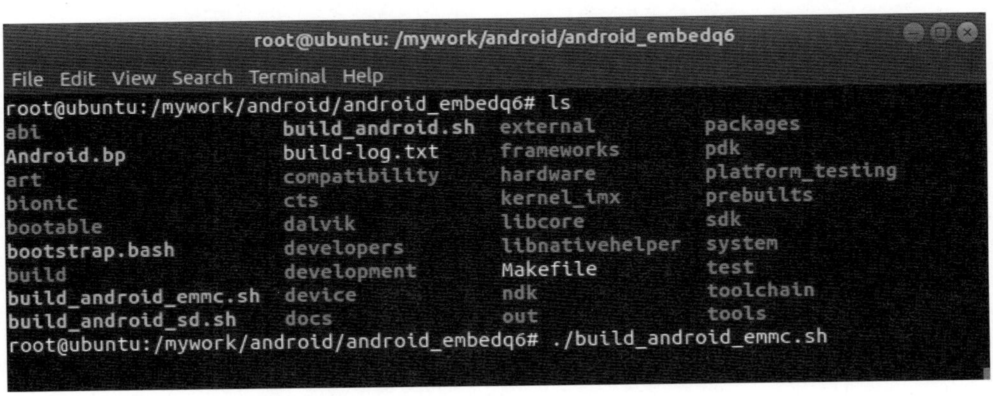

▮ 소스 빌드확인

소스 빌드는 약 1~2시간 내외의 시간이 소요되며 정상적으로 완료되면 다음 메시지가 출력된다.

빌드 이미지들은 다음경로에 위치한다.

Terminal root@ubuntu:/mywork/android/

```
root@ubuntu:/mywork/android# cd out/target/product/sabresd_6dq
```

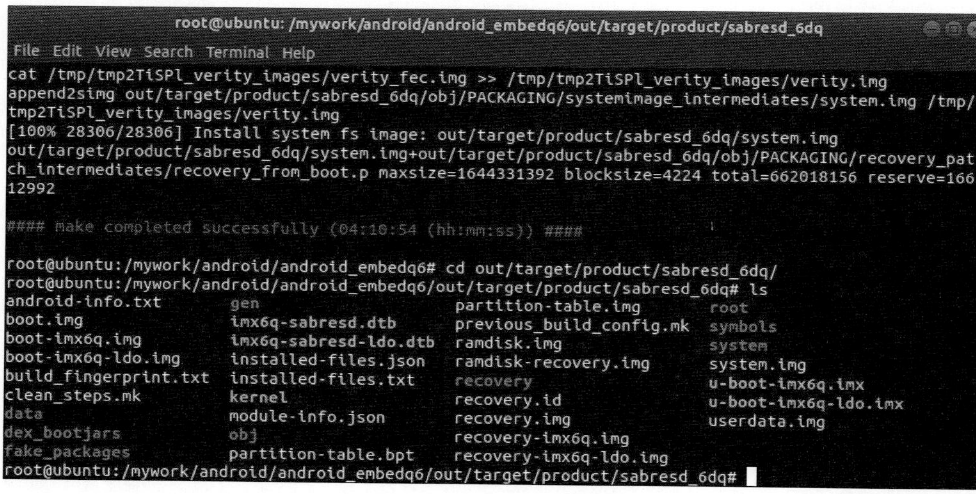

표 6-2 빌드 이미지

파일명	설명
boot-imx6q-ldo.img	커널과 Ramdisk가 같이 포함된 이미지 파일
system.img	Android Framework 가 포함된 이미지 파일
userdata.img	어플리케이션, 설정 자료가 포함된 이미지 파일
recovery-imx6q-ldo.img	리커버리 관련 이미지 파일
u-boot-imx6q-ldo.imx	U-boot 부트로더 이미지 파일
partition-table.img	GPT 파티션 테이블 이미지 파일

▮ 이미지 설치

Chapter4. 리눅스 빌드시스템 포팅을 참조하여 이미지를 설치하도록 한다.

빌드 이미지를 MFGTools디렉토리의 다음 경로에 복사한다.

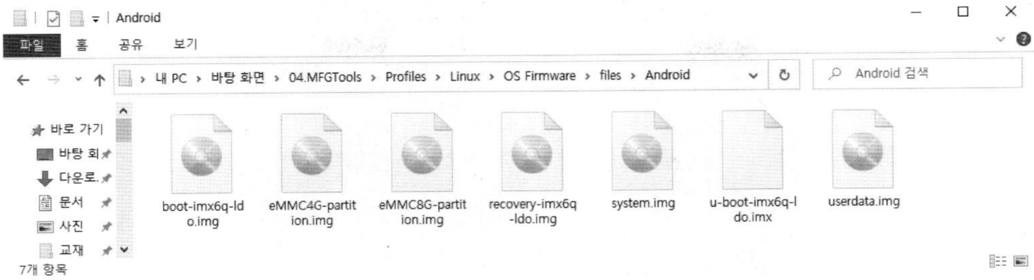

partition-table.img파일의 경로 파일명을 'eMMC8G-partition.img'로 변경한다.

MFGTool 디렉토리로 이동하고 개발보드의 운영체제에 맞게 설정된 스크립트 파일을 선택하고 실행한다.

- **실행파일 : MFGTools_EMbed_Android.vbs**

안드로이드 Boot Config

이미지 설치가 완료되면 시스템 부팅환경을 설정한다. 안드로이드의 경우 개발보드의 eMMC 장치에 설치되며 BOOT SETUP의 Boot Config 설정을 통해 SD 또는 eMMC 부팅모드로 변경할 수 있다.

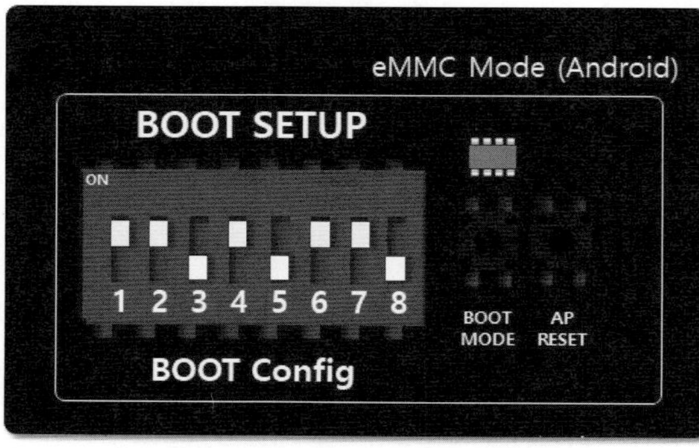

그림 6-13 eMMC 부팅 모드(Android)

AP Reset 버튼을 눌러 부팅이 완료되면 다음과 같은 안드로이드 시작 화면이 나타난다.

참고문헌

한국전자통신연구원 임베디드 S/W 연구단 "임베디드 S/W 산업 동향 및 향후 전망"

정보통신연구진흥원 "임베디드소프트웨어기술동향 및 산업발전 전망"

전자통신동향분석 제21권 제1호 "차세대 임베디드 시스템을 위한 소프트웨어 플랫폼 현황 및 동향"

TTA소프트웨어시험인증연구소 http://sw.tta.or.kr/popup/pop_sw_sort.jsp "소프트웨어분류"

하이버스주식회사 "생산/양산 작업지도서"

https://namu.wiki/w/CPU "프로세서분류"

https://www.arduino.cc/en/Main/Products

https://www.raspberrypi.org/

https://www.lattepanda.com/

https://www.st.com/en/evaluation-tools/stm32-nucleo-boards.html

https://www.nvidia.com/ko-kr/autonomous-machines/jetson-store/

https://www.intel.co.kr/content/www/kr/ko/products/processors/xeon.html

https://www.nxp.com/products/processors-and-microcontrollers/arm-processors/i-mx-applications-processors:IMX_HOME

https://www.qualcomm.com/

https://www.arm.com/

찾아보기

ㅇ

ㅈ

ㅊ

ㅋ

ㅌ

ㅍ

ㅎ

A

B